数据库
程序员
面试笔试通关宝典

聚慕课教育研发中心 编著

清华大学出版社

北京

内容简介

本书通过深入解析企业面试与笔试真题,在解析过程中结合职业需求深入地融入并扩展了核心编程技术。本书是专门为数据库程序员求职和提升核心编程技能量身打造的编程技能学习与求职用书。

全书共 11 章。首先讲解了求职者在面试过程中的礼仪和技巧;接着带领读者学习数据库的基础知识,并深入讲解了 MySQL 数据库、SQL Server 数据库、Oracle 数据库、MongoDB 数据库和 Redis 数据库等核心编程技术;同时还深入探讨了在数据库中的 PL/SQL 编程等高级应用技术;最后,对数据库中的安全机制进行了扩展性介绍。

本书多角度、全方位竭力帮助读者快速掌握数据库程序员的面试及笔试技巧,构建从高校到社会的就职桥梁,让有志于从事数据库程序员行业的读者轻松步入职场。另外,本书赠送资源比较多,在本书前言部分对资源包的具体内容、获取方式以及使用方法等做了详细说明。

本书适合想从事数据库程序员行业或即将参加数据库程序员面试求职的读者阅读,也可作为计算机相关专业毕业生的求职指导用书。

图书在版编目(CIP)数据

数据库程序员面试笔试通关宝典 / 聚慕课教育研发中心编著. —北京:清华大学出版社,2021.3
ISBN 978-7-302-57600-6

Ⅰ. ①数… Ⅱ. ①聚… Ⅲ. ①数据库-程序设计-资格考试-自学参考资料 Ⅳ. ①TP311.1

中国版本图书馆 CIP 数据核字(2021)第 033790 号

责任编辑:张　敏
封面设计:杨玉兰
责任校对:徐俊伟
责任印制:杨　艳

出版发行:清华大学出版社
　　　　　网　　址:http://www.tup.com.cn, http://www.wqbook.com
　　　　　地　　址:北京清华大学学研大厦 A 座　　　　邮　　编:100084
　　　　　社 总 机:010-62770175　　　　　　　　　邮　　购:010-83470235
　　　　　投稿与读者服务:010-62776969, c-service@tup.tsinghua.edu.cn
　　　　　质量反馈:010-62772015, zhiliang@tup.tsinghua.edu.cn
印 装 者:三河市中晟雅豪印务有限公司
经　　销:全国新华书店
开　　本:185mm×260mm　　　印　　张:18　　　字　　数:524 千字
版　　次:2021 年 5 月第 1 版　　　印　　次:2021 年 5 月第 1 次印刷
定　　价:69.80 元

产品编号:085832-01

前 言
PREFACE

本书内容

全书分为 11 章。每章均设置有"本章导读"和"知识清单"版块,便于读者熟悉和自测本章必须掌握的核心要点;同时采用知识点和面试、笔试试题相互依托贯穿的方式进行讲解,借助面试及笔试真题让读者对求职身临其境,从而掌握解题的思路和解题技巧;最后通过"名企真题解析"版块让读者进行真正的演练。

第 1 章为面试礼仪和技巧,主要讲解面试前的准备、面试中的应对技巧以及面试结束后的礼节,全面揭开了求职的神秘面纱。

第 2 章为数据库基础,主要讲解数据库系统结构、数据库的分类、数据库的定义和操作语言以及视图、触发器和存储过程等基础知识。

第 3 章为数据库核心知识,主要讲解范式、数据库模型图、SQL 语言、优化、事务、并发控制和死锁以及索引等内容。学习完本章内容,读者将对数据库有更全面、深入的认识。

第 4~8 章为高级应用技术,主要讲解 MySQL 数据库、SQL Server 数据库、Oracle 数据库、MongoDB 数据库和 Redis 数据库等高级应用技术。学习完这几章内容,读者不仅可以提高自己的高级编程能力,而且还可以为求职迅速积累工作经验。

第 9、10 章为求职面试、笔试核心考核模块,主要讲解 PL/SQL 编程和 SQL 语句面试笔试题。

第 11 章为数据库的安全性,主要讲解数据库中的用户标识与鉴别、存取控制、视图机制以及审计技术等安全机制。

全书不仅融入了作者丰富的工作经验和多年人事招聘感悟,还融入了技术达人面试、笔试众多经验与技巧,更是全面剖析了众多企业招聘中面试、笔试真题。

本书特色

1. 结构科学,易于自学

本书在内容组织和题型设计中充分考虑到不同层次读者的特点,由浅入深,循序渐进,无论您的基础如何,都能从本书中找到最佳的切入点。

2. 题型经典,解析透彻

为降低学习难度,提高学习效率。本书样题均选自经典题型和名企真题,通过细致的题型解析让您迅速补齐技术短板，轻松获取面试及笔试经验，从而晋级为技术大咖。

3. 超多、实用、专业的面试技巧

本书结合实际求职中的面试笔试真题逐一讲解数据库开发中的各种核心技能，同时从求职者角度为您全面揭开求职谜团，并对求职经验和技巧进行了汇总和提炼，让您在演练中掌握知识，轻松获取面试 Offer。

4. 专业创作团队和技术支持

本书由聚慕课教育研发中心编著和提供在线服务。您在学习过程中遇到任何问题，可加入图书读者服务（技术支持）QQ 群（661907764）进行提问，作者和资深程序员将为您在线答疑。

本书附赠超值王牌资源库

本书附赠极为丰富的超值王牌资源库，具体内容如下：

（1）王牌资源 1：随赠"职业成长"资源库，突破读者职业规划与发展瓶颈。

- 职业规划库：数据库程序员职业规划手册、程序员开发经验及技巧集、软件工程师技能手册。
- 软件技术库：200 例常见错误及解决方案、软件开发技巧查询手册。

（2）王牌资源 2：随赠"面试、求职"资源库，补齐读者的技术短板。

- 面试资源库：数据库程序员面试技巧、400 套求职常见面试（笔试）真题与解析。
- 求职资源库：206 套求职简历模板、210 套岗位竞聘模板、680 套毕业答辩与学术开题报告 PPT 模板。

（3）王牌资源 3：随赠"程序员面试笔试"资源库，拓展读者学习本书的深度和广度。

- 本书全部程序源代码（120 个实例及源码注释）。
- 编程水平测试系统：计算机水平测试、编程水平测试、编程逻辑能力测试、编程英语水平测试。
- 软件学习必备工具及电子书资源库：MySQL 修改 root 密码电子书、MySQL 参考手册、数据库命令速查手册、Oracle 常用命令电子书、数据库维护与管理工具手册、数据库优化电子书。

上述资源的获取及使用

注意：由于本书不配送光盘，书中所用及上述资源均需借助网络下载才能使用。

采用以下任意途径，均可获取本书所附赠的超值王牌资源库。

（1）加入本书微信公众号"聚慕课 jumooc"，下载资源或者咨询关于本书的任何问题。

（2）加入图书读者服务（技术支持）QQ 群（661907764），读者可以打开群"文件"中对应的 Word 文件，获取网络下载地址和密码。

本书适合哪些读者阅读

本书非常适合以下人员阅读。

- 准备从事数据库程序员工作的人员。
- 准备参加数据库程序员求职面试的人员。
- 正在学习软件开发等计算机相关专业的毕业生。

- 准备从事软件开发行业的计算机爱好者。

创作团队

本书由聚慕课教育研发中心组织编写，参与本书编写的人员主要有陈梦、李良、王闪闪、朱性强、陈献凯等。

在本书的编写过程中，尽己所能将最好的讲解呈现给读者，但也难免有疏漏和不妥之处，敬请读者不吝指正。

编　者

目 录
CONTENTS

第1章

面试礼仪和技巧

本章导读

所有人都说求职比较难，其实主要难在面试。在面试中，个人技能只是一部分，还有一部分在于面试的技巧。

本章将带领读者学习面试中的礼仪和技巧，不仅包括面试现场的过招细节，而且包括阅人无数的面试官们亲口讲述的职场规划和面试流程，站在面试官的角度来教会读者怎样设计简历、搜集资料、准备面试和完美地表达等。

知识清单

本章要点（已掌握的在方框中打钩）
- ☐ 简历的投递
- ☐ 面试流程
- ☐ 仪容仪表
- ☐ 巧妙回答面试中的问题
- ☐ 等候面试通知

1.1　面试前的准备

如果应聘者想在面试中脱颖而出，面试之前的准备工作是非常重要的。本节将告诉读者在面试之前应该准备哪些工作。

1.1.1　了解面试企业的基本情况以及企业文化

在进行真正的面试之前，了解招聘公司的基本情况和企业文化是最好的战略，这不仅能让应聘者积极地面对可能出现的挑战，而且还能机智、从容地应对面试中的问题。了解招聘公司的最低目标是尽可能多地了解该公司的相关信息，并基于这些信息建立起与该公司的共同点，帮助自己更好地融入招聘公司的发展规划，同时能够让公司发展得更好。

1. 对招聘公司进行调研

对招聘公司进行调研是让应聘者掌握更多关于该公司的基础信息。无论应聘者的业务水平如何，都应该能够根据常识来判断和运用所收集的信息。

了解招聘公司的基本情况一般包括以下几个方面：

（1）了解招聘公司的行业地位，是否有母公司或下属公司。

（2）了解招聘公司的规模、地址、联系电话、业务描述等信息，如果是上市公司，还要了解其股票代码、净销售额、销售总量以及其他相关信息。

（3）招聘公司的业务是什么类型。其公司都有哪些产品和品牌。

（4）招聘公司所处的行业规模有多大。公司所处行业的发展前景预测如何。其行业是欣欣向荣的、停滞不前的还是逐渐没落。

（5）招聘公司都有哪些竞争对手，应聘者对这些竞争对手都有哪些了解。该公司与其竞争对手相比较，优势和劣势分别有哪些。

（6）了解招聘公司的管理者。

（7）招聘公司目前是正在扩张、紧缩，还是处于瓶颈期。

（8）了解招聘公司的历史，曾经历了哪些重要事件。

了解企业的基本方法。

应聘者可以通过互联网查询的方法来了解招聘公司的更多信息。但互联网的使用不是唯一途径，之所以选择使用互联网，是因为它比纸质材料的查询更便捷，节省时间。

（1）公司官网。

访问招聘公司的官方网站是必须的。了解招聘公司的产品信息，关注其最近发布的新闻。访问公司官方网站获取信息能让应聘者对招聘公司的业务运营和业务方式有基本的了解。

（2）搜索网站。

在网站输入招聘公司的名称、负责招聘的主管名字以及任何其他相关的关键词和信息，如行业信息等。

（3）公司年报。

一个公司的年报通常包含公司使命、运营的战略方向、财务状况以及公司运营情况的健康程度等信息，它能够让应聘者迅速地掌握招聘公司的产品和组织结构。

2. 企业文化

几乎在每场面试中，面试官都会问公司的企业文化，你了解多少？那么如何正确并且得体地回答该问题呢？

1）了解什么是企业文化

企业文化是指一个企业所特有的价值观与行为习惯，突出体现一个企业倡导什么、摒弃什么、禁止什么、鼓励什么。企业文化包括精神文化（企业价值观、企业愿景、企业规则制度）、行为文化（行为准则、处事方式、语言习惯等）和物质文化（薪酬制度、奖惩措施、工作环境等）三个层面，无形的文化却实实在在地影响到有形的方方面面。所以企业文化不仅关系企业的发展战略部署，也直接影响着个体员工的成长与才能发挥。

2）面试官询问应聘者对企业文化了解的目的

（1）通过应聘者对该企业文化的了解程度判断应聘者的应聘态度和诚意，一般而言应聘者如果比较重视所应聘的岗位，有进入企业工作的实际意愿，会提前了解所应聘企业的基本情况，当然也会了解到该企业的企业文化内容。

（2）通过应聘者对该企业文化的表述语气或认知态度，判断应聘者是否符合企业的用人价值标准（不是技能标准），预判应聘者如果进入企业工作，能否适应企业环境，个人才能能否得到充分发挥。

3. 综合结论

面试之前要做充分的准备，尤其是在招聘公司的企业文化方面。

（1）面试之前，在纸上写下招聘公司的企业文化，不需要全部写出来，以要点的方式列出即可，这样就能够记住所有的关键点，起到加深记忆的功效。

（2）另外，需要写上应聘者理想中的企业文化、团队文化以及如何实现或建设这些理想文化。

完成这些工作，不仅能让应聘者在面试中力压竞争对手，脱颖而出，更能让应聘者在未来的工作中成为一个好的团队成员或一个好的领导者。

1.1.2 了解应聘职位的招聘要求以及自身的优势和劣势

面试前的准备是为了提供面试时遇到问题的解决方法，那么应聘者首先就需要明确招聘公司对该职位的招聘要求。

1. 了解应聘职位的要求

首先应聘者需要对所应聘的职位有一个准确的认知和了解，从而对自己从事该工作后的情况有一个判断，例如应聘驾驶员就要预期可能会有工作时间不固定的情况。

一般从企业招聘的信息上可以看到岗位的工作职责和任职资格，应聘前可以详细了解，一方面能够对自己选择岗位有所帮助（了解自己与该职位的匹配度以决定是否投递），二是能够更好地准备面试。

面试官一般通过应聘者对岗位职能的理解和把握来判断应聘者对于该工作领域的熟悉程度，这也是鉴别"应聘者是否有相关工作经验"的专项提问。

2. 自身优势和劣势

首先，结合岗位的特点谈谈自身的优势，这些优势必须是应聘岗位所要求的，可以从专业、能力、兴趣、品质等方面展开论述。

其次，客观诚恳地分析自身的缺点，这部分要注意措辞，不能将缺点说成缺陷，要尽量使面试官理解并接受。同时表明决心，要积极改进不足，提高效率，保证按时保质完成任务。

最后，总结升华，在今后的工作中发挥优势、改正缺点，成为一名合格的工作人员。

1.1.3 简历的投递

1. 设计简历

很多人在求职过程中不重视简历的制作。"千里马常有，而伯乐不常有"，一个职位有时候有成百上千人在竞争，要想在人海中突出自己，简历是非常重要的。

求职简历是应聘者与招聘公司建立联系的第一步。要在"浩如烟海"的求职简历里脱颖而出，必须对其进行精心且不露痕迹的包装，既投招聘人员之所好，又重点突出应聘者的竞争优势，这样自然会获得更多的面试机会。

在设计简历时需要注意以下几点：

1）简历篇幅

篇幅较短的简历通常会令人印象更为深刻。招聘人员浏览一份简历一般只会用 10 秒钟左右。如果应聘者的简历言简意赅，恰到好处，招聘人员一眼就能看到。有些招聘人员遇上较长的简历可能都不会阅读。

如果应聘者总认为自己的工作经验比较丰富，1、2 页篇幅根本放不下，怎么办？相信我，你可以的。其实，简历写得洋洋洒洒并不代表你经验丰富，反而只会显得你完全抓不住重点。

2）工作经历

在写工作经历时，应聘者只需筛选出与之相关的工作经历即可，否则显得太过累赘，不能给招聘人员留下深刻印象。

3）项目经历

写明项目经历会让应聘者看起来非常专业，对大学生和毕业不久的新人尤其如此。

简历上应该只列举 2～4 个最重要的项目。描述项目要简明扼要，如使用哪些语言或哪种技术。当然也可以包括细节，例如该项目是个人独立开发还是团队合作的成果。独立项目一般说来比课程设计会更加出彩，因为这些项目会展现出应聘者的主动性。

项目不要列太多，否则会显得鱼龙混杂，效果不佳。

4）简历封面

在制作简历时建议取消封面，以确保招聘人员拿起简历就可以直奔主题。

2. 投递简历

在投递简历时应聘者首先要根据自身优势选择适合自己的职位然后再投递简历，简历的投递方式有以下几种：

（1）网申。这是最普遍的一种途径。每到招聘时节，网络上就会有各种各样的招聘信息。常用的求职网站有 51job、Boss 直聘、拉勾网等。

（2）电子邮箱投递。有些招聘公司会要求应聘者通过电子邮箱投递，大多数招聘公司在开宣讲会时会接收简历，部分公司还会做现场笔试或者初试。

（3）大型招聘会。这是一个广撒网的机会，不过应聘者还是要找准目标，有针对性地投简历。

（4）内部推荐。内部推荐是投简历最高效的一种方式。

1.1.4　礼貌答复面试或笔试通知

招聘公司通知应聘者面试，一般通过两种方式：电话通知或者电子邮件通知。

1. 电话通知

应聘者一旦发出求职信件，就要有一定的心理准备，那就是接听陌生的来电。接到面试通知的电话时，应聘者一定要在话语中表现出热情。声音是另外一种表情，对方根据说话的声音就能判断出应聘者当时的表情以及情绪，所以，一定要注意说话的语气以及音调。如果应聘者因为另外有事而不能如约参加面试，应该在语气上表现得非常歉意，并且要积极地主动和对方商议另选时间，只有这样，才不会错失一次宝贵的面试机会。

2. 电子邮件通知

（1）开门见山告诉对方收到邮件了，并且明确表示会准时到达。

（2）对收到邮件表示感谢。

（3）为了防止面试时间发生变动，要注意强调自己的联系方式，也就是暗示对方如果改变时间了，可以通知变更，防止自己扑空或者错过面试时间。

1.1.5　了解公司的面试流程

在求职面试时，如果应聘者能了解到企业的招聘流程和面试方法，那么就可以有充分的准备去迎接面试了。以下总结了一些知名企业的招聘流程。

1. 微软公司招聘流程

微软公司的面试招聘被应聘者称为"面试马拉松"。应聘者需要与部门工作人员、部门经理、副总裁、总裁等五六个人交谈，每人大概 1 小时，交谈的内容各有侧重。除信仰、民族歧视、性别歧视等敏感问题之外，其他问题几乎都可能涉及。面试时，应聘者尤其应重视以下几点：

（1）应聘者的反应速度和应变能力。

（2）应聘者的口才。口才是表达思维、交流思想感情、促进相互了解的基本功。

（3）应聘者的创新能力。只有经验没有创新能力、只会墨守成规的工作方式，这不是微软提倡和需要的。

（4）应聘者的技术背景。要求应聘者当场编程。

（5）应聘者的性格爱好和修养。一般通过与应聘者共进午餐或闲谈了解。

微软公司面试应聘者，一般是面对面地进行，但有时候也会通过长途电话。

当应聘者离去之后，每一个面试官都会立即给其他面试官发出电子邮件，说明他对应聘者的赞赏、批评、疑问以及评估。评估分为四个等级：强烈赞成聘用；赞成聘用；不能聘用；绝对不能聘用。应聘者在几分钟后走进下一个面试官的办公室时，根本不知道他对应聘者先前的表现已经了如指掌。

在面试过程中如果有两个面试官对应聘者说"No"，那这个应聘者就被淘汰了。一般说来，应聘者见到的面试官越多，应聘者的希望也就越大。

2. 腾讯公司招聘流程

腾讯公司首先在各大高校举办校园招聘会，主要招聘技术类和业务类。技术类主要招聘三类人才：

（1）网站和游戏的开发；

（2）腾讯产品 QQ 的开发，主要是 VC 方面；

（3）腾讯服务器方面：Linux 下的 C/C++程序设计。

技术类的招聘分为一轮笔试和三轮面试。笔试分为两部分：首先是回答几个问题，然后才是技术类的考核。考试内容主要包括：指针、数据结构、UNIX、TCP/UDP、Java 语言和算法。题目难度相对较大。

第一轮面试是一对一的，比较轻松，主要考查两个方面：一是应聘者的技术能力，主要是通过询问应聘者所做过的项目来考查；二是一些应聘者个人的基本情况以及应聘者对腾讯公司的了解和认同。

第二轮面试：面试官是招聘部门的经理，会问一些专业问题，并就应聘者的笔试情况进行讨论。

第三轮面试：面试官是人力资源部的员工，主要是对应聘者做性格能力的判断和综合能力测评。一般会要求应聘者做自我介绍，考查应聘者的反应能力，了解应聘者的价值观、求职意向以及对腾讯文化的认同度。

腾讯公司面试常见问题如下：

（1）说说你以前做过的项目。

（2）你们开发项目的流程是怎样的?

（3）请画出项目的模块架构。

（4）请说说 Server 端的机制和 API 的调用顺序。

3. 华为公司招聘流程

华为公司的招聘一般分为技术类和营销管理类，总共分为一轮笔试和四轮面试。

1）华为公司笔试

华为软件笔试题：35 个单选题，每题 1 分；16 道多选题，每题 2.5 分。主要考查 C/C++、软件工程、操作系统及网络，涉及少量关于 Java 的题目。

2）华为公司面试

华为公司的面试被应聘者称为"车轮战"，在 1～2 天内要被不同的面试官面试 4 次，都可以立即知道结果，很有效率。第一轮面试以技术面试为主，同时会谈及应聘者的笔试；第二轮面试也会涉及技术问题，但主要是问与这个职位相关的技术以及应聘者拥有的一些技术能力；第三轮面试主要是性格倾向面试，较少提及技术，主要是问应聘者的个人基本情况、应聘者对华为公司文化的认同度、应聘者是否愿意服从公司安排以及应聘者的职业规划等；第四轮一般是用人部门的主要负责人面试，面试的问题因人而异，既有一般性问题也有技术问题。

1.1.6　面试前的心理调节

1. 调整心态

面试之前，适度的紧张有助于应聘者保持良好的备战心态，但如果过于紧张可能就导致应聘者手足无措，影响面试时的发挥。因此要调整好心态，从容应对。

2. 相信自己

对自己进行积极的暗示，积极的自我暗示并不是盲目乐观，脱离现实，以空幻美妙的想象来代替现实，而是客观、理性地看待自己，并对自己有积极的期待。

3. 保证充足的睡眠

面试之前，很多人都睡不好觉，焦虑，但要记着充足的睡眠是面试之前具有良好精神状态的保证。

1.1.7　仪容仪表

应聘者面试的着装是非常重要的，因为通过应聘者的穿着，面试官可以看出应聘者对这次面试的重视程度。如果应聘者的穿着和招聘公司的要求比较一致，可能会拉近应聘者和面试官的心理距离。因此，根据招聘公司和职位的特点来决定应聘者的穿着是很重要的。

1. 男士

男士在夏天和秋天时，主要以短袖或长袖衬衫搭配深色西裤最为合适。衬衫的颜色最好是没有格子或条纹的白色或浅蓝色。衬衫要干净，不能有褶皱，以免给面试官留下邋遢的不好印象。冬天和春天时可以选择西装，西装的颜色应该以深色为主，最好不要穿纯白色和红色的西装，否则给面试官的感觉比较花哨、不稳重。

其次，领带也很重要，领带的颜色与花纹要与西服相搭配。领带结要打结实，下端不要长过腰带，但也不可太短。面试时可以带一个手包或公文包，颜色以深色和黑色为宜。

一般来说，男士的发型不能怪异，普通的短发即可。面试前要把头发梳理整齐，胡子刮干净。不要留长指甲，指甲要保持清洁，口气要清新。

2. 女士

女士在面试时最好穿套装，套装的款式保守一些比较好，颜色不能太过鲜艳。另外，穿裙装的话要过膝，上衣要有领有袖。可以适当地化一个淡妆。不能佩戴过多的饰物，尤其是一动就叮当作响的手链。高跟鞋要与套装相搭配。

对于女士的发型来说，简单的马尾或者干练有型的短发都会显示出不同的气质。

（1）长发的女士最好把头发扎成马尾，并注意不要过低，否则会显得不够干练。刘海也应该重点修理，以不盖过眉毛为宜，还可以使用合适的发卡把刘海夹起来，或者直接梳到脑后，具体根据个人习惯而定。

（2）半披肩的头发则要注意不要太过凌乱，有长短层次的刘海应该斜梳定型，露出眼睛和眉毛，显得端庄文雅。

（3）短发的女士最好不要烫发，会显得不够稳重。

☆**注意**☆　头发最忌讳的一点是有太多的头饰。在面试的场合，大方自然才是真。所以，不要戴过多颜色鲜艳的发夹或头花，披肩的长发也要适当地加以约束。

1.2　面试中的应对技巧

在面试的过程中难免会遇到一些这样或那样的问题，本节总结了一些在面试过程中要注意的问题，教会应聘者在遇到这些问题时应该如何应对。

1.2.1　自我介绍

自我介绍是面试进行的第一步，本质在于自我推荐，也是面试官对应聘者的第一印象。

应聘者可以按照时间顺序来组织自我介绍的内容，这种结构适合大部分人，步骤总结如下：

（1）目前的工作，一句话概述。

例如：我目前是 Java 工程师，在微软公司已经从事软件开发工作两年了。

（2）大学时期。

例如：我是计算机科学与技术专业出身，在郑州大学读的本科，暑假期间在几家创业公司参加实习工作。

（3）毕业后。

例如：毕业以后就去了腾讯公司做开发工作。那段经历令我受益匪浅，我学到了许多有关项目模块框架的知识，并且推动了网站和游戏的研发。

这实际上表明，应聘者渴望加入一个更具有创业精神的团队。

（4）目前的工作，可以详细描述。

例如：之后我进入了微软公司工作，主要负责初始系统架构，它具有较好的可扩展性，能够跟得上公司的快速发展步伐，由于表现优秀之后开始独立领导 Java 开发团队。尽管只管理手下几个人，但我的主要职责是提供技术领导，包括架构、编程等。

（5）兴趣爱好。

如果应聘者的兴趣爱好只是比较常见的滑雪、跑步等活动，这会显得比较普通，可以选择一些在技术上的爱好进行说明。这不仅能提升应聘者的实践技能，而且也能展现出应聘者对技术的热爱。例如，在业余时间，我也以博主的身份经常活跃在 Java 开发者的在线论坛上，和他们进行技术的切磋和沟通。

（6）总结。

我正在寻找新的工作机会，而贵公司吸引了我的目光，我始终热爱与用户打交道，并且打心底里想在贵公司工作。

1.2.2　面试中的基本礼仪

当不认识一个人的时候，对他的了解并不多，因此只能通过这个人的言行举止来进行判断。应聘者的言行举止占据了整个面试流程中的大部分内容。

1. 肢体语言

通过肢体语言可以让一个人看起来更加自信、强大并且值得信任。肢体语言能够展示什么样的素质，则要取决于具体的环境和场合的需要。

另外，应聘者也需要意识到他人的肢体语言，这可能意味着应聘者需要通过解读肢体语言来判断面试官是否对你感兴趣或是否因为你的出现而感到了威胁。如果他们确实因为你的出现而感到了威胁，那么你可以通过调整自己肢体语言的方式来让对方感到放松并降低警惕。

2. 眼神交流

人的眼睛是人体中表达力最强的部分，当面试官与应聘者交谈时，如果他们直接注视应聘者的双眼，应聘者也要注视着面试官，表示应聘者在认真聆听他们说话，这也是最基本的尊重。能够保持持续有效的眼神交流才能建立彼此之间的信任。如果面试官与应聘者的眼神交流很少，可能意味着对方并不对应聘者感兴趣。

3. 姿势

姿势展现了应聘者处理问题的态度和方法。正确的姿势是指应聘者的头部和身体的自然调整，不使用身体的张力，也无须锁定某个固定的姿势。每个人都有自己专属的姿势，而且这个姿势是常年累积起来的。

应聘者无论是站立还是坐着，都要保持正直但不僵硬的姿态。身体微微前倾，而不是后倾。注意不要将手臂交叠于胸前，不交叠绕脚。虽然绕脚是可以接受的，但不要隐藏或紧缩自己的脚踝，以显示出自己的紧张。

如果应聘者在与面试官交谈时摆出的姿势是双臂交叠合抱于胸前，双腿交叠跷起且整个身体微微地侧开，给面试官的感觉是应聘者认为交谈的对象很无趣，而且对正在进行的对话心不在焉。

4. 姿态

坐立不安的姿态是最常见的。通常情况下，在与不认识的人相处或周围都是陌生人时会出现坐立不安的状态，而应对这种状态的方法就是进一步美化自己的外表，让自己看起来更加体面，而且还能提升自信。

1.2.3 如何巧妙地回答面试官的问题

在面试中，难免会遇到一些比较刁钻的问题，那么如何才能让自己的回答很完美呢？

都说谈话是一门艺术，但回答问题也是一门艺术，同样的问题，使用不同的回答方式，往往会产生不同的效果。本小节总结了一些建议，供读者采纳。

1. 回答问题谦虚谨慎

不能让面试官认为自己很自卑、唯唯诺诺或清高自负，而是应该通过回答问题表现出自己自信从容、不卑不亢的一面。

例如，当面试官问"你认为你在项目中起到了什么作用"时，如果应聘者回答："我完成了团队中最难的工作"，此时就会给面试官一种居功自傲的感觉，而如果回答："我完成了文件系统的构建工作，这个工作被认为是整个项目中最具有挑战性的一部分内容，因为它几乎无法重用以前的框架，需要重新设计"，则显得不仅不傲慢，反而有理有据，更能打动面试官。

2. 在回答问题时要适当留有悬念

面试官当然也有好奇的心理。人们往往对好奇的事情更加记忆深刻。因此，在回答面试官的问题时，记得要说关键点，通过关键点，来吸引面试官的注意力，等待他们继续"刨根问底"。

例如，当面试官对应聘者简历中一个算法问题感兴趣时，应聘者可以回答：我设计的这种查找算法，可以将大部分的时间复杂度从 $O(n)$ 降低到 $O(\log n)$，如果您有兴趣，我可以详细给您分析具体的细节。

3. 回答尖锐问题时要展现自己的创造能力。

例如，当面试官问"如果我现在告诉你，你的面试技巧糟糕透顶，你会怎么反应？"

这个问题测试的是应聘者如何应对拒绝，或者是面对批评时不屈不挠的勇气以及在强压之下保持镇静的能力。关键在于要保持冷静，控制住自己的情绪和思维。如果有可能，了解一下哪些方面应聘者可以进一步提高或改善自己。

完美的回答如下：

我是一个专业的工程师，不是一个专业的面试者。如果你告诉我，我的面试技巧很糟糕，那么我会问您，哪些部分我没有表现好，从而让自己在下一场面试中能够改善和提高。我相信您已经面试了成百上千次，但是，我只是一个业余的面试者。同时，我是一个好学生并且相信您的专业判断和建议。因此，我有兴趣了解您给我提的建议，并且有兴趣知道如何提高自己的展示技巧。

1.2.4　如何回答技术性的问题

在面试中，面试官经常会提问一些关于技术性的问题，尤其是程序员的面试。那么如何回答技术性的问题呢？

1. 善于提问

面试官提出的问题，有时候可能过于抽象，让应聘者不知所措，因此，对于面试中的疑惑，应聘者要勇敢地提出来，多向面试官提问。善于提问会产生两方面的积极影响：一方面，提问可以让面试官知道应聘者在思考，也可以给面试官一个心思缜密的好印象；另一方面，方便后续自己对问题的解答。

例如，面试官提出一个问题：设计一个高效的排序算法。应聘者可能没有头绪，排序对象是链表还是数组？数据类型是整型、浮点型、字符型还是结构体类型？数据基本有序还是杂乱无序？

2. 高效设计

对于技术性问题，完成基本功能是必须的，但还应该考虑更多的内容，以排序算法为例：时间是否高效？空间是否高效？数据量不大时也许没有问题，如果是海量数据呢？如果是网站设计，是否考虑了大规模数据访问的情况？是否需要考虑分布式系统架构？是否考虑了开源框架的使用？

3. 伪代码

有时候实际代码会比较复杂，上手就写很有可能会漏洞百出、条理混乱，所以应聘者可以征求面试官同意，在写实际代码前，写一个伪代码。

4. 控制答题时间

回答问题的节奏最好不要太慢，也不要太快，如果实在是完成得比较快，也不要急于提交给面试官，最好能够利用剩余的时间，认真检查边界情况、异常情况及极性情况等，看是否也能满足要求。

5. 规范编码

回答技术性问题时，要严格遵循编码规范：函数变量名、换行缩进、语句嵌套和代码布局等。同时，代码设计应该具有完整性，保证代码能够完成基本功能、输入边界值能够得到正确的输出、对各种不合规范的非法输入能够做出合理的错误处理。

6. 测试

任何软件都有 bug，但不能因为如此就纵容自己的代码错误百出。尤其是在面试过程中，实现功能也许并不十分困难，困难的是在有限的时间内设计出的算法，各种异常是否都得到了有效的处理，各种边界值是否都在算法设计的范围内。

测试代码是让代码变得完备的高效方式之一，也是一名优秀程序员必备的素质之一。所以，在编写代码前，应聘者最好能够了解一些基本的测试知识，做一些基本的单元测试、功能测试、边界测试以及异常测试。

☆**注意**☆　在回答技术性问题时，千万别一句话都不说，面试官面试的时间是有限的，他们希望在有限的时间内尽可能地多了解应聘者，如果应聘者坐在那里一句话不说，则会让面试官觉得应聘者不仅技术水平不行，而且思考问题能力以及沟通能力都存在问题。

1.2.5　如何应对自己不会的问题

俗话说"知之为知之，不知为不知"，在面试的过程中，由于处于紧张的环境中，对面试官提出的问题应聘者并不是都能回答出来。面试过程中遇到自己不会回答的问题时，错误的做法是保持沉默或者支支吾吾、不懂装懂，硬着头皮胡乱说一通，这样无疑是为自己挖了一个坑。

其实面试遇到不会的问题是一件很正常的事情，即使对自己的专业有相当的研究与认识，也可能会在面试中遇到不知道如何回答的问题。在面试中遇到不懂或不会回答的问题时，正确的做法是本着实事求是的原则，态度诚恳，告诉面试官不知道答案。例如，"对不起，不好意思，这个问题我回答不出来，我能向您请教吗？"

征求面试官的意见时可以说说自己的个人想法，如果面试官同意听了，就将自己的想法说出来，回答时要谦逊有礼，切不可说起来没完。然后应该虚心地向面试官请教，表现出强烈的学习欲望。

1.2.6　如何回答非技术性的问题

在 IT 企业招聘过程的笔试、面试环节中，并非所有的内容都是 C/C++、Java、数据结构与算法及操作系统等专业知识，也包括其他一些非技术类的知识。技术水平测试可以考查一个应聘者的专业素养，而非技术类测试则更强调应聘者的综合素质。

笔试中的答题技巧：

（1）合理有效的时间管理。由于题目的难易不同，答题要分清轻重缓急，最好的做法是不按顺序答题。不同的人擅长的题型是不一样的，因此应聘者应该首先回答自己最擅长的问题。

（2）做题只有集中精力、全神贯注，才能将自己的水平最大限度地发挥出来。

（3）学会使用关键字查找，通过关键字查找，能够提高做题效率。

（4）提高估算能力，很多时候，估算能够极大地提高做题速度，同时保证正确性。

面试中的答题技巧：

（1）你一直为自己的成功付出了最大的努力吗？

这是一个简单又狡猾的问题，诚恳回答这个问题，并且向面试官展示，一直以来应聘者是如何坚持不懈地试图提高自己的表现和业绩的。都是正常人，因此偶尔的松懈或拖延是正常的现象。

参考回答如下：

我一直都在尽自己最大的努力，试图做到最好。但是，前提是我也是个正常人，而人不可能时时刻刻都保持 100%付出的状态。我一直努力地去提高自己人生的方方面面，只要我一直坚持努力地去自我提高，我觉得我已经尽力了。

（2）我可以从公司内部提拔一个员工，为什么还要招聘你这样一个外部人员呢？

提问这个问题时，面试官的真正意图是询问应聘者为什么觉得自己能够胜任这份工作。因为如果有可能直接由公司内部员工来担任这份工作，不要怀疑，大多数公司会直接这么做的。很显然，这是一项不可能完成的任务，因为他们公开招聘了。在回答的时候，根据招聘公司的需求，陈述自己的关键技术能力和资格，并推销自己。

参考回答如下：

在很多情况下，一个团队可以通过招聘外来的人员，利用其优势来提高团队的业绩或成就，这让经验丰富的员工能够从一个全新的角度看待项目或工作任务。我有五年的企业再造的成功经验可供贵公司利用，我有建立一个强大团队的能力、增加产量的能力以及削减成本的能力、这能让贵公司有很好的定位，并迎接新世纪带来的全球性挑战。

1.2.7　当与面试官对某个问题持有不同观点时，应如何应对

在面试的过程中，对于同一个问题，面试官和应聘者的观点不可能完全一致，当与面试官持有不同观点时，应聘者如果直接反驳面试官，可能会显得没有礼貌，也会导致面试官心里的不高兴，最终的结果很可能会是应聘者得不到这份工作。

如果与面试官持有不一样的观点，应聘者应该委婉地表达自己的真实想法，由于应聘者不了解面试官的性情，因此应该先赞同面试官的观点，给对方一个台阶下，然后再说明自己的观点，尽量使用"同时""而且"这类型的词进行过渡，如果使用"但是"这类型的词就很容易把自己放到面试官的对立面。

如果面试官的心胸比较豁达，他不会和你计较这种事情，万一碰到了"小心眼"的面试官，他和你较真起来，吃亏的还是自己。

1.2.8　如何向面试官提问

提问不仅能显示出应聘者对空缺职位的兴趣，而且还能增加自己对招聘公司及其所处行业的了解机会，最重要的是，提问也能够向面试官强调自己为什么才是最佳的候选人。

因此，应聘者需要仔细选择自己的问题，而且需要根据面试官的不同而对提出的问题进行调整和设计。另外，还有一些问题在面试的初期是应该避免提出的，不管面试你的人是什么身份或来自什么部门，都不要提出关于薪水、假期、退休福利计划或任何其他可能让你看起来对薪资福利待遇的兴趣大过于对公司的兴趣的问题。

提问题的原则就是只问那些对应聘者来说真正重要的问题或信息。可以从以下方面来提问：

1. 真实的问题

真实的问题就是应聘者很想知道答案的问题。例如：

（1）在整个团队中，测试人员、开发人员和项目经理的比例是多少？

（2）对于这个职位，除了在公司官网上看到的职位描述之外，还有什么其他信息可以提供？

2. 技术性问题

有见地的技术性问题可以充分反映出自己的知识水平和技术功底。例如：

（1）我了解到你们正在使用 XXX 技术，想问一下它是怎么来处理 Y 问题呢？

（2）为什么你们的项目选择使用 XX 技术而并不是 YY 技术？

3. 热爱学习

在面试中，应聘者可以向面试官展示自己对技术的热爱，让面试官了解应聘者比较热衷于学习，将来能为公司的发展做出贡献。例如：

（1）我对这门技术的延伸性比较感兴趣，请问有没有机会可以学习这方面的知识？

（2）我对 X 技术不是特别了解，您能多给我讲讲它的工作原理吗？

1.2.9　明人"暗语"

在面试中，听懂面试官的"暗语"是非常重要的。"暗语"已成为一种测试应聘者心理素质、探索应聘者内心真实想法的有效手段。理解面试中的"暗语"对应聘者来说也是必须掌握的一门学问。

常见"暗语"总结如下：

（1）简历先放在这吧，有消息会通知你的。

当面试官说出这句话时，表示他对应聘者并不感兴趣。因此，作为应聘者不要自作聪明，一厢情愿地等待着消息的通知，这种情况下，一般是不会有任何消息通知的。

（2）你好，请坐。

"你好，请坐"看似简单的一句话，但从面试官口中说出来的含义就不一样了。一般情况下，面试官说出此话，应聘者回答"你好"或"您好"不重要，主要考验应聘者能否"礼貌回应"和"坐不坐"。

通过问候语，可以体现一个人的基本素质和修养，直接影响应聘者在面试官心目中的第一印象。因此正确的回答方法是"您好，谢谢"然后坐下来。

（3）你是从哪里了解到我们的招聘信息的。

面试官提出这种问题，一方面是在评估招聘渠道的有效性，另一方面是想知道应聘者是否有熟人介绍。一般而言，熟人介绍总体上会有加分，但是也不全是如此。如果是一个在单位里表现不佳的熟人介绍，则会起到相反的效果，而大多数面试官主要是为了评估自己企业发布招聘广告的有效性。

（4）你有没有去其他什么公司面试？

此问题是在了解应聘者的职业生涯规划，同时来评估应聘者被其他公司录用或淘汰的可能性。当面试官对应聘者提出这种问题时，表明面试官对应聘者是基本肯定的，只是还不能下决定是否最终录用。如果应聘者还应聘过其他公司，请最好选择相关联的岗位或行业回答。一般而言，如果应聘过其他公司，一定要说自己拿到了其他公司的录用通知，如果其他公司的行业影响力高于现在面试的公司，无疑可以加大应聘者自身的筹码，有时甚至可以因此拿到该公司的顶级录用通知，如果其他公司的行业影响力低于现在面试的公司，回答没有拿到录用通知，则会给面试官一种误导：连这家公司都没有给录用通知，如果给录用通知了，岂不是说明实力不如这家公司？

（5）结束面试的暗语。

在面试过程中，一般应聘者进行自我介绍之后，面试官会相应地提出各类问题，然后转向谈工作。面试官通常会把工作的内容和职责大致介绍一遍，接着让应聘者谈谈今后工作的打算，然后再谈及福利待遇问题，谈完之后应聘者就应该主动做出告辞的姿态，不要故意去拖延时间。

面试官认为面试结束时，往往会用暗示的话语来提醒应聘者：

- 我很感谢你对我们公司这项工作的关注。
- 真难为你了，跑了这么多路，多谢了。
- 谢谢你对我们招聘工作的关心，我们一旦做出决定就会立即通知你。
- 你的情况我们已经了解。

此时，应聘者应该主动站起身来，露出微笑，和面试官握手并且表示感谢，然后有礼貌地退出面试室。

（6）面试结束后，面试官说"我们有消息会通知你"。

一般而言，面试官让应聘者等通知，有多种可能：

- 对应聘者不感兴趣。
- 面试官不是负责人，需要请示领导。
- 对应聘者不是特别满意，希望再多面试一些人，如果没有更好的，就录取。
- 公司需要对面试留下的人进行重新选择，安排第二次面试。

（7）你能否接受调岗？

有些公司招收岗位和人员比较多，在面试中，当听到面试官说出此话时，言外之意是该岗位也许已经满员了，但公司对应聘者很有兴趣，还是希望应聘者能成为企业的一员。面对这种提问，应聘者应该迅速做出反应，如果认为对方是个不错的公司，应聘者对新的岗位又有一定的把握，也可以先进单位再选岗位；如果对方公司状况一般，新岗位又不太适合自己，可以当面拒绝。

（8）你什么时候能到岗？

当面试官问及到岗的时间时，表明面试官已经同意录用应聘者了，此时只是为了确定应聘者是否能够及时到岗并开始工作。如果的确有隐情，应聘者也不要遮遮掩掩，适当说明情况即可。

1.3 面试结束

面试结束之后，无论结果如何，都要以平常心来对待。即使没有收到该公司的 offer 也没关系，应聘者需要做的就是好好地准备下一家公司的面试。当应聘者多面试几家之后，应聘者自然会明白面试的一些规则和方法，这样也会在无形之中提高应聘者面试的通过率。

1.3.1　面试结束后是否会立即收到回复

一般在面试结束后应聘者不会立即收到回复，原因主要是因为面试公司的招聘流程问题。许多公司，人力资源和相关部门组织招聘，在对人员进行初选后，需要高层进行最终的审批确认，才能向面试成功者发送 offer。

应聘者一般在 3～7 个工作日会收到通知。

（1）首先，公司在结束面试后，会将所有候选人从专业技能、综合素质、稳定性等方面结合起来，进行评估对比，择优选择。

（2）其次，选中候选人之后，还要结合候选人的期望薪资、市场待遇、公司目前薪资水平等因素为候选人定薪，有些公司还会提前制定好试用期考核方案。

（3）薪资确定好之后，公司内部会走签字流程，确定各个相关部门领导的同意。

建议应聘者在等待面试结果的过程中可以继续寻找下一份工作，下一份工作确定也需要几天时间，两者并不影响。如果应聘者在人事部商讨的回复结果时间内没有接到通知，可以主动打电话去咨询，并明确具体没有通过的原因，然后再做改善。

1.3.2　面试没有通过是否可以再次申请

当然可以，不过应聘者通常需要等待 6 个月到 1 年的时间才可以再次申请。

目前有很多公司为了能够在一年一度的招聘季节中，提前将优秀的程序员招入自己公司，往往会先下手为强。他们通常采取的措施有两种：一是招聘实习生；二是多轮招聘。很多应聘者可能会担心，万一面试时发挥不好，没被公司选中，会不会被公司写入黑名单，从此再也不能投递这家公司。

一般而言，公司是不会"记仇"的，尤其是知名的大公司，对此都会有明确的表示。如果在公司的实习生招聘或在公司以前的招聘中未被录取，一般是不会被拉入公司的"黑名单"的。在下一次招聘中，和其他应聘者一样，具有相同的竞争机会。上一次面试中的糟糕表现一般不会对应聘者的新面试有很大的影响。例如，有很多人都被谷歌公司或微软公司拒绝过，但他们最后还是拿到了这些公司的录用通知书。

如果被拒绝了，也许是在考验，也许是在等待，也许真的是拒绝。但无论出于什么原因，应聘者此时此刻都不要对自己丧失信心。所以，即使被公司拒绝了也不是什么大事，以后还是有机会的。

1.3.3　怎样处理录用与被拒

面试结束，当收到录取通知时，应聘者是接受该公司的录用还是直接拒绝呢？无论是接受还是拒绝都要讲究方法。

1. 录用回复

公司发出的录用通知大部分都有回复期限，一般为 1～4 周。如果这是应聘者心仪的工作，应聘者需要及时给公司进行回复，但如果应聘者还想要等其他公司的录用通知，应聘者可以请求该招聘公司延长回复期限，如果条件允许，大部分公司都会予以理解。

2. 如何拒绝录用通知

当应聘者发现对该公司不感兴趣时，应聘者需要礼貌地拒绝该公司的录用通知，并与该公司做好沟通工作。

在拒绝录用通知时，应聘者需要提前准备好一个合乎情理的理由。例如：当应聘者要放弃大公司而选择创业型公司时，应聘者可以说自己认为创业型公司是当下最佳的选择。由于这两种公司大不相同，大公司也不可能突然转变为创业型公司，所以他们也不会说什么。

3. 如何处理被拒

当面试被拒时，应聘者也不要气馁，这并不代表你不是一个好的 Java 工程师。有很多公司都明白面试并不都是完美的，因此也丢失了许多优秀的 Java 工程师，所以，有些公司会因为应聘者原先的表现主动进行联系。

当应聘者接到被拒的电话时，应聘者要礼貌地感谢招聘人员为此付出的时间和精力，表达自己的遗憾和对他们做出决定的理解，并询问什么时间可以重新申请。同时还可以让招聘人员给出面试反馈。

1.3.4　录用后的薪资谈判

在进行薪水谈判时，应聘者最担心的事情莫过于招聘公司会因为薪水谈判而改变录用自己的决定。在大多数情况下，招聘公司不仅不会更改自己的决定，而且会因为应聘者勇于谈判、坚持自己的价值而对应聘者刮目相看，这表示应聘者十分看重这个职位并认真对待这份工作。如果公司选择了另一个薪水较低的人员，或者重新经过招聘、面试的流程来选择合适的人选，那么他需要花费的成本远远要高出应聘者要求的薪酬水平。

在进行薪资谈判时要注意以下几点：

（1）在进行薪资谈判之前，要考虑未来自己的职业发展方向。

（2）在进行薪资谈判之前，要考虑公司的稳定性，毕竟没有人愿意被解雇或下岗。

（3）在公司没有提出薪水话题之前不要主动进行探讨。

（4）了解该公司中的员工薪资水平，以及同行业其他公司中员工的薪资水平。

（5）可以适当地高估自己的价值，甚至可以把自己当成该公司不可或缺的存在。

（6）在进行薪资谈判时，采取策略，将谈判的重点引向自己的资历和未来的业绩承诺等核心价值的衡量上。

（7）在进行薪资谈判时，将谈判的重点放在福利待遇和补贴上，而不仅仅关注工资的税前总额。

（8）如果可以避免，尽量不要通过电话沟通和协商薪资和福利待遇。

1.3.5　入职准备

入职代表着应聘者的职业生涯的起点，在入职前做好职业规划是非常重要的，它代表着应聘者以后工作的目标。

1. 制定时间表

为了避免出现"温水煮青蛙"的情况，应聘者要提前做好规划并定期进行检查。需要好好想一想，五年之后想干什么，十年之后身处哪个职位，如何一步步地达成目标。另外，每年都需要总结过去的一年里自己在职业与技能上取得了哪些进步，明年有什么规划。

2. 人际网络

在工作中，应聘者要与经理、同事建立良好的关系。当有人离职时，你们也可以继续保持联络，这样不仅可以拉近你们之间的距离，还可以将同事关系升华为朋友关系。

3. 多向经理学习

大部分经理都愿意帮助下属，所以应聘者可以尽可能地多向经理学习。如果应聘者想以后从事更多的开发工作，应聘者可以直接告诉经理；如果应聘者想要往管理层发展，可以与经理探讨自己需要做哪些准备。

4. 保持面试的状态

即使应聘者不是真的想要换工作，也要每年制定一个面试目标。这有助于提高应聘者的面试技能，并让应聘者能胜任各种岗位的工作，获得与自身能力相匹配的薪水。

第 2 章

数据库基础

本章导读

从本章开始主要带领读者学习数据库的基础知识以及在面试和笔试中常见的问题。本章首先告诉读者要掌握的重点知识有哪些，然后将教会读者应如何更好地回答这些问题，最后总结了一些在企业的面试及笔试中较深入的真题。

知识清单

本章要点（已掌握的在方框中打钩）
- ☐ 数据库概述
- ☐ 数据库的分类
- ☐ 数据库的定义和操作语言
- ☐ 数据库对象

2.1　数据库概述

今天，数据库已经无处不在。本节将简单介绍数据模型、数据库的完整性、安全性以及数据库的概念。

2.1.1　数据模型

数据模型是数据库技术的核心。所有的 DBMS 都是基于某种数据模型实现的，所有的数据库应用也都建立在某种数据模型之上。

1. 数据模型的分类

1）概念模型（信息模型）

按用户的观点对数据和信息进行建模，概念模型主要用于数据库设计。

概念模型中的基本概念：

（1）实体：客观存在并且可以相互区别的事物。

（2）属性：实体所具有的某一个特性。

（3）码：唯一标识实体的属性集。

（4）实体型：用实体名及其属性名集合来抽象和刻画实体；具有相同属性的实体必然具有相同的特征和性质。

（5）实体集：同一类型实体的集合。

（6）联系：实体内部的联系通常指组成实体的各属性之间的联系；实体之间的联系通常指不同实体之间的联系。联系类型有一对一、一对多和多对多等多种类型。

概念模型的一种表示方法：实体-联系方法（E-R 方法或 E-R 模型）。

2）逻辑模型和物理模型

（1）逻辑模型。

按计算机系统的观点对数据建模，逻辑模型主要用于数据库管理系统的实现。

数据库领域中主要的逻辑模型有层次模型、网状模型、关系模型、面向对象数据模型、对象关系数据模型、半结构化数据模型，其中层次模型和网状模型统称为格式化模型。

（2）物理模型。

物理模型是对数据底层的抽象，描述数据在系统内部的表示方式、存取方法或在磁盘、磁带上的存储方式和存取方法，是面向计算机系统的，它的具体实现是数据库管理系统的任务。

2. 数据模型的组成要素

数据模型由数据结构、数据操作和数据的完整性约束条件三部分组成。

1）数据结构

数据结构是描述数据库组成对象以及对象之间的联系，它是所描述对象类型的集合，是对系统静态特性的描述。

数据结构描述的内容如下：

（1）和对象的类型、内容、性质有关；

（2）数据之间联系有关的对象。

2）数据操作

数据操作是指对数据库中各种对象的实例允许执行操作的集合，其中包括操作及有关规则。它是对系统动态特性的描述。

3）数据的完整性约束条件

数据的完整性约束条件是一组完整性规则。数据模型规定其必须遵守的基本的和通用的完整性约束条件。

完整性规则是在给定的数据模型中数据及其联系所具有的制约和依存规则，用以限定符合数据模型的数据库的状态以及状态的变化，以保证数据的正确、有效和相容。

2.1.2　数据库系统结构

从用户的角度分析，数据库系统的外部结构可以分为单用户结构、主从式结构、分布式结构、客户机/服务器结构、浏览器/应用服务器/数据库服务结构等。从系统的角度分析，数据库系统的内部结构通常采用三级模式。

1. 数据库的体系结构

数据库的体系结构分为三级：外部级（外模式）、概念级（模式）、内部级（内模式）。

（1）外模式也称子模式，是个别用户的数据视图，即个别用户涉及到的数据的逻辑结构。

（2）模式也称概念模式，是数据库中全部数据在逻辑上的视图。

（3）内模式也称存储模式，它既定义了数据库中全部数据的物理结构，还定义了数据的存储方法、策略等。

2. 二级映像与数据独立性

（1）外模式/模式映像实现了逻辑独立性。

（2）模式/内模式映像实现了物理独立性。

（3）数据的逻辑独立性是指应用程序与数据库的逻辑结构之间的相互独立性。

数据库系统结构如图 2-1 所示。

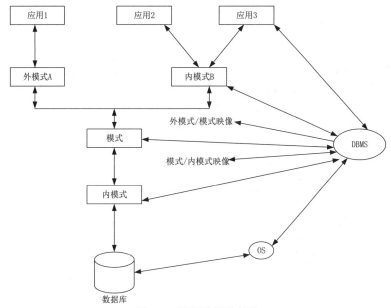

图 2-1　数据库系统结构

2.1.3　完整性与安全性

数据的完整性和安全性是两个不同的概念。

（1）数据的完整性是防止数据库中存在不符合语义的数据，也就是防止数据库中存在不正确的数据。

防范对象：不合语义、不正确的数据。

（2）数据的安全性是防止数据库受到恶意破坏和非法存取。

防范对象：非法用户和非法操作。

1. 完整性

1）PRIMARY KEY 约束

建立一个学生表 Student，其中包括学号（Sno）、姓名（Sname）、性别（Ssex）、年龄（Sage）、入学时间（Sdate）5 个属性，学号为主键。

```
create table student(
    Sno char(6) constraint stu_key primary key,
    Sname char(10),
    Ssex char(2),
    Sage smallint,
    Sdate date
);
```

2）FOREIGN KEY 约束

FOREIGN KEY 约束用于实现参照完整性。外键约束不仅可以与另一个表上具有主键约束的列建立联系，也可以与另一个表上具有 UNIQUE 约束的列建立联系，还可以参照自身表中的其他列，成为自引用。

外键的作用不只是对自身表中的数据操作进行限制，同时也限制了主键所在表的数据的修改或删除操作。在 SQL 中，创建 FOREIGN KEY 约束的语法格式如下：

```
[constraint <约束名>] foreign key [(<列名>)]
references <被参照表>(<被参照表的列名>)
[on delete {cascade | no action}]
[on update {cascade | no action}]
```

on delete{cascade | no action}表示当要从被参照表中删除该行所引用的行时，要对该行采取的操作。若指定操作为 cascade，则从被参照表中删除被引用行时，也将从参照表中删除引用行；若指定操作为 no action，将拒绝删除被参照表中的被引用行，默认为 no action。

on update {cascade | no action}与 on delete {cascade | no action}类似。若指定操作为 cascade，则级联更新；若指定 no action，则拒绝更新，默认为 no action。

例如：创建选课表 SC，其中包括学号（Sno）、课程号（Cno）和成绩（Grade）。学号和课程号为主键；学号和课程号分别为外键。

```
create table SC(
    Sno char(6),
    Cno char(3),
    Grade smallint,
    constraint sc_pkey primary key(Sno,Cno),
    constraint sc_fkey1 foreign key(Sno) references Student(Sno),
    constraint sc_fkey2 foreign key(Cno) references Course(Cno)
);
```

3）UNIQUE 约束

UNIQUE 约束用来保证数据取值的唯一性。在 SQL 中，创建 UNIQUE 约束的语法格式如下：

```
[constraint <约束名>] unique [ (<列名> [,<列名>…])]
```

4）CHECK 约束

CHECK 约束通过检查输入表中数据的值是否符合约束条件来维护值域的完整性，只有符合约束条件的数据才允许输入到表中。例如：限制学生的考试成绩（Grade）在 0～100，则可以在成绩列上创建一个 CHECK 约束。

CHECK 约束的语法格式为：

```
[constraint <约束名>] check(<条件表达式>)
```

在创建表时定义 CHECK 约束。

```
create table SC(
    Sno char(6),
    Cno char(2),
    Grade smallint check(Grade>=0 and Grade<=100),
    primary key(Sno,Cno)
);
```

5）删除约束

```
alter table <表名>
drop constraint <约束名>;
```

2. 安全性

1）数据库的安全性

（1）定义用户权限。

用户权限是指用户对于数据对象能够进行的操作种类。定义用户权限就是定义某个用户可以在哪些数据库对象上进行哪些类型的操作。在 SQL 中定义用户权限是由 GRANT 和 REVOKE 语句实现的。

（2）合法权限检查。

每当用户发出存取数据库的操作请求后，DBMS 首先通过查找数据字典来进行合法权限的检查。如果用户的操作请求没有超出数据操作权限，则执行其数据操作；否则 DBMS 将拒绝执行此操作。

2）授权

授权（GRANT）是为用户定义存取权限。

```
对象类型      对象      操作权限
DATABASE    数据库    CREATE TABLE,ALTER TABLE
TABLE      基本表    SELECT,INSERT,UPDATE,DELETE,ALTER,INDEX,ALL PRIVILEGES
TABLE      视图      SELECT,INSERT,UPDATE,DELETE,ALL PRIVILEGES
TABLE      属性列    SELECT,INSERT,UPDATE,DELETE,ALL PRIVILEGES
```

在 SQL 中是由 GRANT 语句为用户授权的。GRANT 语句的一般格式如下：

```
grant <权限 1> [,<权限 2>…]
on [<对象类型>] <对象名> [,[<对象类型>] <对象名>…]
to <用户 1> [,<用户 2>…]
[with grant option];
```

该语句是将指定操作对象的指定操作权限授予指定用户。发出该语句的可以是 GRANT、数据库对象的创建者（Owner）和已经拥有某种权限的用户。接受权限的用户可以是一个或多个具体用户，也可以是 PUBLIC（全体用户）。with grant option 选项的作用是允许获得指定权限的用户把权限再授予给其他用户。

（1）把查询 Student 表和修改姓名（Sname）列的权限授予用户 user1。

```
grant update(Sname),select on Student to user1;
```

（2）把对 Student 表、Course 表和 SC 表的查询、修改、插入和删除等全部权限授予用户 user1 和用户 user2。

```
grant all priviliges on Student,Course,SC to user1,user2;
```

（3）把对表 SC 的查询权限授予所有用户。

```
grant select on SC to public;
```

（4）把对表 SC 的查询权限授予用户 user3，并给用户 user3 有再授予的权限。

```
grant select on SC to user3
with grant option;
```

（5）用户 user3 把查询 SC 表的权限授予用户 user4。

```
grant select on SC to user4;
```

3）收回权限

（1）把用户 user1 修改姓名的权限收回。

```
revoke update(Sname) on Student from user1;
```

（2）把用户 user3 查询 SC 表的权限收回。

```
revoke select on SC from user3;
```

2.2　数据库的分类

早期比较流行的数据库模型有三种，分别为层次式数据库、网络式数据库和关系数据库。而在如今的互联网中，最常用的数据库模型主要有两种，即关系数据库和非关系数据库。

2.2.1　关系数据库

关系模型是最重要的一种数据模型。

1. 关系模型的数据结构

关系模型术语：

（1）关系：一个关系对应一张表。

（2）元组：表中的一行即为一个元组。

（3）属性：表中的一列即为一个属性，给每一个属性起一个名称即属性名。

（4）码：也称为码键，表中的某个属性组，它可以唯一确定一个元组。

（5）域：一组具有相同数据类型的值的集合，属性的取值范围来自某个域。

（6）分量：元组中的一个属性值。

（7）关系模式：对关系的描述。一般表示为：关系名（属性1，属性2，…，属性n）。

关系模型要求关系必须规范化，关系必须满足一定的规范条件，这些规范条件中最基本的就是关系的每一个分量必须是一个不可分的数据项，也就是说，不允许表中还有表。

2. 关系模型的数据操纵与完整性约束

关系模型的数据操纵主要包括查询、插入、删除和更新数据，它的数据操纵是集合操作，操作对象和操作结果都是关系。

这些操作必须满足关系的完整性约束条件：实体完整性、参照完整性和用户定义的完整性。

3. 关系模型的优缺点

（1）优点：关系模型建立在严格的数学概念的基础上；概念单一，无论实体还是实体之间的联系都是用关系来表示；对数据的检索和更新结构也是关系（也就是常说的表）；它的存取路径对用户透明，从而具有更高的独立性、更好的安全保密性，简化了程序员在数据库开发中的工作。

（2）缺点：由于存取路径的隐蔽导致关系模型的查询效率低于格式化数据模型。

2.2.2　NoSQL 非关系数据库

NoSQL 非关系数据库的主要特点：

（1）NoSQL 不是否定关系数据库，而是作为关系数据库的一个重要补充。

（2）NoSQL 为了高性能、高并发而产生，忽略了影响高性能、高并发的因素。

（3）NoSQL 典型产品特性包括 Memcached（纯内存）、Redis（持久化缓存）和 MongoDB（文档的数据库）。

2.2.3　内存数据库

传统的数据库管理系统是把所有的数据都放在磁盘上进行管理，所以称作磁盘数据库（Disk-Resident Database，DRDB）。磁盘数据库需要频繁地访问磁盘来对数据进行操作，由于对磁盘读写数据的操作一方面要进行磁头的机械移动，另一方面受到系统调用（通常通过 CPU 中断完成，受到 CPU 时钟周期的制约）时间的影响，当数据量很大、操作频繁且复杂时，内存数据库就会暴露出很多问题。

近年来，内存容量不断提高，价格不断下跌，操作系统已经可以支持更大的地址空间（计算机进入了 64 位时代），同时对数据库系统实时响应能力的要求也日益提高，充分利用内存技术提升数据库性能已经成为一个热点。

在数据库技术中，主要有两种方法来使用大量的内存。一种是在传统的数据库中，增大缓冲池，将一个事务所涉及的数据都放在缓冲池中，组成相应的数据结构来进行查询和更新处理，也就是常说的共享内存技术，这种方法优化的主要目标是最小化磁盘访问；另一种是内存数据库（Main Memory Database，MMDB，也叫主存数据库）技术，就是重新设计一种数据库管理系统，对查询处理、并发控制与恢复的算法和数据结构进行重新设计，以更有效地使用 CPU 周期和内存，这种技术几乎把整个数据库全部存放在内存中，因而会产生一些根本性的变化。两种技术的区别如表 2-1 所示。

表 2-1　内存数据库和共享内存技术的区别

		内存数据库	共享内存技术
成熟性		成熟的商业软件	单一用户定制化开发
开放性		通用的商业软件，采用开放标准和通用接口	专用软件，封闭系统
扩展性		支持 IPC、DOMAIN 等多种连接方式，应用可以很方便地扩展	一般支持 IPC 方式，应用和内存必须严格绑定在同一台主机上，难以扩展其他应用
安全性	系统或主机异常情况	处理的数据以及历史数据会丢失，可以进行恢复，运用检查点机制进行数据备份和恢复。提供完备的日志级别，保证数据的完整性和安全性	处理的数据以及历史数据会丢失，需要重新导入
	不间断服务	数据分布在不同的主机系统上使用，可以自动切换	数据无法自动切换，影响系统的稳定性
	进程故障	通过使用回滚和日志文件自动恢复数据	不能够恢复数据，当前处理的数据完全丢掉，为处理此故障需要手工完成，效率低
兼容性		支持开放业界标准，例如 SQL、JDBC 和 ODBC，开发简单方便	不支持 SQL 语句，不支持 ODBC，代码复杂，不利于软件开发和系统的稳定性
稳定性		由数据库系统提供内存管理，降低了应用开发的复杂度，增加了系统的稳定性	需要通过应用程序来处理复杂的内存管理过程，容易产生过多的内存碎片，导致系统的不稳定性
开发复杂度（开发接口）		提供标准应用开发接口，大大缩短了开发周期，原来在磁盘数据库下做的应用程序可以移植	不提供标准的甲方接口，开发效率低

内存数据库系统带来的优越性不仅能在内存中进行读写比对磁盘，而且从根本上抛弃了磁盘数据管理的许多传统方式。基于全部数据都在内存中进行管理的新的体系结构的设计，由于在数据缓存、快速算法、并行操作方面进行了相应的改进，从而使数据处理速度比传统数据库的数据处理速度快很多，一般在 10 倍以上，理想情况甚至可以达到 1000 倍。

使用共享内存技术的实时系统和使用内存数据库相比还有很多的不足，由于共享内存技术优化的目标集中在最小化磁盘访问上，因此很难满足完整的数据库管理的要求，设计的非标准化和软件的专用性造成可伸缩性、可用性和系统的效率都非常低，对于快速部署和简化维护都是不利的。

2.2.4　网状和层次数据库

1. 网状数据模型

网状数据模型的典型代表是 DBTG（CODASYL）系统。

1）网状模型的数据结构

满足以下层次联系条件的集合为网状模型。

（1）允许一个以上的节点无双亲；

（2）一个节点可以有多个双亲。

☆**注意**☆　层次模型实际上是网状模型的一个特例。

网状模型的数据结构如图 2-2 所示。

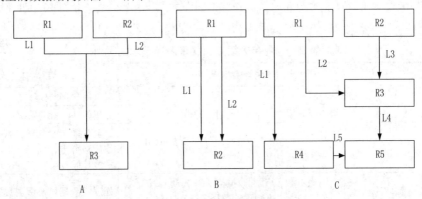

图 2-2　网状模型的数据结构

2）网状模型的数据操纵与完整性约束

DBTG 在数据定义语言中提供了数据库完整性的若干概念和语句，主要有：

（1）支持记录码的概念。唯一标识记录的数据项的集合称为码，例如学生的学号，不允许有两个相同的学号。

（2）保证一个联系中双亲记录和子女记录之间是一对多的联系。

（3）可以支持双亲记录和子女记录之间的某些约束条件。

3）网状模型的优缺点

（1）优点：网状模型能够更为直接地描述现实世界，如一个节点可以有多个双亲，节点直接可以有多种联系；具有良好的性能，存取效率较高。

（2）缺点：网状模型结构比较复杂。随着应用环境的扩大，数据库的结构就变得越来越复杂，网状模型的 DDL、DML 也更加复杂，并且要嵌入某一种高级语言（C、COBOL），因此用户不容易掌握和使用；由于记录之间的联系是通过存取路径实现的，应用程序在访问数据时必须选择适当的存取路径，因此用户必须了解系统结构的细节，加重了程序员编写应用程序的负担。

2. 层次模型数据库

层次模型是数据库系统中最早出现的数据模型，层次数据库系统采用层次模型作为数据的组织方式。它采用树状结构来表示各类实体以及实体间的联系。

1）层次模型的数据结构

满足以下层次联系条件的集合为层次模型。

（1）有且只有一个节点，没有双亲节点，这个节点称为根节点；

（2）根以外的其他节点有且只有一个双亲节点。

层次数据库系统只能处理一对多的实体联系。因为在层次模型中，每个节点表示一个记录类型，记录类型之间的联系用节点之间的连线（有向边）表示，这种联系是父子之间的一对多的联系。

图 2-3 所示是一个层次模型的数据结构，它像一棵倒立的树，节点的双亲是唯一的。同一双亲的子女节点称为兄弟节点，没有子女节点的节点称为叶节点。

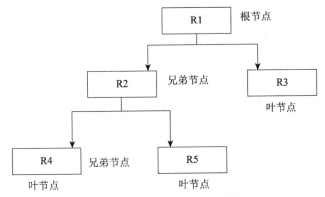

图 2-3　层次模型的数据结构

层次模型的特点：任何一个给定的记录值只能按其层次路径查看，没有一个子女记录值能脱离双亲记录值而独立存在。

2）层次模型的数据操纵与完整性约束

层次模型的数据操纵主要有查询、插入、删除和更新，在进行这些操作时要满足完整性约束条件。

插入：如果没有相应的双亲节点值，不能插入它的子女节点值。

删除：如果删除双亲节点值，则相应的子女节点值也将同时被删除。

3）层次模型的优缺点

（1）优点：数据结构比较简单清晰，数据库的查询效率高，提供了良好的完整性支持。

（2）缺点：现实世界中很多联系是非层次性的，它不适用于节点之间多对多的联系；查询子女节点必须通过双亲节点；由于结构严密，层次命令趋于程序化。

2.3　数据库的定义和操作语言

数据库定义语言用于定义数据库模式；数据库操纵语言用于数据库的更新和查询操作。早期这些语言是相互独立存在的，而现在这些语言被集成在一起，形成了一个统一的数据库语言。

2.3.1　数据定义

数据定义语言用于改变数据库的结构，包括创建、更改和删除数据库对象。用于操纵表结构的数据定义语言命令有以下几点：

- CREATE TABLE（创建表）。
- ALTER TABLE（修改表）。
- TRUNCATE TABLE（删除表中数据）。
- DROP TABLE（删除表）。

1. 创建表

```
create table 表名(字段 字段类型  [default'输入默认值'] [null/not null])
```

2. 修改表

（1）添加字段：

```
alter table 表名
```

```
add (字段 字段类型);
```
（2）修改字段类型：
```
alter table 表名
modify(字段 字段类型 [default '输入默认值'] [null/not null]);  //修改多个字段用逗号隔开
```
（3）删除字段：
```
alter table 表名
drop(字段);
```

3. 删除表中数据
```
truncate table 表名
```

4. 删除表
```
drop table 表名;
```

Truncate 命令与 Delete 命令的区别：

Truncate 命令能够快速删除记录并释放空间，它不使用事务处理，因此无法回滚。

Delete 命令可以在执行删除操作之后，通过 Rollback 撤销删除。如果确定表中的数据不再使用，使用 Truncate 命令效率更高。

2.3.2 数据查询

SQL 为使用者提供 SELECT 语句进行数据查询，语句一般格式如下：
```
SELECT [ALL|DISTINCT]<目标列表达式 1>,<目标列表达式 2>,…
FROM <表名或视图名>
WHERE <条件表达式>
GROUP BY <列名 1>
[HAVING <条件表达式>]
ORDER BY <列名> [ASC|DESC];
```

语句的含义：根据 WHERE 子句的条件表达式从 FROM 子句指定的表中找出满足条件的元组，然后再按照 SELECT 子句中的目标表达式选出元组中对应的属性值形成目标表。

如果有 GROUP BY 子句，则将结果按<列名 1>的值进行分组，属性值相等的元组为一个组。如果 GROUP BY 子句后带有 HAVING 语句，则只有满足 HAVING 语句的条件方可输出。如果有 ORDER BY 子句，结果还要按<列名>的值进行升（降）序排序操作后输出。

查询元组的满足条件及谓词如表 2-2 所示。

表 2-2 查询条件及谓词

查 询 条 件	谓 词
比较	=, >, <, >=, <=, !=, <>, !>, !<
确定范围	BETWEEN AND, NOT BETWEEN AND
确定集合	IN, NOT IN
字符匹配	LIKE, NOT LIKE
多重条件	AND, OR, NOT

2.3.3 数据更新

在 DML 的操作语法中，除了查询之外还有数据库的更新操作。数据的更新操作主要指添加、修改和删除数据。这里考虑到 emp 表在后面的学习中还要继续使用，所以下面先将 emp 表复制一份，输入如下指令：

```
CREATE TABLE myemp AS SELECT * FROM emp;
```

这个语法是 Oracle 数据库中支持的操作，其他数据库中的语法和 Oracle 是不一样的。

1. 数据的添加

如果想实现数据的添加操作，则可以使用如下的语法：

```
INSERT INTO 表名称 [(字段1,字段2,…)] VALUES(值1,值2,…);
```

对数据类型的处理如下：

增加数字：直接编写数字，例如"123"；

增加字符串：字符串应该使用""声明。

2. 添加 DATE 数据

（1）可以按照已有的字符串的格式编写字符串，例如"2020-05-28"。

（2）利用 TO_DATE() 函数将字符串变为 DATE 类型的数据。

（3）如果设置的时间为当前系统时间，则使用 SYSDATE。

3. 修改

如果要修改已有的数据，请按照如下的语法进行：

```
UPDATE 表名称 SET  更新字段1=更新值1,更新字段2=更新值2,…[WHERE 更新条件(s)]
```

例如：更新雇员编号 8888 的基本工资为 6000，职位改为 MANAGER，奖金改为 1000。

```
UPDATE 表名称 SET job='MANAGER',sal=6000,comm=1000 WHERE empno=8888;
```

如果更新时不加更新条件，则更新全部数据，但这种方法不可取，如果表中数据量很大，这种更新所耗费的时间比较长，且性能也会明显降低。

4. 删除

删除语法如下：

```
DELETE FROM 表名称 [WHERE 删除条件(s)]
```

例如：删除 2009 年雇佣的员工信息。

```
DELETE FROM 表名称 WHERE TO_CHAR(条件,'yyyy')=2009;
```

如果删除时没有匹配条件的数据存在，则更新记录为"0"。如果没有删除条件，则删除全部数据。

2.4　数据库对象

数据库对象是数据库的组成部分，常见的对象有表、索引、视图、图表、默认值、规则、触发器、存储过程、用户和序列等。

2.4.1　视图

视图是一张虚拟的表，字段可以自己定义，视图查询出来的数据只能进行查看，不能添加、修改和删除。

视图的作用：通过视图可以把想要查询的信息显示在一个表中，为了减少数据冗余，所以只存放基本信息，但当要查看详细信息时需要建立多表之间的联系，为了减少书写的 SELECT 语句，需要在多个表中创建视图。这时就可以看到比较详细的信息了，然而有一些不想让别人看到的信息别人通过视图是看不到的。

2.4.2 触发器

触发器是一种特殊类型的存储过程,当指定表中的数据发生变化时它会自动生效,唤醒调用触发器以响应 INSERT、UPDATE 或 DELETE 语句。触发器是当执行触发器中定义的操作时,主动工作。

1. 定义一个 UPDATE 触发器

```
CREAT TRIGGER t_UPDATE
ON 教师信息
for update
as
If(update(姓名) or update(性别))
begin
print '事务不能被处理,基本数据不能修改!'
ROLLBAK TRANSACTION
end
else
print '数据修改成功1'
```

2. 执行 UPDATE 操作

当执行 UPDATE 操作时会触发触发器,此时触发器执行的功能是如果更改姓名和性别,则会显示事物不能被处理,然后回滚此次操作。也就是说教师信息表里的数据除了姓名和性别两列之外,其他都可以更改,然后会显示"数据修改成功"的消息提示。

2.4.3 存储过程

存储过程相当于自定义函数,可以被调用。存储过程是一系列预先编辑好的,能实现特定操作功能的 SQL 代码集,它与特定数据库相关联,存储在 SQL Server 服务器上。

1. 存储过程的作用

(1)提高效率(存储过程本身执行速度非常快,调用存储过程大大减少了数据库的交互次数)。

(2)提高代码重用性(可以用更简短的代码实现多次相同的操作,减少冗余)。

2. 如何使用存储过程

存储过程大致可分为无参存储过程和带参存储过程。

(1)无参存储过程。

```
create procedure pro4()
begin
select 语句;
end tips: //写存储过程时也要记得修改命令停止标识符
```

(2)带参存储过程(分为带 in、out、inout 三种参数)。

```
create procedure pro2( in n int)
begin
select StudentName from studentinfo
where GradeID=n;
end
mysql> create  procedure pro_2(in cid int(11),out cnum int(11))
-> begin
-> select c_num into cnum from commodity where c_id = cid;
-> end$
Query OK,0 rows affected (0.00 sec)
```

in 参数可以当作条件中的某个参数；

into 参数可以将查询到的数据通过 c_num 参数传出去。

2.5　精选面试、笔试题解析

根据前面介绍的数据库知识，本节总结了一些在面试或笔试过程中经常遇到的问题。通过本节的学习，读者将会掌握在面试或笔试过程中回答问题的方法。

2.5.1　数据的物理独立性和逻辑独立性

试题题面：什么是数据的物理独立性和逻辑独立性？

题面解析：本题主要考查应聘者对物理独立性和逻辑独立性的熟练掌握程度。看到此问题，应聘者需要把关于数据的所有知识在脑海中回忆一下，其中包括数据物理独立性、逻辑独立性等，熟悉了数据的基本知识之后，该问题将迎刃而解。

解析过程：数据独立性表示应用程序与数据库中存储的数据不存在依赖关系，其中包括数据的物理独立性和数据的逻辑独立性。数据库管理系统的模式结构和二级映像功能保证了数据库中的数据具有很高的物理独立性和逻辑独立性。

物理独立性是指用户的应用程序与存储在磁盘上的数据库中的数据是相互独立的。即数据在磁盘上怎样存储，都是由 DBMS 统一管理，用户程序不需要了解存储过程，应用程序要处理的只是数据的逻辑结构，当数据的物理存储改变时，应用程序不用发生改变。

逻辑独立性是指用户的应用程序与数据库的逻辑结构是相互独立的，即当数据的逻辑结构改变时，用户程序也可以不变。

2.5.2　数据库和数据库管理系统

试题题面：分别解释一下什么是数据、数据库、数据库系统和数据库管理系统。

题面解析：本题是对数据库和数据库管理系统知识点的考查，应聘者在回答该问题时，要阐述自己对数据、数据库、数据库系统和数据库管理系统的理解，另外，还要解释关于数据库更深一层的含义。

解析过程：

（1）数据（Date）：描述事物的符号记录称为数据。数据的种类有数字、文字、图形、图像、声音等。现代计算机能存储和处理的对象十分广泛，因此这些对象的数据也越来越复杂。数据与其语义是不可分的。例如，50 这个数字可以表示一件物品的价格是 50 元，也可以表示一段路程是 50 千米，还可以表示一个人的体重为 50 千克。

（2）数据库（Database，DB）：数据库是长期存储在计算机内的、有组织的、可共享的数据集合。数据库中的数据按照一定的数据模型组织、描述和存储，具有较小的冗余度、较高的数据独立性和易扩展性，并可为各种用户共享。

（3）数据库系统（Database System，DBS）：数据库系统是指在计算机系统中引入数据库后的系统结构。数据库系统和数据库是两个概念。数据库系统是一个系统，数据库是数据库系统的一个组成部分。但是，在日常工作中人们常常把数据库系统简称为数据库。

（4）数据库管理系统（Database Management System，DBMS）：数据库管理系统是位于用户与操作系统之间的一层数据管理软件，用于科学地组织和存储数据，高效地获取和维护数据。DBMS

是一个大型的复杂的软件系统，是计算机中的基础软件。DBMS 的主要功能包括数据定义功能、数据操纵功能、数据库的运行管理功能、数据库的建立和维护功能。

2.5.3 数据库中表和视图有什么关系

试题题面：数据库中表和视图有什么关系？

题面解析：本题主要考查应聘者对数据库中的表和视图的熟练掌握程度。在解答本题之前，应聘者需要知道什么是表，什么是视图，然后再把两者进行比较，本题自然就解答出来了。

解析过程：视图是从数据库的基本表中选取出来的数据组成的逻辑窗口，它不同于基本表，它是虚拟表，其内容由查询定义。在数据库中，存放的只是视图的定义，而不存放数据，这些数据仍存放在原来的基本表结构中。只有在使用视图时，才会执行视图的定义，从基本表中查询数据。

同真实的表一样，视图包含一系列带有名称的列和行数据。但是，视图并不在数据库中以存储的数据值的形式存在。行和列数据来自由定义视图的查询所引用的表，并且在引用视图时动态生成其中所引用的基础表，视图的作用类似于筛选。定义视图可以来自当前或其他数据库的一个或多个表，或者其他视图。分布式查询也可用于定义使用多个异类数据的视图。如果有几台不同的服务器分别存储不同地区的数据，那么当需要将这些服务器上相似结构的数据组合起来的时候，这种方式就非常有用。

2.5.4 数据库的查询有哪几种方式

试题题面：数据库的查询有哪几种方式？

题面解析：本题主要考查应聘者对数据库查询的熟练掌握程度。看到此问题，应聘者需要在脑海中回忆一下关于数据库查询的方式，每一种方式是如何实现的。看到此问题的读者如果还没有掌握，那么快来复习一下吧！

解析过程：

1. 子查询

```
SELECT  FROM 表名 WHERE EXISTS(子查询);
```

（1）子查询有返回结果：EXISTS 子查询结果为 true。

（2）子查询无返回结果：EXISTS 子查询结果为 false，外层查询不执行。

任何允许使用表达式的地方都可以使用子查询；嵌套在父查询 SELECT 语句的子查询包括 SELECT 子句、FROM 子句、WHERE 子句、GROUP BY 子句和 HAVING 子句，只出现在子查询中而没有出现在父查询中的列不包含在输出列中。

2. LIMIT 子句

对查询结果进行限定，可指定查询起始位置和条数。

```
SELECT  <字段名列表>
FROM  <表名或视图>
[WHERE  <查询条件>]
[GROUP BY <分组的字段名>]
[ORDER BY  <排序的列名> [ASC 或 DESC]]
[LIMIT [位置偏移量,]行数];
```

☆**注意**☆ 使用 LIMIT 子句时，注意第 1 条记录的位置是 0！

3. 嵌套查询

子查询语句可以嵌套在 SQL 语句中任何表达式出现的位置，只出现在子查询中而没有出现在父查询中的表不能包含在输出列中。

4. IN 子查询

常用 IN 替换等号（＝）的子查询，IN 后面的子查询可以返回多条记录。

```
SELECT '<字段名列表>', '<字段名列表>' FROM '<表名或视图>'
WHERE '<查询条件>'IN(
SELECT '<字段名列表>' FROM '<表名或视图>'
WHERE '<查询条件>' IN (
SELECT '<字段名列表>'
FROM '<表名或视图>'
WHERE '<查询条件>'='<查询条件>') AND '<查询条件>'=(
SELECT MAX('<字段名列表>') FROM '<表名或视图>'
WHERE '<查询条件>'=(
SELECT '<字段名列表>'
FROM '<表名或视图>'
WHERE '<查询条件>'='<查询条件>'
    )
  )
);
```

2.5.5 存储过程

试题题面：什么是存储过程，需要什么来调用？存储过程的优缺点有哪些？

题面解析：本题是对存储过程知识点的考查，应聘者不仅需要知道什么是存储过程，还要知道存储过程有哪些优缺点，以及存储过程可以使用什么方法来调用。

在解题的过程中需要先解释什么是存储过程，然后介绍存储过程的优缺点。

解析过程：

1. 什么是存储过程，需要什么来调用？

存储过程是用户定义的一系列 SQL 语句的集合，涉及特定表或其他对象的任务，用户可以调用存储过程，而函数通常是数据库已定义的方法，它接收参数并返回某种类型的值，并且不涉及特定用户表。

存储过程用于执行特定的操作，可以接收输入参数、输出参数、返回单个或多个结果集。在创建存储过程时，既可以指定输入参数（IN），也可以指定输出参数（OUT）。在存储过程中使用输入参数，可以将数据传递到执行部分；使用输出参数，可以将执行结果传递到应用环境。存储过程可以使对数据库的管理、显示数据库及其用户信息的管理更加容易。

2. 存储过程的优缺点有哪些？

在数据库中，存储过程可由应用程序调用执行。存储过程允许用户声明变量并且包含程序流、逻辑以及对数据库的查询。具体而言，存储过程的优缺点如下：

优点：

（1）存储过程增强了 SQL 语言的功能和灵活性。存储过程可以用流程控制语句编写，有很强的灵活性，可以完成复杂的判断和运算。

（2）存储过程可以保证数据的安全性。

（3）通过存储过程可以使相关的动作在一起发生，从而维护数据库的完整性。

（4）在运行存储过程之前，数据库已经对其进行了语法和句法分析，并给出了优化执行方案。这种已经编译好的过程可极大地提高 SQL 语句的性能。

（5）可以降低网络的通信量，因为不需要通过网络来传送 SQL 语句到数据库服务器。

（6）把体现企业规则的运算程序放入数据库服务器中，以便集中控制。

缺点：

（1）调试不是很方便。

（2）没有创建存储过程的权利。

（3）重新编译问题。

（4）移植性问题。

2.5.6 数据库的触发器是什么

试题题面：数据库的触发器是什么？

题面解析：本题是对触发器知识点的考查，应聘者在回答该问题时，要阐述自己对触发器概念的理解，另外，还要解释关于数据库的触发器更深一层的含义。

解析过程：触发器（Trigger）是数据库提供给程序员和 DBA 用来保证数据完整性的一种方法，它是与表相关的特殊的存储过程，是用户定义在表上的一类由事件驱动的特殊过程。触发器的执行不是由程序调用，也不是由手工启动，而是由事件来触发的，其中，事件是指用户对表的插入（INSERT）、删除（DELETE）和修改（即更新 UPDATE）等操作。触发器经常被用于加强数据的完整性约束和业务规则等。

2.5.7 数据库的完整性规则指什么

试题题面：数据库的完整性规则指什么？

题面解析：本题主要考查应聘者对数据库完整性的理解，完整性是数据库的特性之一，因此应聘者不仅需要知道什么是数据库的完整性，而且还要知道数据库的完整性规则。

解析过程：数据库的完整性（Database Integrity）是指数据库中的数据在逻辑上的一致性、正确性、有效性和相容性。数据库的完整性由各种各样的完整性约束来保证，因此可以说数据库完整性设计就是数据库完整性约束的设计。数据库的完整性约束可以通过 DBMS 或应用程序来实现，基于 DBMS 的完整性约束作为模式的一部分存入数据库中。通过 DBMS 实现的数据完整性不是按照数据库设计步骤进行设计，而是由应用软件实现的数据库完整性纳入应用软件设计。

不管是 SQL Server 还是 MySQL，它们都是关系数据库，既然是关系数据库，就要遵守"关系数据库的完整性规则"。关系数据库提供了三类完整性规则，分别是实体完整性规则、参照完整性规则和用户自定义完整性规则。在这三类完整性规则中，实体完整性规则和参照完整性规则是关系模型必须满足的完整性的约束条件，它们适用于任何关系数据库系统，主要是针对关系的主关键字和外部关键字取值必须有效而做出的约束。用户自定义完整性规则是根据应用环境的要求和实际的需要，对某一具体应用所涉及的数据提出的约束性条件。这一约束机制一般不应由应用程序提供而应由关系模型提供定义并检验，用户自定义完整性主要包括字段的有效性约束和记录有效性。

关系型规则如下：

（1）实体完整性规则。

实体完整性规则是指关系的主属性（就是俗称主键的一些字段，主键的组成部分）不能为空值。现实生活中的每一个实体都具有唯一性，即使是两台一模一样的计算机都会有相应的 MAC（Media Access Control，物理地址）地址来表示它们的唯一性。现实之中的实体是可以区分的，它们具有某种唯一性标识。在相应的关系模型中，以主键作为唯一性标识，主键中的属性即主属性不能是空值，如果主属性为空值，那么就说明存在不可标识的实体，即存在不可区分的实体，这与现实的环境相矛盾，因此，这个实体一定不是完整的实体。

（2）参照完整性规则。

参照完整性规则指的是如果关系 R1 的外键和关系 R2 的主键相符，那么外键的每个值必须在关系 R2 的主键的值中可以找到；如果在两个有关联的数据表中，一个数据表的外键一定在另一个数据表的主键中可以找到。因此，定义外部关键字属于参照完整性。

（3）用户自定义完整性规则。

用户自定义完整性规则是指某一具体的实际数据库的约束条件，由应用环境决定。自定义完整性规则反映某一具体应用所涉及的数据必须满足的要求，用户根据现实生活中的一种实际情况定义的一个用户自定义完整性，必须由用户自定义完成。用户自定义完整性不属于其他任何完整性类别的特定业务规则，所有完整性类别都支持用户自定义完整性，包括 CREATE TABLE 中所有的列级约束和表级约束、存储过程和触发器。

在用户自定义完整性中，有一类特殊的完整性称为域完整性。域完整性是针对某一具体关系数据库的约束条件，它保证表中某些列不能输入无效的值，可以认为域完整性指的是列的值域的完整性。例如，数据类型、格式、值域范围、是否允许空值等。域完整性限制了某些属性中出现的值，把属性限制在一个有限的集合中。例如，如果属性类型是整数，那么它就不能是 101.5 或任何非整数。

可以使用 CHECK 约束、UNIQUE 约束、DEFAULT 默认值、IDENTITY 自增、NOT NULL/NULL 保证列的值域的完整性。例如，在设计表的时候有个年龄字段，如果设置了 CHECK 约束，那么这个字段里的值一定不会小于 0，当然也不能大于 200，因为现实生活中还没人能活到 200 岁。

2.5.8　什么是关系数据库，有哪些特点

试题题面：什么是关系数据库，有哪些特点？

题面解析：本题主要考查应聘者对关系数据库概念的理解。看到此问题应聘者需要快速地在大脑中回忆关于关系数据库的知识，在解答本题前需要先解释一下什么是关系数据库，然后总结它的特点。

解析过程：RDBMS（Relational Database Management System，关系数据库管理系统）是 E.F.Cod 博士在其发表的论文《大规模共享数据银行的关系型模型》基础上设计出来的。关系数据库是将数据组织为相关的行和列的系统，而管理关系数据库的计算机软件就是 RDBMS。它通过数据、关系和对数据的约束三者组成的数据模型来存放和管理数据。自关系数据库管理系统被提出以来，RDBMS 获得了长足的发展，许多企业的在线交易处理系统、内部财务系统、客户管理系统等大多采用了 RDBMS。

关系数据库，顾名思义就是建立在关系模型基础上的数据库，借助于集合代数等数学概念和方法来处理数据库中的数据。现实世界中的各种实体以及实体之间的各种联系均用关系模型来表示。结构化查询语言（Structured Query Language，SQL）就是一种基于关系数据库的语言，这种语言执行对关系数据库中数据的检索和操作。关系模型由关系数据结构、关系操作集合、关系完整性约束三部分组成。

RDBMS 的特点包括以下几点：

（1）数据以表格的形式出现。

（2）每一行存储着一条单独的记录。

（3）每个列作为一条记录的一个属性而存在。

（4）许多的行和列组成一张表。

（5）若干的表组成数据库。

2.5.9 解释一下网状和层次数据库

试题题面：解释一下什么是网状和层次数据库？

题面解析：本题主要考查应聘者对网状和层次数据库的掌握程度。熟悉数据库的人都知道数据库有三大分类，其中包括网状数据库和层次数据库，同时也是面试过程中经常被问到的问题之一。接下来，让我们一起来解答这道题吧。

解析过程：数据库若按照使用的数据存储模型来划分，可以把数据库分为网状数据库（Network Database）、关系数据库（Relational Database）和层次数据库（Hierarchical Database）。其中，商业中使用最广泛的数据库主要是关系数据库，例如，Oracle、MySQL、DB2、SQL Server 等。

网状数据库是指处理以记录类型为节点的网状数据模型的数据库，处理方法是将网状结构分解成若干二级树结构，称为系，其代表是 DBTG（Database Task Group，数据库任务组）系统。系类型是两个或两个以上的记录类型之间联系的一种描述。在一个系类型中，有一个记录类型处于主导地位，称为系主记录类型，其他称为成员记录类型。系主和成员之间的联系是一对多的关系。1969 年美国的 CODASYL 组织提出了一份"DBTG 报告"，之后，根据 DBTG 报告实现的系统一般称为 DBTG 系统。现有的网状数据库系统大都是采用 DBTG 方案。DBTG 系统是典型的三级结构体系：子模式、模式和存储模式。相应的数据定义语言分别称为子模式定义语言 SSDDL（Subschema Data Definition Language）、模式定义语言 SDDL（Schema Data Definition Language）、设备介质控制语言 DMCL（Device Media Control Language），另外，还有数据操纵语言 DML（Data Manipulation Language）。

层次数据库也叫树状数据库，它是将数据组织成方向有序的树结构，并用"一对多"的关系联结不同层次的数据库。最著名、最典型的层次数据库是 IBM 公司的 IMS（Information Management System）数据库。IMS 是 IBM 公司研制的最早的大型数据库管理系统，其数据库模式是多个物理数据库记录型（Physical Database Record，PDBR）的集合。每个 PDBR 对应层次数据模型的一个层次模式。各个用户所需数据的逻辑结构称为外模式，每个外模式是一组逻辑数据库记录型（Logical Database Record，LDBR）的集合。LDBR 是应用程序所需的局部逻辑结构。

2.5.10 存储过程与函数的区别

试题题面：存储过程与函数的区别有哪些？

题面解析：本题主要考查存储过程和函数的区别，在解题之前应聘者需要知道什么是存储过程，什么是函数，把两者进行比较，从而得出本题答案。

解析过程：存储过程与函数的区别如表 2-3 所示。

表 2-3　存储过程与函数的区别

存 储 过 程	函 　 数
用于在数据库中完成特定的操作或者任务（例如插入、删除等）	用于特定的数据（例如选择）
程序头部声明用 procedure	程序头部声明用 function
程序头部声明时不需描述返回类型	程序头部声明时要描述返回类型，而且 PL/SQL 块中至少要包括一个有效的 return 语句
可以使用 in/out/in out 三种模式的参数	可以使用 in/out/in out 三种模式的参数
可作为一个独立的 PL/SQL 语句来执行	不能独立执行，必须作为表达式的一部分调用
可以通过 out/in out 返回零个或多个值	通过 return 语句返回一个值，且该值要与声明部分一致，也可以是通过 out 类型的参数带出变量
SQL 语句（DML 或 SELECT）中不可调用存储过程	SQL 语句（DML 或 SELECT）中可以调用函数

2.5.11　什么叫视图，游标是什么

试题题面：什么叫视图，游标是什么？

题面解析：本题考查视图和游标的定义和作用，了解了这两个知识点以便在开发过程中能够正确使用。

解析过程：

视图是一种虚拟的表，具有和物理表相同的功能。可以对视图进行添加、修改和查找操作，视图通常是有一个表或者多个表的行或列的子集。对视图的修改不影响基本表。相比多表查询，它使得获取数据更容易。

游标是对查询出来的结果集作为一个单元来进行有效的处理。游标可以定在该单元中的特定行，从结果集的当前行检索一行或多行，也可以对结果集的当前行做修改。一般不使用游标，但是在逐条处理数据时，游标显得十分重要。

2.5.12　范式有哪几种，有什么作用

试题题面：范式有哪几种，有什么作用？

题面解析：本题考查三个范式的主要作用，这道题是理解记忆的题目，面试过程中能够准确地回答即可。

解析过程：

第一范式（1NF）：数据库表中的字段都是单一属性的，不可再分。这个单一属性由基本类型构成，包括整型、实数型、字符型、逻辑型、日期型等。

第二范式（2NF）：数据库表中不存在非关键字段对任一候选关键字段的部分函数依赖（部分函数依赖指的是存在组合关键字中的某些字段决定非关键字段的情况），即所有非关键字段都完全依赖于任意一组候选关键字。

第三范式（3NF）：在第二范式的基础上，数据表中如果不存在非关键字段对任一候选关键字段的传递函数依赖，则符合第三范式。传递函数依赖，指的是如果存在 "A→B→C" 的决定关系，则 C 传递函数依赖于 A。因此，满足第三范式的数据库表不存在如下依赖关系：关键字段→非关键字段 x →非关键字段 y。

2.5.13　使用索引查询一定能提高查询的性能吗，为什么

试题题面：使用索引查询一定能提高查询的性能吗，为什么？

题面解析：本题考查索引的使用，应聘者需要先理解索引的用法，然后在此基础上进一步延伸关于索引的知识。

解析过程：

通常通过索引查询数据比全表扫描要快，但是也必须注意到它的代价。索引需要空间来存储，也需要定期维护，每当有记录在表中增减或索引列被修改时，索引本身也会被修改。这意味着每条记录的 INSERT、DELETE、UPDATE 将为此多付出 4～5 次的磁盘 I/O。因为索引需要额外的存储空间和处理，那些不必要的索引反而会使查询反应时间变慢，使用索引查询不一定能提高查询性能，索引范围查询（INDEX RANGESCAN）适用于两种情况：

（1）基于一个范围的检索，一般查询返回结果集小于表中记录数的 30%。

（2）基于非唯一性索引的检索。

2.5.14　视图的优缺点

试题题面：视图的优缺点有哪些？

题面解析：本题考查视图优缺点，属于记忆类题目，能够准确地记住并且回答即可。

解析过程：

1. 优点

（1）对数据库的访问，视图可以有选择性地选取数据库里的一部分。

（2）用户通过简单的查询可以从复杂查询中得到结果。

（3）维护数据的独立性，视图可以从多个表中检索数据。

（4）对于相同的数据可产生不同的视图。

2. 缺点

查询视图时，必须把视图的查询转化成对基本表的查询，如果这个视图是由一个复杂的多表查询所定义，那么就无法更改数据。

2.5.15　什么是事务，事务的特性是什么

试题题面：什么是事务，事务的特性是什么？

题面解析：本题考查事务的定义以及事务有哪两大特性，应聘者需要分别阐述。

解析过程：

事务是一系列的数据库操作，是数据库应用的基本逻辑单位。

事务性质：

（1）原子性：原子性即不可分割性，事务要么全部被执行，要么就全部不被执行。

- 一致性：事务的执行使得数据库从一种正确状态转换成另一种正确状态；
- 隔离性：在事务正确提交之前，不允许把该事务对数据的任何改变提供给任何其他事务。

（2）持久性：事务正确提交后，其结果将永久保存在数据库中，即使在事务提交后有其他故障，事务的处理结果也会得到保存。

2.6　名企真题解析

接下来，收集了一些各大企业往年的面试及笔试真题，读者可以根据以下题目来做参考，看自己是否已经掌握了基本的知识点。

2.6.1　什么是三级模式和二级映像？有哪些优点

【选自 CSDN 笔试题】

试题题面：什么是三级模式和二级映像？有哪些优点？

题面解析：本题主要考查三级模式和二级映像，应聘者需要知道什么是三级模式和二级映像，三级模式和二级映像优缺点有哪些等。全方面地了解该问题所涉及的知识，这样会使回答问题变得更加容易。

解析过程：数据库系统的三级模式是数据的三个抽象级别，它把数据的具体组织留给 DBMS 管理，使用户能够逻辑抽象地处理数据，而不必关心数据在计算机中的表示和存储。为了能够在内部实现这三个抽象层次的联系和转换，数据库系统在这三级模式之间提供了二级映像：外模式/模式映

像和模式/内模式映像。正是这两层映像保证了数据库系统中的数据能够具有较高的逻辑独立性和物理独立性。

1. 外模式/模式

对于每一个外模式，数据库系统都有一个外模式/模式映像，它定义了该外模式与模式之间的对应关系（这些映像定义通常包含在各自外模式的描述中）。当模式发生改变时（例如增加新的关系、新的属性，更改数据的逻辑独立性，改变属性的数据类型等），DBA 对各个外模式/模式的映像作相应改变，可以使外模式保持不变。这体现了数据的逻辑独立性。

2. 模式/内模式

一个数据库系统存在一个唯一的模式/内模式映像，它定义了数据库全局逻辑结构与存储结构之间的对应关系（该映像定义通常包含在模式描述中）。

当数据库的存储结构改变了（例如选用了另一种存储结构），由 DBA 对模式/内模式映像作相应改变，可以使模式保持不变。这体现了数据的物理独立性。

三级模式和二级映像的优点：

数据库的二级映像保证了数据库外模式的稳定性，从而在底层保证了应用程序的稳定性；数据和程序之间的独立性使得数据的定义和描述可以从应用程序中分离出去。另外，由于数据存取由 DBMS 管理，用户不必考虑存取路径等细节，从而简化了应用程序的编制，大大减少了应用程序的维护和修改。

2.6.2　什么是视图，是否可以更改

【选自 GG 笔试题】

试题题面：什么是视图，是否可以更改？

题面解析：本题也是在大型企业的面试中最常问的问题之一，主要考查关于视图的知识点。

解析过程：视图看上去非常像数据库的物理表，对它的操作同任何其他的表一样。当通过视图修改数据时，实际上是在改变基本表（即视图定义中涉及的表）中的数据；相反地，基本表数据的改变也会自动反映在由基本表产生的视图中。由于逻辑上的原因，有些 Oracle 视图可以修改对应的基本表，有些则不能（仅仅能查询）。

2.6.3　关系数据库和文件系统有什么区别

【选自 BD 笔试题】

试题题面：关系数据库和文件系统有什么区别？

题面解析：本题主要考查关系数据库和文件系统，应聘者需要知道什么是关系数据库和文件系统，另外就是关系数据库和文件系统有什么区别。全方面地了解该问题所涉及的知识，这样会使回答问题变得更加容易。

解析过程：

1. 文件系统

文件系统是操作系统的子系统，用于操作系统明确存储设备或分区上的文件的方法和数据结构。文件系统由三部分组成：文件系统的接口、对象操纵和管理的软件集合（文件的删除、复制、粘贴等）、对象及属性。

2. 数据库系统

数据库系统主要包括数据库以及 DBMS。

3. 文件系统和数据库系统的区别

（1）管理对象不同。

两者之间最显而易见的区别就是：文件系统是以文件为载体记录数据的，管理系统也记载着这些数据的文件，但并不是数据本身，文件的各种形式对应着不同的数据结构。

数据库系统管理的是数据本身，在数据库内的任何操作都会立刻影响到数据。

（2）存储数据方式不同。

文件系统用文件将数据长期保存在外存上（文件可以有很多不同的形式，不同后缀的文件就相当于不同的数据结构）。

数据库系统用数据库统一存储数据。

（3）程序与数据关系不同。

文件系统中，程序访问数据是直接访问的，对数据的查询修改必须在程序内完成，而这依赖于开发者对文件的逻辑及物理结构非常清楚。

数据库系统中，数据不再仅仅服务于某个程序或用户，而是以单位的形式共享出来，统一由DBMS软件管理。由于程序对数据的操作都是通过DBMS实现的，因此程序和数据是相互独立的，可以在更高的抽象级别中观察和访问数据。

4. 文件系统的优缺点

（1）优点。

由于数据的冗余，因此在高可用方面的表现文件系统远远优于数据库系统。在海量存储方面，大量的冗余带来了更大的容错能力；分布式方案的出现让文件系统能够在海量数据面前大显身手，极强的可扩展性带来极好的数据存储能力。

（2）缺点。

文件系统编写应用程序不方便，往往程序需要随着文件的变化而修改；文件系统中的文件不能满足各种程序的需要，因此同一数据往往会以不同的文件形式储存，造成数据的冗余和不一致性；文件系统不支持对文件的并发访问；文件系统中的数据缺少统一的管理，表现在数据结构、编码、表示格式、命名以及输出格式等不容易做到规范化、标准化，因此数据的安全性和保密性面临更大的挑战。

5. 数据库系统的优缺点

（1）优点。

由于DBMS的存在，用户不再需要了解数据存储和其他实现的细节，直接通过DBMS就能获取数据，为数据的使用带来极大的便利；具有以数据为单位的共享性、数据的并发访问能力。DBMS保证了并发访问时数据的一致性；低延时访问，典型例子就是线下支付系统的应用，支付规模巨大时，数据库系统的表现远远优于文件系统；能够较为频繁地对数据进行修改，在需要频繁修改数据的场景下，数据库系统可以依赖DBMS来对数据进行操作且性能的消耗相比文件系统小；对事务的支持，DBMS支持事务，即一系列对数据的操作集合要么都完成，要么都不完成。在DBMS上对数据的各种操作都是原子级的。

（2）缺点。

由于DBMS的存在，在简单的不需要数据共享的场景下，性能不如文件系统；由于数据没有冗余，在高可用方面有一定的隐患，只能通过备份解决；面对海量数据的应用场景很被动，表现不佳。

第 3 章

数据库核心知识

本章导读

本章主要带领读者学习数据库的核心知识，主要包括范式、实体联系图、关系模型、SQL 语言、事务、索引、并发控制和死锁等。针对数据库的核心知识，本章也搜集了往年的面试、笔试真题，希望可以对读者有所帮助。

知识清单

本章要点（已掌握的在方框中打钩）
- [ ] 范式和反范式
- [ ] 数据库模型图
- [ ] SQL 语言
- [ ] 优化
- [ ] 事务
- [ ] 并发控制和死锁
- [ ] 索引

3.1　范式和反范式

设计关系数据库，需要遵从不同的规范要求，才能设计出合理的关系数据库，这些不同的规范要求被称为不同的范式，越高的范式数据库冗余越小。但是有些时候追求范式减少冗余，反而会降低数据读写的效率，这个时候就要使用反范式，利用空间来交换时间。

3.1.1　范式

范式是关系数据库的理论基础，也是在设计数据库结构的过程中所要遵循的规则和指导方法。范式是数据库设计所需要满足的规范，只有理解数据库的设计范式，才能设计出高效率的数据库。

关系数据库中的范式分为第一范式（1NF）、第二范式（2NF）、第三范式（3NF）、巴斯-科德范式（BCNF）、第四范式（4NF）和第五范式（5NF，又称完美范式）。

其中满足最低要求的范式是第一范式（1NF）。在第一范式的基础上进一步满足更多规范要求的称为第二范式（2NF），其余范式以此类推。一般说来，数据库只需满足第三范式（3NF）就可以了。各范式及满足各范式的条件如表 3-1 所示。

表 3-1 各范式及满足各范式的条件

范　式	满　足　条　件
1NF	关系模式的任一属性都是原子属性
2NF	任一非主属性都不能依赖于码的一部分
3NF	任一非主属性都不能传递依赖于码
BCNF	非主属性和主属性都不能依赖于码的一部分或传递依赖于码

范式优点：

（1）范式的更新操作通常比反范式快。

（2）范式的表比较小，可以更好地放在内存中，所以执行操作会更快。

范式缺点：

（1）范式使查询变得非常复杂。

（2）在查询时需要更多的连接。

（3）一些复合索引的列由于范式的需要被分割到不同的表中，导致索引策略不佳。

3.1.2 反范式

反范式是指不满足范式的模型。反范式和范式正好相反，在反范式的设计模式中，可以允许适当的数据冗余，以缩短取数据的操作时间。本质上就是用空间来换取时间，把数据冗余在多个表中，当查询时可以减少或避免表之间的关联。

反范式的 schema 由于所有数据都在一张表中，因此可以很好地避免关联。反范式的缺点是UPDATE 操作的代价比较高，需要更新多个表，因此需要考虑更新的频率以及更新的时长并和执行SELECT 查询的更新频率和时长进行比较。

范式与反范式的比较：

（1）查询记录时，范式模式往往要进行多表的连接，而反范式只需在同一张表中查询，当数据量很大时，反范式的效率会更好。

（2）反范式有很多重复的数据，会占用更多的内存，查询时可能会较多地使用 GROUP BY 或DISTINCT 等耗时、耗性能的查询语句。

（3）当要修改或更新数据时，范式更灵活，而反范式要修改或更新全部的数据，并且容易出错。

3.2　数据库模型图

数据库模型描述了数据库中结构化和操纵数据的方法，而模型的结构部分规定了数据是如何被描述的（例如树、表等）。

3.2.1 E-R 模式

构成 E-R 图的 3 个基本要素是实体、属性和联系。

1. 实体

在客观上可以相互区分的事物就是实体，实体可以是具体的人和物，也可以是抽象的概念与联系，具有相同属性的实体具有相同的特征和性质。可以用实体名及其属性名集合来抽象和刻画同类实体。

2. 属性

属性指实体所具有的某一特性，一个实体可由若干个属性来刻画。属性不能脱离实体，属性是相对实体而言的。在 E-R 图中属性用椭圆形表示，并用无向边将其与相应的实体连接起来。

3. 联系

联系也称关系，信息世界中反映实体内部或实体之间的关联。实体内部的联系通常指组成实体的各属性之间的联系；实体之间的联系通常指不同实体集之间的联系。在 E-R 图中联系用菱形表示，菱形框内写明联系名，并用无向边分别与有关实体连接起来，同时在无向边旁标上联系的类型（1：1，1：n 或 m：n）。

实体、属性和关系的表示及含义如表 3-2 所示。

表 3-2 实体、属性和关系的表示及含义

符号	含义
▭	实体，一般名词
⬭	属性，一般名词
◇	关系，一般动词

画 E-R 图的步骤如下：

（1）确定所有的实体集合。

（2）选择实体集包含的属性。

（3）确定实体集之间的联系。

（4）确定实体集的关键字，用下画线在属性上标明关键字的属性组合。

（5）确定联系的类型，用无向边将表示联系的菱形框和实体集连接起来，并在无向边旁标注 1 或 n 来表示联系的类型。

用二维表的形式表示实体和实体间联系的数据模型即关系模式。

E-R 图转换为关系模式的步骤如下：

（1）把每个实体都转化为关系模式 R（U）形式。

（2）建立实体间联系的转换。

3.2.2 UML

1. UML 概念模型

（1）概念模型可以被定义为模型，它由概念和它们之间的关系组成。

（2）UML 描述的是实时系统，是非常重要的一个概念模型。

（3）UML 概念模型包括 UML 构建模块、规则连接构建模块和 UML 公共机制三大模块。

2. UML 面向对象

面向对象是软件开发常用的方法，面向对象的概念和应用已经超越了程序设计和软件开发。可以将 UML 描述为面向对象的分析和设计的继承者。

一个对象中包含了数据和控制数据的方法，其中数据表示对象的状态，类表示描述的对象，从而形成层次结构模型真实的世界系统。

对象是现实世界的实体，如抽象、封装、继承和多态等，都可以使用 UML 表示。因此，UML 强大到足以代表所有的概念存在于面向对象的分析和设计之中。

UML 图是面向对象概念的表示方法。

面向对象中的基本概念如下：

（1）对象：对象代表一个实体的基本构建模块。

（2）类：类是对象的蓝图。

（3）抽象：抽象代表现实世界中实体的行为。

（4）封装：封装是将数据绑定在一起，并隐藏它们外部世界的机制。

（5）继承：继承是从现有的机制中衍生出新的类。

（6）多态性：定义的机制以不同的形式存在。

3. UML 核心

UML 的核心是图，可以将这些图归类为结构图和行为图。

结构图是由静态图、类图、对象图等组成；行为图是由序列图、协作图等组成；一个系统的静态和动态特性是通过使用这些图的可视化而形成的。

1）UML 类图

类图是使用面向对象、最流行的 UML 图。它描述了系统中的对象和它们的关系，能够让我们在编写代码以前对系统有一个全面的认识。

一个单独的类图描述系统一个具体方面，完整的类图表示整个系统。基本上，类图表示系统的静态视图。

类图是唯一可以直接映射到面向对象语言的 UML 图。因此，类图被广泛应用于开发者社区。

2）UML 对象图

对象图是类图的一个实例。因此，对象图和类图的基本要素是类似的。对象图是由对象和链接构成。在一个特定的时刻，它将捕获该系统的实例。

对象图用于原型设计、逆向工程和实际场景的建模。

3）UML 组件图

组件图是一种特殊的 UML 图，用来描述系统的静态实现视图。组件图包括物理组件，如档案、文件夹等。

组件图是用来从实施的角度分析问题，可以使用多个组件图来表示整个系统。正向和逆向工程技术的使用，可以通过执行文件的组件图来实现。

4）UML 部署图

部署图表示节点和它们之间的关系。一个高效的部署图是应用软件开发的一个组成部分。

5）UML 用例图

用例图是从用户角度描述系统功能，并指出各功能的操作者，用来捕捉系统的动态性质。

一个高层次的用例图用来捕捉系统的要求，因此它代表系统的功能和流向。

6）UML 交互图

交互图，用于捕获系统的动态性质。

交互图包括序列图和协作图，其中序列图显示对象之间的动态合作关系，它强调对象之间的消息发送的顺序，同时显示对象之间的交互；协作图描述对象间的协作关系，协作图和序列图相似，显示对象间的动态合作关系。

7）UML 状态图

状态图主要用于模拟系统的动态性质，即模拟对象的整个生命周期。

一个对象的状态被定义为对象所在的条件下特定的时间和对象。在对其他状态某些事件发生时，状态图还用于正向和反向工程。

状态图着重描述从一个状态到另一个状态的流程，主要有外部事件的参与。

8）UML 活动图

活动图是 UML 动态模型的一种图形，一般用来描述相关的用例图,活动图是一种特殊的状态图。

准确的活动图定义：活动图描述满足用例要求所要进行的活动以及活动间的约束关系，有利于识别并活动。活动图是一种特殊的状态图，它对于系统的功能建模特别重要，强调对象间的控制流程。

3.3 SQL 语言

SQL 是关系数据库系统的标准语言。所有关系数据库管理系统（RDBMS），如 MySQL、MS Access、Oracle、Sybase、Informix、Postgres 和 SQL Server 都使用 SQL 作为它们的标准数据库语言。

1. SQL 进程

当对 RDBMS 执行 SQL 命令时，系统将确定执行请求的最佳方式，并由 SQL 引擎确定如何解释该任务。

在此过程中包含了各种组件，分别为查询调度程序、优化引擎、经典查询引擎、SQL 查询引擎等。

典型的查询引擎处理所有非 SQL 查询，但 SQL 查询引擎不会处理逻辑文件。

2. SQL 标准命令

SQL 标准命令与关系数据库交互的标准相类似，SQL 命令可以执行创建、选择、插入、更新和删除操作，可以简单分为以下几组：

（1）DDL（数据定义语言）。

数据定义语言用于改变数据库结构，包括创建、更改和删除数据库对象。用于操纵表结构的数据定义语言命令有：

CREATE TABLE：创建（在数据库中创建新表、视图或其他对象）。

ALTER TABLE：更改（修改现有的数据库对象）。

DROP TABLE：删除（删除数据库中的整个表或其他对象的视图）。

（2）DML（数据操纵语言）。

数据操纵语言用于检索、插入和修改数据，数据操纵语言是最常见的 SQL 命令。

数据操纵语言命令包括：

INSERT：插入（创建记录）。

DELETE：删除（删除记录）。

UPDATE：修改（修改记录）。

SELECT：检索（从一个或多个表中检索某些记录）。

（3）DCL（数据控制语言）。

数据控制语言为用户提供权限控制命令。

用于权限控制的命令有：

GRANT：授予权限。

REVOKE：撤销已授予的权限。

3.4 优化

针对数据库中的优化，下面将介绍以下几种方式：

1. Index 索引

Index 的优化方式一直都在使用，如主键索引。如果定义适合的索引，数据库查询性能将提高几倍甚至几十倍。

2. SELECT *

查询数据库时，遇到要查询的内容通常会使用 SELECT *，这是不恰当的行为。应该查询需要的数据，而不是查询全部数据，当使用 SELECT *时，会增加 Web 服务器的负担和网络传输的负载，查询速度就自然而然下降。

3. EXPLAIN SELECT

EXPLAIN 功能估计很多人都没见过。使用 EXPLAIN 可以帮助 MySQL 使用索引来处理 SELECT 语句以及连接表。

EXPLAIN 可以帮助我们写出更好的优化查询语句。EXPLAIN 语法如下：

```
EXPLAIN SELECT [查找字段名] FROM tab_name…
```

4. 存储引擎的选择

对于如何选择 MyISAM 和 InnoDB，如果需要事务处理或是外键，那么 InnoDB 可能是比较好的方式。如果需要全文索引，那么 MyISAM 是更好的选择，因为这是系统内建的。

5. 避免在 WHERE 子句中使用 OR 来连接

如果一个字段中有索引，一个字段没有索引，这将导致引擎放弃使用索引而进行全表扫描，如：

```
select id from t where num=10 or Name = 'admin'
```

也可以使用如下方式查询：

```
select id from t where num = 10
union all
select id from t where Name = 'admin'
```

6. 多使用 VARCHAR/NVARCHAR

使用 VARCHAR/NVARCHAR 代替 CHAR/NCHAR，首先长字段存储空间小，可以节省存储空间，其次对于在一个相对较小的字段内查询效率显然要高很多。

7. 避免大数据量返回

使用 LIMIT 限制返回的数据量，如果每次都返回大量的数据也会降低查询速度。

8. WHERE 子句优化

WHERE 子句中使用参数会导致全表扫描，因为 SQL 只有在运行时才会解析局部变量，但优化程序不能将访问计划的选择推迟到运行时，它必须在编译时进行选择。如果在编译时建立访问计划，变量的值还未知，因此无法作为索引选择输入项。

尽量避免在 WHERE 子句中对字段进行表达式操作和函数操作，这将导致引擎放弃使用索引，而进行全表扫描。不要在 WHERE 子句中的 "=" 左边进行函数、算术运算或其他表达式运算，否则系统将无法正确使用索引。

3.5 事务

事务是在数据库中按照一定的逻辑顺序执行的任务序列，既可以由用户手动执行，也可以由某种数据库程序自动执行。

3.5.1 事务特性

通常会将很多 SQL 查询组合在一起，并将其作为某个事务的一部分来执行。

事务必须具备以下四个属性，简称 ACID 属性：

（1）原子性。事务是一个完整的操作，事务的各步操作是不可分的（原子的），要么都执行，要么都不执行。

（2）一致性。当事务完成时，数据必须处于一致状态。

（3）隔离性。事务独立运行。一个事务处理后的结果，影响了其他事务，那么其他事务会撤回。事务达到 100%隔离，需要以牺牲速度为前提。

（4）持久性。事务完成后，它对数据库的修改被永久保持。

3.5.2　隔离级别

（1）Read-Uncommitted（读取未提交）：最低的隔离级别，允许读取尚未提交的数据变更，可能会导致脏读、幻读或不可重复读。

（2）Read-Committed（读取已提交）：允许读取并发事务已经提交的数据，可以阻止脏读，但是幻读或不可重复读仍有可能发生。

（3）Repeatable-Read（可重复读）：对同一字段的多次读取结果都是一致的，除非数据是被本身事务所修改，可以阻止脏读和不可重复读，但幻读仍有可能发生。

（4）Serializable（可串行化）：最高的隔离级别，完全服从 ACID 属性。所有的事务依次逐个执行，这样事务之间就完全不产生干扰，该级别可以防止脏读、不可重复读以及幻读。

隔离级别如表 3-3 所示。

表 3-3　隔离级别

隔　离　级　别	脏　　读	不可重复读	幻　　读
Read-Uncommitted	√	√	√
Read-Committed	×	√	√
Repeatable-Read	×	×	√
Serializable	×	×	×

3.6　并发控制和死锁

多个并发事务的执行顺序称为调度，它表示事务的语句在系统中执行的时间顺序。对于两个或多个并发事务，存在多种可能的调度，不同的调度可能会产生不同的结果。

3.6.1　并发控制

事务是并发控制的基本单位，保证事务的 ACUD 特性是事务处理的重要任务，而事务的 ACID 特性可能遭到破坏的原因之一是多个事务对数据库的并发操作。为了保证事务的隔离性和一致性，数据库管理系统需要对并发操作进行正确的调度。

并发操作带来的数据不一致，其原因包括丢失修改、不可重复读和读"脏"数据。

（1）脏读（Dirty Read）：一个事务正在访问数据并且对数据进行了修改，而这种修改还没有提交到数据库中，这时另外一个事务也访问了这个数据，然后使用了这个数据。因为这个数据是还没有提交的数据，那么另外一个事务读到的这个数据就是"脏"数据，依据"脏"数据所做的操作可能是不正确的。

（2）丢失修改（Lost To Modify）：在一个事务读取一个数据时，另外一个事务也访问了该数据，那么在第一个事务中修改了这个数据后，第二个事务也修改了这个数据。这样第一个事务内的修改结果就被丢失，因此称为丢失修改。例如，事务 1 读取某表中的数据 A=20，事务 2 也读取 A=20，事务 1 修改 A=A-1，事务 2 也修改 A=A-1，最终结果 A=19，事务 1 的修改被丢失。

（3）不可重复读（Unrepeatable Read）：在一个事务内多次读同一数据。这个事务还没有结束时，另一个事务也访问该数据。那么在第一个事务中的两次读数据操作，由于第二个事务的修改导致第一个事务两次读取的数据可能不太一样。这就发生了在一个事务内两次读到的数据是不一样的情况，因此称为不可重复读。

（4）幻读（Phantom Read）：幻读与不可重复读类似。它发生在一个事务（T1）读取了几行数据，接着另一个并发事务（T2）插入了一些数据时，在随后的查询中，第一个事务（T1）就会发现多了一些原本不存在的记录，就好像发生了幻觉一样，所以称为幻读。

数据不一致的原因：

（1）并发操作破坏了事务的隔离性。并发控制机制就是要用正确的方式调度并发操作，使一个用户事务的执行不受其他事务的干扰，从而避免造成数据的不一致。

（2）对数据库的应用有时允许某些不一致性。

3.6.2　死锁和活锁

死锁是多线程中最差的一种情况，多个线程相互占用对方资源的锁，而又相互等待对方释放锁，此时若无外力干预，这些线程则一直处于阻塞的假死状态，形成死锁。

举个例子，A 同学抢了 B 同学的钢笔，B 同学抢了 A 同学的书，两个人都相互占用对方的东西，都在让对方先还给自己，自己再还，这样一直争执下去等待对方，得不到解决，老师知道此事后就让他们相互还给对方，这样在外力的干预下他们才解决。

活锁在多线程中确实存在。活锁与死锁相反，死锁是大家都拿不到资源并且都占用着对方的资源，而活锁是拿到资源却又相互释放不执行。当多线程中出现了相互谦让，都主动将资源释放给别的线程使用时，这个资源在多个线程之间跳动而又得不到执行，这就是活锁。

3.6.3　封锁协议和两段锁协议

1. 封锁协议

封锁是实现并发控制的一个非常重要的技术。封锁就是事务 T 在对某个数据对象例如表、记录等操作之前，先向系统发出请求，对其加锁。加锁后事务 T 就对该数据对象有了一定的控制，在事务 T 释放锁之前，其他事务不能更新数据对象。

确切的控制由封锁的类型决定。基本的封锁类型有两种：排他锁（exclusive locks，简称 X 锁）和共享锁（share locks，简称 S 锁）。

排他锁和共享锁的控制方式可以用相容矩阵来表示，相容矩阵如表 3-4 所示。

表 3-4　相容矩阵

T1 ＼ T2	X	S	
X	N	N	Y
S	N	Y	Y
	Y	Y	Y

一级封锁协议：事务 T 在修改数据 R 之前必须先加 X 锁，直到事务结束才释放。可防止丢失修改。

二级封锁协议：在一级封锁协议的基础上，事务 T 在读取数据 R 之前必须加 S 锁，读完后即可释放 S 锁。防止丢失修改，还可进一步防止读"脏"数据。

三级封锁协议：在一级封锁协议基础上，事务 T 在读取数据 R 之前必须先对其加 S 锁，直到事务结束才释放。防止丢失修改和读"脏"数据外，还进一步防止了不可重复读。

2. 两段锁协议

（1）在对任何数据进行读、写操作之前，首先要申请并获得对该数据的封锁。

（2）在释放一个封锁之后，事务不再申请和获得其他任何封锁。

事务执行分为两个阶段：获得封锁的阶段，称为扩展阶段；释放封锁的阶段，称为收缩阶段。

若并发执行的所有事务均遵守两段锁协议，则对这些事务的任何并发调度策略都是可串行化的。

☆**注意**☆　两段锁协议和防止死锁的一次封锁的异同：一次封锁法要求每个事务必须将所有要使用的数据全部加锁，否则就不能继续执行，因此一次封锁法遵守两段锁协议；但是两段锁协议并不要求事务必须一次将所有要使用的数据全部加锁，因此遵守两段锁协议的事务可能发生死锁。

3.7　索引

在关系数据库中，索引是一种单独的、物理对数据库表中一列或多列的值进行排序的一种存储结构，它是某个表中一列或若干列值的集合，以及相应的指向表中物理标识这些值的数据页的逻辑指针清单。

3.7.1　分类

1. B 树索引

B 树索引通常也称为标准索引。索引的顶部为根，其中包含指向索引中下一级的项。下一级为分支块，分支块又指向索引中下一级的块。最低一级为叶节点，其中包含指向表行的索引项。叶块为双向链接，有助于按关键字值的升序和降序扫描索引。

2. 唯一索引或非唯一索引

唯一索引：定义索引的列中任何两行都没有重复值。唯一索引中的索引关键字只能指向表中的一行。在创建主键约束和创建唯一约束时都会创建一个与之对应的唯一索引。

非唯一索引：单个关键字可以有多个与其关联的行。

3. 反向索引

反向索引与常规 *B* 树索引相反，反向索引在保持列顺序的同时反转索引列的字节。反向索引通过反转索引键的数据值来实现。其优点是对于连续增长的索引列，反转索引列可以将索引数据分散在多个索引块间，减少 I/O 瓶颈的发生。

4. 位图索引

位图索引的优点是它最适于低基数列（即该列的值是有限的，理论上不会是无穷大）。例如员工表中的工种（job）列，即便是几百万条员工记录，工种也是可计算的。工种列可以作为位图索引，类似的还有图书表中的图书类别列等。

位图索引的优点如下：

- 对于大批即时查询，可以减少响应时间。
- 相比其他索引技术，占用空间明显减少。
- 即使在配置很低的终端硬件上，也能获得显著的性能。

☆**注意**☆　位图索引不应当用在频繁发生 INSERT、UPDATE、DELETE 操作的表上。这些 DML 操作在性能方面的代价很高。位图索引最适合于数据仓库和决策支持系统。

5. 其他索引

（1）组合索引：在表内多列上创建。索引中的列不必与表中的列顺序一致，也不必相互邻接，类似于 SQL Server 中的复合索引，如员工表中部门和职务列上的索引。组合索引最多包含 32 列。

（2）基于函数的索引：若使用的函数或表达式涉及正在建立索引的表中的一列或多列，则创建基于函数的索引。可以将基于函数的索引创建为 B 树或位图索引。

索引的物理分类和逻辑分类如表 3-5 所示。

表 3-5　索引分类

物 理 分 类	逻 辑 分 类
分区或非分区索引	单列或组合索引
B 树索引（标准索引）	唯一索引或非唯一索引
正常或反向索引	基于函数索引
位图索引	

3.7.2　索引原则

创建索引时需遵循以下原则：

（1）频繁搜索的列可以作为索引。

（2）经常排序、分组的列可以作为索引。

（3）经常用作连接的列（主键/外键）可以作为索引。

（4）将索引放在一个单独的表空间中，不要放在有回退段、临时段的表空间中。

（5）对大型索引而言，考虑使用 NOLOGGING 子句创建大型索引。

（6）根据业务数据发生的频率，定期重新生成或重新组织索引，并进行碎片整理。

（7）仅包含几个不同值的列不可以创建为 B 树索引，可根据需要创建位图索引。

（8）不要在仅包含几行的表中创建索引。

3.8　精选面试、笔试题解析

通过前面的讲解，相信读者已经掌握了数据库的核心知识。那么在本节中总结了一些在面试或笔试中经常遇到的问题，通过本节的学习，读者将掌握在面试或笔试过程中回答问题的方法。

3.8.1　数据库事务的特性

试题题面：数据库事务的特性有哪些？

题面解析：本题主要是针对事务的考查，事务是数据库中的重点知识，无论是在面试或笔试中都是经常出现的问题之一。对于本问题而言，应聘者需要知道什么是事务，从而再进一步回答事务的特性都有哪些。

解析过程：事务是在数据库中按照一定的逻辑顺序执行的任务序列，既可以由用户手动执行，也可以由某种数据库程序自动执行。事务有 4 个特性，一般简称为 ACID 特性。

（1）原子性。原子性（Atomicity）是指事务在逻辑上是不可分割的操作单元，其所有语句要么都执行，要么都撤销。当每个事务运行结束时，可以选择"提交"所做的数据修改，并将这些修改永久保存到数据库中。例如，假设有两个账号，A 账号和 B 账号。A 账号转给 B 账号 100 元，这里有两个动作：①A 账号减去 100 元，②B 账号增加 100 元，这两个动作的不可分割即原子性。

（2）一致性。事务是一种逻辑上的工作单元。一个事务就是一系列在逻辑上相关的操作指令的集合，用于完成一项任务，其本质是将数据库中的数据从一种一致性（Consistency）状态转换到另一种一致性状态，以体现现实世界中的状况变化。至于数据处于什么样的状态算是一致状态，这取决于现实生活中的业务逻辑以及具体的数据库内部实现。例如，以转账为例，假设用户 A 和用户 B 两者的钱加起来一共是 5000 元，那么不管 A 和 B 之间如何转账，转几次账，事务结束后两个用户的钱相加起来应该还是 5000 元，这就是事务的一致性。

（3）隔离性。隔离性（Isolation）是针对并发事务而言的，并发是指数据库服务器同时处理多个事务，如果不采取专门的控制机制，那么并发事务之间可能会相互干扰，进而导致数据出现不一致或错误的状态。隔离性就是要隔离并发运行的多个事务间的相互影响。例如，隔离性即要达到这样一种效果：对于任意两个并发的事务 T1 和 T2，在事务 T1 看来，T2 要么在 T1 开始之前就已经结束，要么在 T1 结束之后才开始，这样每个事务都感觉不到有其他事务在并发地执行。

（4）持久性。事务的持久性（Durability）是指一旦事务提交成功，其对数据的修改是持久性的。数据更新的结果已经从内存转存到外部存储器上，此后即使发生了系统故障，已提交事务所做的数据更新也不会丢失。例如，当开发人员在使用 JDBC 操作数据库时，提交事务后，提示用户事务操作完成，那么这个时候计数器就已经存在磁盘上了。即使数据库重启，该事务所做的更改操作也不会丢失。

3.8.2　关系模型的存取方法有哪些

试题题面：关系模型的存取方法有哪些？

题面解析：本题不仅经常出现在笔试和面试中，而且在开发中也比较常见，所以应聘者不仅要了解什么是关系模型，而且还要掌握关系模型的存取方法有哪些。

解析过程：

关系模型的存取方法有以下几点：

1. *B*+树索引

B+树索引是数据库中最普遍的使用方法。底层硬盘的存储也可以使用 *B*+树索引。

B+树索引属于多路平衡搜索树，理论复杂度和平衡二叉树相同操作都是 log(n)。因为多路的特性，I/O 操作上更有优势，并且也让树的深度降低。所以，设计 *B*+树索引时，尽可能让树的深度降低。

使用 *B*+树索引而不是 *B*-树索引，是因为 *B*+树的关键字全在叶子节点上。所以硬盘一个簇可以存放更多节点，也可以减少 I/O 次数。

2. Hash 索引

使用 Hash 算法计算出散列值，通过散列值快速定位查找的数据。

Hash 索引是访问数据库中数据最快的方法，因为 Hash 算法几乎可以认为是 O(1)的。

但是 Hash 索引由于本身的特殊性也带来了很多限制和弊端。

（1）Hash 索引可能出现碰撞，通常有链表法和开放寻址法来解决。如果碰撞多了，就降低了 Hash 索引的速度。

（2）Hash 索引计算出散列值后，因为碰撞的原因，还需要进行实际数据对比。

（3）Hash 算法只能定位单个数据，无法进行范围查询。如果是组合索引，也无法用部分索引键查询。

3. 聚簇存储

聚簇存储可以类比成有序数组，相关属性按序排列。

一个关系只能在一个聚簇中，且不适用于经常更新的关系。

所以聚簇存储通常适用于：

（1）经常一起进行连接操作的关系。

（2）关系的一组属性经常出现在相等的比较条件中。

（3）关系的属性上的值重复率很高。

3.8.3　数据库事务的隔离级别是什么

试题题面：数据库事务的隔离级别是什么？

题面解析：本题也是对事务的考查，但本题主要考查事务的隔离级别，在回答该问题时，要先解释隔离级别的概念，然后再介绍各自的特点。如果读者对此问题感觉比较陌生，可以回到前面小节中复习关于事务的知识点。

解析过程：

在 SQL 标准中定义了 4 种隔离级别，每一种级别都规定了一个事务中所做的修改。较低级别的隔离通常可以执行更高的并发，系统的开销也更低。SQL 标准定义的 4 种隔离级别分别为Read Uncommitted（读取未提交）、Read Committed（读取已提交）、Repeatable Read（可重复读）、Serializable（可串行化）。

（1）读取未提交。

在该隔离级别中，所有事务都可以看到其他未提交事务的执行结果，即在读取未提交级别中，对事务的修改，即使没有提交，其他事务也都是可见的，该隔离级别很少用于实际。读取未提交的数据，也被称为脏读。该隔离级别最低，并发性能高。

（2）读取已提交。

这是大多数数据库系统的默认隔离级别。它满足了隔离的简单定义：一个事务只能看见已经提交事务所做的改变。换句话说，一个事务从开始直到提交之前，所做的任何修改对其他事务都是不可见的。

（3）可重复读。

可重复读确保同一个事务在多次读取同样的数据时，得到同样的结果。可重复读解决了脏读的问题，不过理论上，这会导致另一个棘手的问题，即幻读。MySQL 数据库中的 InnoDB 和 Falcon 存储引擎通过 MVCC（Muli-Version Concurrent Control，多版本并发控制）机制解决了该问题。需要注意的是，多版本只是解决不可重复读问题，而加上间隙锁（也就是它这里的并发控制）才解决了幻读问题。

（4）可串行化。

这是最高的隔离级别，它通过强制事务排序、强制事务串行执行，使之不可能相互冲突，从而解决幻读问题。简言之，它是在每个读的数据行上加上共享锁。在这个级别中，可能导致大量的超时现象和锁的竞争问题。在实际应用中很少用到这个隔离级别，只有在非常需要确保数据的一致性而且可以接受没有并发的情况下，才考虑使用该级别。这是花费代价最高但是最可靠的事务隔离级别。

隔离级别的总结如表 3-6 所示。

表 3-6　隔离级别

隔离级别	读取未提交	读取已提交	可重复读	可串行化
脏读	允许			
不可重复读	允许	允许		
幻读	允许	允许	允许	
默认级别数据库		Oracle、SQL Server	MySQL	
并发性能		比读取未提交低	比读取已提交低	最低

不同的隔离级别有不同的现象，并有不同的锁和并发机制，隔离级别越高，数据库的并发性能就越差，4 种隔离级别与并发性能的关系如图 3-1 所示。

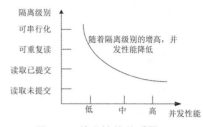

图 3-1　并发性能关系图

3.8.4　数据库中的 SQL 语句怎样优化

试题题面：数据库中的 SQL 语句怎样优化？

题面解析：SQL 语句在数据库中占有举足轻重的地位，应聘者不仅需要知道怎样使用 SQL 语句，而且在使用的过程中还要学会优化，这样才能提高数据库的性能。本题主要考查 SQL 语句怎样优化，因此应聘者不仅需要知道什么是 SQL 语句，还要知道怎样使用 SQL 语句进行优化。

解析过程：

优化就是通过 WHERE 子句使用索引，不可优化即发生了表扫描或额外开销。

在数据库中，SQL 语句的优化方法有以下几点：

（1）选择最有效率的表名顺序。数据库中的解析器按照从右到左的顺序处理 FROM 子句中的表名，FROM 子句中写在最后的表将被最先处理，在 FROM 子句中包含多个表的情况下，必须选择记录条数最少的表放在最后，如果有 3 个以上的表连接查询，那就需要选择那个被其他表所引用的表放在最后。

（2）WHERE 子句中的连接顺序。数据库采用自右而左的顺序解析 WHERE 子句，根据这个原理，表之间的连接必须写在其他 WHERE 条件的左边，这样可以过滤掉最大数量记录的条件必须写在 WHERE 子句的右边。

（3）SELECT 子句中避免使用"*"号。数据库在解析的过程中，会将"*"号依次转换成所有的列名，这个工作是通过查询数据字典完成的，这意味着将耗费更多的时间。

（4）用 TRUNCATE 替代 DELETE。

（5）尽量多使用 COMMIT，因为 COMMIT 会释放回滚点。

（6）用 WHERE 子句替换 HAVING 子句。WHERE 子句先执行，HAVING 子句后执行。

（7）多使用内部函数提高 SQL 效率。

（8）使用表的别名。

（9）使用列的别名。

以上介绍的是优化数据库中的 SQL 语句的方法，那么数据库应该怎样优化呢？虽然这个问题和本题无关，但是应聘者还是需要了解。

优化数据库的方法有以下几点：

（1）关键字段建立索引。

（2）使用存储过程，使 SQL 变得更加灵活和高效。

（3）备份数据库和清除垃圾数据。

（4）SQL 语句语法的优化。

（5）清理删除日志。

SQL Server 性能的最大改进得益于逻辑的数据库设计、索引设计和查询设计。SQL 优化的实质就是在结果正确的前提下，用优化器可以识别的语句，充分利用索引，减少表扫描的 I/O 次数，尽量避免表搜索的发生。

SQL 的性能优化是一个复杂的过程，以上这些只是在应用层次的一种体现，深入研究还会涉及数据库层的资源配置、网络层的流量控制以及操作系统层的总体设计。

3.8.5 什么是封锁协议

试题题面：什么是封锁协议？

题面解析：看到此问题，读者先不要着急看下面的答案，应该在脑海中回忆一下封锁协议的知识点，把自己当成一个正在面试的应聘者，思考自己该如何回答该问题。

本题主要考查应聘者对封锁协议的理解，应聘者不仅要掌握什么是封锁协议，还要知道和它相关的两段锁协议的内容。

解析过程：

封锁是实现并发控制的一个非常重要的技术。封锁就是事务 T 在对某个数据对象例如表、记录等操作之前，先向系统发出请求，对其加锁。加锁后事务 T 就对该数据对象有了一定的控制，在事务 T 释放锁之前，其他事务不能更新数据对象。

1. 三级封锁协议

三级封锁协议解决丢失修改、读"脏"数据以及不可重复读带来的数据不一致性。

（1）一级封锁协议。事务在修改数据 A 时要加 X 锁（排他锁），可以避免丢失修改。

（2）二级封锁协议。在一级封锁协议的基础上，事务在读数据时，要加 S 锁（共享锁），读入数据后立即释放 S 锁（共享锁），可以避免读"脏"数据。

（3）三级封锁协议。在一级封锁协议的基础上，事务在读数据时，要加 S 锁（共享锁），一直到事务结束后才释放 S 锁（共享锁），可以避免不可重复读。

2. 两段锁协议

两段锁协议保证了并发操作的可串行化。

两段锁协议约定：事务在对数据进行读写操作前，必须先获得对数据的封锁，并且在释放一个封锁前不能再获得其他的封锁。两段锁的含义即事务分别获得加锁和解锁的两个阶段。

3.8.6 SQL 的约束有哪几种

试题题面：SQL 的约束有哪几种？

题面解析：本题是在笔试中出现比较频繁的问题之一，主要考查 SQL 约束的知识点。在回答本题之前应聘者需要知道什么是 SQL 的约束，同时还需要把 SQL 约束有哪几种方法依次罗列出来。

解析过程：

SQL 约束主要用于限制加入表的数据的类型。

可以在创建表时规定约束（通过 CREATE TABLE 语句），或者在表创建之后规定约束（通过 ALTER TABLE 语句）。

SQL 的约束方式有以下几种：

1. 主键约束

主键用来标识表中的一行，定义方式有两种：

```
id INT(10)PRIMARY KEY,
CONSTRAINT emp_id PRIMARY KEY(id);   //（emp_id是主键名）
```

2. 默认值约束

默认值约束若某行无定义值，将会使用默认值。

```
id INT(10)DEFAULT'10'
```

3. 唯一约束

（1）约束唯一标识数据库表中的每条记录。

（2）UNIQUE 和 PRIMARY KEY 都为数据提供了唯一性约束。

（3）PRIMARY KEY 拥有自动定义的 UNIQUE 约束。

☆**注意**☆　每个表中只能有一个 PRIMARY KEY 约束，但是可以有多个 UNIQUE 约束。

UNIQUE 约束语法如下：

```
name int unique
unique(column_name)
CONSTRAINT uc_PersonID UNIQUE (Id_P,LastName)     添加多个约束
alter table table_name add unique(column_name)    增加表中的约束
ALTER TABLE table_name DROP CONSTRAINT 主键名      删除约束
```

4. 外键约束

一个表可以有多个外键，每个外键必须 REFERENCES（参考）另一个表的主键，被外键约束的列，取值必须在它参考的列中有对应值。外键约束语法如下：

```
（emp_id是被约束列名,emp_name是参考列名）
CONSTRAINT emp_fk FOREIGN KEY(emp_id) REFERENCES employee(emp_name);
```

5. 非空约束

插入值不能为空。例如：

```
id INT(10)NOT NULL;
```

3.8.7　产生死锁的原因有哪些

试题题面：产生死锁的原因有哪些？

题面解析：本题是对死锁的考查。应聘者不仅需要知道什么是死锁，而且还要知道什么是活锁，两者之前有什么区别。了解死锁的概念后，再从根源进行分析产生死锁的原因。

解析过程：

死锁是由于两个或两个以上的线程互相持有对方需要的资源，导致这些线程处于等待状态，无法执行。

1. 产生死锁的四个必要条件

（1）互斥性：线程对资源的占有是排他性的，一个资源只能被一个线程占有，直到释放。

（2）请求和保持条件：一个线程对请求被占有资源发生阻塞时，对已经获得的资源不释放。

（3）不剥夺：一个线程在释放资源之前，其他的线程无法剥夺占用。

（4）循环等待：发生死锁时，线程进入死循环，永久阻塞。

2. 产生死锁的原因

产生死锁的原因及解决方法如表 3-7 所示。

表 3-7　产生死锁的原因和解决方法

产生的原因	解决方法
互斥条件	打破互斥条件
占用并等待（请求与保持）	资源静态分配
非抢占	抢占
循环等待	资源定序

3. 避免死锁的方法

1）破坏"请求和保持"条件

已有的资源就不要去竞争那些不可抢占的资源。例如，进程在申请资源时，一次性申请所有需要用到的资源，不要一次一次地来申请，当申请的资源有一些没空，那就需要让线程等待。不过这

个方法比较浪费资源，进程可能经常处于饥饿状态。还有一种方法是，要求进程在申请资源前释放自己拥有的资源。

2）破坏"不可抢占"条件

允许进程进行抢占：

方法 1：如果去抢占资源被拒绝，就释放自己的资源；

方法 2：操作系统允许抢占资源，只要优先级大，就可以抢到。

3）破坏"循环等待"条件

将系统中的所有资源统一编号，进程可在任何时刻提出资源申请，但所有申请必须按照资源的编号顺序（升序）。

3.8.8　数据库中 Order by 与 Group by

试题题面：什么是数据库中 Order by 与 Group by？

题面解析：Order by 和 Group by 都属于 SQL 语言的一种，应聘者需要了解两者的使用方法，以及在什么情况下才能使用，经过对比，本题的答案自然而然就出来了。

解析过程：

1. Order by

Order by 是依照查询结果的某一列（或多列）属性，进行排序（升序：ASC；降序：DESC；默认为升序）。

当排序列含空值时：

（1）ASC：排序列为空值的元组最后显示。

（2）DESC：排序列为空值的元组最先显示。

2. Group by

Group by 按照查询结果集中的某一列（或多列），进行分组，值相等的为一组。

Group by 用于分类汇总，一般与聚合函数（如 avg 平均、sum 合计、max 最大、min 最小、count 计算行）一起使用。

未对查询结果分组，聚合函数将作用于整个查询结果；对查询结果分组后，聚合函数将分别作用于每个组。

3.8.9　数据库中在哪里会使用 Commit

试题题面：数据库中在哪里会使用 Commit？

题面解析：本题主要考查 Commit 语句的使用，在解题的过程中应聘者需要介绍和 Commit 有关联的数据库语言，并对 Commit 进行分析。

解析过程：

Commit 是提交的意思，当写完一条 SQL 语句后，点击执行，会看到数据发生变化，如果要修改数据库中的数据，必须在 SQL 语句后面加一条语句 Commit。

DML（数据操纵语言）中的 Insert、Update、Delete 这些语句需要 Commit 才能提交。因此，只有当执行插入（Insert）、更新（Update）、删除（Delete）这些种类的语句时才需要提交（Commit）。

在可视化操作工具中执行此类语句时，记得手动点击"提交"按钮执行提交操作，或者在语句执行的末尾添加 Commit 语句。

3.8.10　数据库中的序列有什么作用

试题题面：数据库中的序列有什么作用？

题面解析：本题考查数据库中序列的作用。在回答该问题时应聘者需要对序列的作用进行讲解，并且对语法中的关键字进行介绍。

解析过程：序列（SEQUENCE）是序列号生成器，可以为表中的行自动生成序列号，产生一组间隔数值（类型为数字）。

序列主要的用途是生成表的主键值，可以在插入语句中引用，也可以通过查询检查当前值，或使序列增至下一个值。

创建序列需要 CREATE SEQUENCE 系统权限。

序列的创建语法如下：

```
CREATE SEQUENCE 序列名 [INCREMENT BY n]
[START WITH n]
[{MAXVALUE/ MINVALUE n|NOMAXVALUE}]
[{CYCLE|NOCYCLE}] [{CACHE n|NOCACHE}];
```

（1）INCREMENT BY 用于定义序列的长度，如果省略，则默认为 1；如果出现负值，则代表序列的值是按照此长度递减的。

（2）START WITH 定义序列的初始值（即产生的第一个值），默认为 1。

（3）MAXVALUE 定义序列生成器能产生的最大值。选项 NOMAXVALUE 是默认选项，代表没有最大值定义，对于递增序列，系统能够产生的最大值是 10^{27}；对于递减序列，最大值是 -1。

（4）MINVALUE 定义序列生成器能产生的最小值。

3.8.11　索引有什么作用，优缺点有哪些

试题题面：索引有什么作用，优缺点有哪些？

题面解析：本题主要考查关于索引的知识点。看到此问题，应聘者需要在脑海中回顾关于索引的各个知识，如什么是索引、索引有哪些作用、索引的特点等问题。此问题在笔试中比较常见，所以在遇到这道题时，首先需要回答索引的作用，然后再对索引的优缺点进行阐述。

解析过程：

在关系数据库中，索引是一种单独的、物理对数据库表中一列或多列的值进行排序的一种存储结构，它是某个表中一列或若干列值的集合，以及相应的指向表中物理标识这些值的数据页的逻辑指针清单。

索引的作用：创建索引能够大大提高系统的性能。

优点：

（1）通过创建唯一性索引，可以保证数据库表中的每一行数据的唯一性。

（2）提升了数据的检索速度，这也是创建索引最主要的原因。

（3）提升表与表之间的连接，在实现数据的参考完整性方面特别有意义。

（4）在使用分组排序和子句进行数据检索时，同样可以减少查询中分组排序的时间。

（5）通过使用索引，可以在查询中使用优化隐藏器，提高系统的性能。

缺点：

（1）创建索引和维护索引需要时间，这种时间随着数据量的增加而增加。

（2）索引需要占用物理空间，除了数据表占用数据空间之外，每一个索引还要占用物理空间，如果要建立聚簇索引，则需要的空间更大。

（3）当对表中的数据进行增加、删除和修改时，索引也要动态地维护，这就降低了数据的维护速度。

索引是创建在数据库表中的列上。因此，在创建索引时，要考虑哪些列上适合加索引，哪些列上不适合加索引。

3.8.12 概述 HAVING 和 WHERE 的区别

试题题面：概述 HAVING 和 WHERE 的区别？

题面解析：本题主要考查 HAVING 和 WHERE 在 SQL 语句中的使用。了解了两者的使用场景和方法，解答本题就很简单了。

解析过程：

1. 使用场景不同

WHERE 可以用于 Select、Update、Delete 和 Insert 语句中。

HAVING 只能用于 Select 语句中。

2. 子句区别

1）WHERE 子句

WHERE 子句中的条件表达式 HAVING 都可以参与，而 HAVING 子句中的有些表达式 WHERE 不可以参与；HAVING 子句可以使用聚合函数（sum、count、avg、max 和 min），而 WHERE 子句则不可以。

2）HAVING 子句

WHERE 在聚合前先筛选记录，也就是说作用在 GROUP BY 子句和 HAVING 子句前；而 HAVING 子句在聚合后对组记录进行筛选。

3. 作用对象不同

WHERE 子句作用于表和视图，HAVING 子句作用于组。

WHERE 在分组和聚集计算之前选取输入行，而 HAVING 在分组和聚集之后选取分组的行。因此，WHERE 子句不能包含聚集函数；因为试图用聚集函数判断哪些行输入给聚集运算是没有意义的。相反，HAVING 子句总是包含聚集函数。

3.8.13 超键、候选键、主键、外键分别是什么

试题题面：超键、候选键、主键、外键分别是什么？

题面解析：本题主要考查以上四类键的不同作用，应聘者首先应该知道每一种键的定义、用途，然后进行比较。

解析过程：

（1）超键：在关系中能唯一标识元组的属性集称为关系模式的超键。一个属性可以作为一个超键，多个属性组合在一起也可以作为一个超键，超键包括候选键和主键。

（2）候选键：候选键是最小的超键，即没有冗余元素的超键。

（3）主键：数据库表中对储存数据对象予以唯一和完整标识的数据列或属性的组合。一个数据列只能有一个主键，且主键的取值不能缺失，即不能为空值（Null）。

（4）外键：在一个表中，存在着另一个表的主键，该主键即为此表的外键。

3.8.14 数据库的乐观锁和悲观锁是什么

试题题面：数据库的乐观锁和悲观锁是什么？

题面解析：本题主要考查乐观锁、悲观锁的定义，以及它们的实现方式是什么。本题属于记忆类题目，应聘者应该准确记忆，平时多重复复习。

解析过程：

确保在多个事务同时存取数据库中同一数据时，不破坏事务的隔离性、统一性以及数据库的统一性，乐观锁和悲观锁是并发控制主要采用的技术手段。

（1）悲观锁：假设会发生并发冲突，屏蔽一切可能违反数据完整性的操作，在查询完数据时就把事务锁起来，直到提交事务。

实现方式：使用数据库中的锁机制。

（2）乐观锁：假设不会发生并发冲突，只在提交操作时检查是否违反数据的完整性规则。在修改数据时把事务锁起来，通过 version 的方式来进行锁定。

实现方式：使用 version 版本或者时间戳。

3.8.15　数据库的主从复制

试题题面：什么是数据库的主从复制？

题面解析：本题主要考查主从复制的复制方式，应聘者需要分别说出三种具体操作，可以以表的形式进行展示。

解析过程：

主从复制的方式及操作方法如表 3-8 所示。

表 3-8　主从复制的方式及操作方法

复 制 方 式	操　　作
异步复制	默认异步复制，容易造成主数据库和从数据库不一致，一个数据库为 Master，一个数据库为 Slave，通过 Binlog 日志，Slave 的两个线程，一个线程去读 Master Binlog 日志，写到自己的中继日志；一个线程解析日志，执行 sql。Master 启动一个线程，给 Slave 传递 Binlog 日志
半同步复制	只有把 Master 发送的 Binlog 日志写到 Slave 的中继日志，这时主数据库才返回操作完成的反馈，性能有一定的降低
并行操作	Slave 多个线程去请求 Binlog 日志

3.8.16　局部性原理与磁盘预读

试题题面：局部性原理与磁盘预读是什么？

题面解析：本题主要考查局部性原理与磁盘预读，本题为理解记忆题。

解析过程：

由于存储介质的特性，磁盘本身存取就比主存慢很多，再加上机械运动耗费，磁盘的存取速度往往是主存的几百分之一，因此为了提高效率，要尽量减少磁盘 I/O 的读取。为了达到这个目的，磁盘往往不是严格按需读取，而是每次都会预读，即使只需要一个字节，磁盘也会从这个位置开始，顺序向后读取一定长度的数据放入内存。这样做的理论依据来源于计算机科学中著名的局部性原理：当一个数据被用到时，其附近的数据也通常会马上被使用。程序运行期间所需要的数据通常比较集中。

由于磁盘顺序读取的效率很高（不需要寻道时间，只需很少的旋转时间），因此对于具有局部性的程序来说，预读可以提高 I/O 效率。

预读的长度一般为页（page）的整倍数。页是计算机管理存储器的逻辑块，硬件及操作系统往往将主存和磁盘存储区分割为连续的、大小相等的块，每个存储块称为一页（在许多操作系统中，页的大小通常为 4KB），主存和磁盘以页为单位交换数据。当程序要读取的数据不在主存中时，会触发一个缺页异常，此时系统会向磁盘发出读盘信号，磁盘会找到数据的起始位置并向后连续读取一页或几页载入内存中，然后异常返回，程序继续运行。

3.9　名企真题解析

以下是我们收集的各大企业往年的面试及笔试真题，读者可以根据以下题目，看自己是否已经掌握了基本的知识点。

3.9.1　SQL 语言可以分为哪几类

【选自 BD 面试题】

试题题面：SQL 语言可以分为哪几类？

题面解析：本题是对 SQL 语言的考查，应聘者需要知道 SQL 语言的分类。另外，还需要把该问题所涉及的知识全面地了解，这样回答时问题就会变得更加容易。

解析过程：SQL 语言可以分五大类：

（1）数据定义语言（DDL）：主要进行数据库、表的管理等，Create、Alter、Drop 这些语句自动提交，无须用 Commit 提交。

（2）数据查询语言（DQL）：主要用于对数据进行查询，Select 查询语句不存在提交问题。

（3）数据操作语言（DML）：主要对数据进行增加、修改、删除操作，Insert、Update、Delete 这些语句需要 Commit 才能提交。

（4）事务控制语言（DTL）：主要对事务进行处理，Commit、Rollback 事务提交与回滚语句。

（5）数据控制语言（DCL）：主要进行授权与权限回收，Grant、Revoke 授予权限与回收权限语句。

3.9.2　E-R 图向关系模型的转换遵循什么原则

【选自 DZ 面试题】

试题题面：E-R 图向关系模型的转换遵循什么原则？

题面解析：本题是在大型企业的面试及笔试中最常见的问题之一，主要考查 E-R 图向关系模型的转换原则。在答题之前应聘者需要知道什么是 E-R 图、什么是关系模型以及两者之间有什么关系。

解析过程：

E-R 图向关系模型转换原则如下：

（1）实体型转换为关系模型，实体的属性就是关系的属性，实体的关键字就是关系的关键字。

（2）1:1 联系可以转换为独立的关系模型，也可以与任意一端对应的关系模型合并。如果转换为独立的模型，则与该联系相连的各个实体的关键字以及联系本身的属性均转换为关系的属性，每个实体的关键字均是该关系的候选键。如果与某一端实体对应的关系模型合并，则需要在该关系模型的属性中加入另一个关系模型的关键字和联系本身的属性。

（3）1:n 联系可以转换为一个独立的关系模型，也可以与任意 n 端对应的关系模型合并。如果转换为一个独立的模型，则与该联系相连的各实体的关键字以及联系本身的属性均转换为关系的属性，而关系的码为 n 端实体的关键字。如果与 n 端实体对应的关系模型合并，则需要在该关系模型的属性中加入 1 端关系模型的关键字和联系本身的属性。

（4）m:n 联系转换为一个独立的关系模型，与该联系相连的各实体的码以及联系本身的属性均转换为关系的属性，而关系的码为各实体码的组合。

（5）三个以上实体间的一个多元联系可以转换为一个独立的关系模型，与该联系相连的各实体的码以及联系本身的属性均转换为关系的属性，而关系的码为各实体码的组合。

3.9.3　事务的并发、事务隔离级别引发什么问题

【选自 CU 面试题】

试题题面：事务的并发、事务隔离级别引发什么问题？

　　题面解析：本题是一个综合考查题，考查应聘者对事务的并发、事务隔离级的掌握程度。应聘者需要知道在并发和隔离使用不当的情况下，分别会引发什么问题，以及如何对引发的问题进行解决。

　　解析过程：

　　1. 事务并发问题

　　（1）脏读：一个事务读取另外一个事务还没有提交的数据叫脏读。

　　（2）不可重复读：同一个事务中，多次读出的同一数据是不一致的。

　　（3）幻读/虚读：同一个事务中，按照同一条件读取出的数据量（也就是条数）不一致。

　　2. 隔离级别问题

　　（1）读取未提交：不允许第一类更新丢失，允许脏读，不隔离事务。事务读不会阻塞其他事务读和写，事务写阻塞其他事务写但不阻塞读。可以通过写操作加"持续-X 锁"实现。

　　（2）读读已提交：不允许脏读，允许不可重复读。事务读不会阻塞其他事务读和写，事务写会阻塞其他事务读和写。可以通过写操作加"持续-X 锁"，读操作加"临时-S 锁"实现。

　　（3）可重复读：不允许不可重复读，但可能出现幻读。事务读会阻塞其他事务写但不阻塞读，事务写会阻塞其他事务读和写。可以通过写操作加"持续-X 锁"，读操作加"持续-S 锁"实现。

　　（4）可串行化：所有的增、删、改、查串行执行。"行级锁"做不到，需使用"表级锁"。

　　不同的事务隔离级别与其对应可选择的封锁协议如表 3-9 所示。

表 3-9　事务隔离级别与封锁协议

事务隔离级别	封 锁 协 议
读取未提交	一级封锁协议
读取已提交	二级封锁协议
可重复读	三级封锁协议
可串行化	两段锁协议

3.9.4　数据库中的索引什么情况下会失效

　　【选自 CSDN 面试题】

　　试题题面：数据库中的索引什么情况下会失效？

　　题面解析：本题在数据库的面试题中是比较常见的，本题主要考查数据库中的索引在哪些情况下会失效，应聘者这时就要对索引方面的知识点进行全方面的回忆，并对索引失效情况进行叙述。

　　解析过程：

　　（1）WHERE 子句的查询条件里有 WHERE（column！=XXX），MySQL 将无法使用索引。

　　（2）WHERE 子句的查询条件中使用了函数，MySQL 将无法使用索引。

　　（3）如果条件中有 OR，即使其中有条件带索引也不会使用，如果想使用 OR，又想索引有效，只能将 OR 条件中的每个列加上索引。

　　（4）对于多列索引，不是使用的第一部分，则不会使用索引。

　　（5）LIKE 查询以%开头。

　　（6）如果列类型是字符串，那一定要将条件中的数据加上引号，否则不使用索引。

　　（7）索引列有函数处理或隐式转换，不使用索引。

　　（8）索引列倾斜，个别值查询时，使用索引的代价比全表扫描高，所以不使用索引。

　　（9）索引列没有限制 NOT NULL，索引不存储空值，如果不限制索引列是 NOT NULL，Oracle会认为索引列有可能存在空值，所以不会按照索引计算，因此不使用索引。

第 4 章

MySQL 数据库

本章导读

本章主要带领读者学习 MySQL 数据库基础知识以及面试和笔试中常见的问题。本章前部分讲解读者要掌握的基础知识，后部分将教会读者应该如何更好地回答这些问题，最后总结了一些在面试及笔试中的真题。

知识清单

本章要点（已掌握的在方框中打钩）

☐ MySQL 的启动
☐ 连接数据库
☐ 数据表的操作
☐ 数据查询
☐ 日志管理
☐ 备份与还原

4.1　MySQL 基本操作

MySQL 是最流行的关系数据库管理系统，在 Web 应用方面 MySQL 是最好的 RDBMS 应用软件之一。

学习完本节，读者将会快速掌握 MySQL 的基础知识，并轻松学会使用 MySQL 数据库。

4.1.1　启动和登录 MySQL

1. 启动 MySQL

连接 MySQL 前必须先检查 MySQL 服务是否启动。启动方式有两种：

（1）找到本机的"控制面板"，双击"管理工具"→"服务"，打开"服务"窗口，手动设置启动，如图 4-1 所示。

☆**注意**☆　由于 MySQL 服务不是系统自带的服务，因此除了在需要时启动之外，可以根据自己的实际情况设置启动类型为"手动类型"；如果需要经常操作 MySQL 软件，那么可以设置启动类型为"自动类型"。

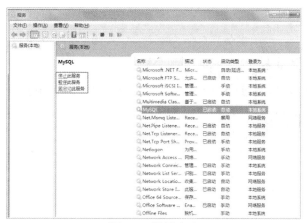

图 4-1　设置启动

启动类型有以下 3 种：

①自动：Windows 系统每次启动时都会自动启动该类型服务，服务启动后可以手动将状态修改为停止、暂停和重新启动等。

②手动：该类服务需要手动启动，启动后可以改变服务的状态，如停止、暂停等。

③禁用：该类服务不能启动，也不能改变服务的状态。

（2）除了可以使用图形界面启动 MySQL 之外，还可以通过 DOS 窗口来启动服务。

在计算机的"开始"页面，选择"运行"，打开"运行"对话框，在"运行"对话框中输入 cmd 以打开 DOS 窗口。

在 DOS 窗口中，如果 MySQL 服务处于关闭状态，可以通过命令来启动 MySQL 服务，启动 MySQL 服务的命令如下：

```
net start MySQL
```

2. 登录 MySQL

安装完 MySQL 后都会安装一个简单的命令行使用程序即 MySQL Command Line Client。MySQL Command Line Client 没有下拉菜单，也没有用户界面。

在计算机的"开始"页面，打开"程序"，找到安装的 MySQL 文件夹并打开，单击 MySQL Command Line Client 即打开该程序。

输入正确的密码之后，MySQL Command Line Client 默认 root 登录，即进入 MySQL，如图 4-2 所示。

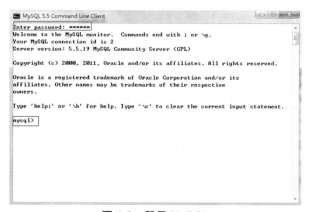

图 4-2　登录 MySQL

4.1.2　连接数据库

1. 在图形界面连接数据库

（1）在桌面找到安装的 MySQL 图标，双击打开。

（2）在弹出的界面中单击左上角的"连接"按钮，选择 MySQL，弹出"新建连接"对话框。

（3）输入用户名和密码，单击左下角"连接测试"按钮，弹出"连接成功"的消息提示，即 MySQL 可以正常使用，如图 4-3 所示。

图 4-3　新建连接

2. 通过 DOS 窗口连接 MySQL 数据库

在 DOS 窗口中，可以通过 mysql 命令登录 MySQL 软件连接数据库。mysql 命令语法格式如下：

```
mysql -h 服务器主机地址 -u 用户名 -p 密码
```

mysql 表示登录 MySQL 软件的命令；

-h 表示需要登录 MySQL 软件的 IP 地址；

-u 表示登录 MySQL 软件的用户名；

-p 表示登录 MySQL 软件的密码。

☆注意☆　这里所说的 IP 地址、用户名和密码都要设置成自己的。

MySQL 连接数据库有以下几种方式：

（1）MySQL 连接本地数据库，用户名为 root，密码为"123456"。

```
C:\>mysql -h localhost -u root -p123456
```

☆注意☆　"-p"和"123456"之间不能有空格。

（2）MySQL 连接远程数据库（192.168.0.201），端口"3306"，用户名为 root，密码为"123456"。

```
C:\>mysql -h 192.168.0.201 -P 3306 -u root -p123456
```

（3）MySQL 连接本地数据库，用户名为 root，隐藏密码。

```
C:\>mysql -h localhost -u root -p
Enter password:
```

（4）MySQL 连接本地数据库，用户名为 root，指定所连接的数据库为 test。

```
C:\>mysql -h localhost -u root -p123456 -D test
mysql>select database();
```

（5）查看版本。

```
mysql>status;
```

4.1.3　创建数据库

创建数据库的方式有以下两种:

1. 通过语法创建数据库

创建数据库的语法如下:

```
create database 数据库名;
```

在具体创建数据库时, 数据库名不能与已经存在的数据库名重名。数据库名命名（标识符）规则如下:

（1）由字母、数字、下画线、@、#或$符号组成, 其中字母可以是英文字符 a~z 或 A~Z, 也可以是其他语言的字母字符。

（2）首字母不能是数字和$符号。

（3）标识符不允许是 MySQL 的保留字。

（4）不允许有空格和特殊字符。

（5）长度小于 128 位。

例如, 创建数据库 MySchool, 命令如下:

```
create database MySchool;
```

执行命令, 运行结果如图 4-4 所示。

```
mysql> create database MySchool;
Query OK, 1 row affected (0.04 sec)

mysql>
```

图 4-4　通过语法创建数据库

从运行结果可以看出有 3 部分提示, 含义如下:

（1）Query OK 表示 SQL 语句执行成功。

（2）1 row affected 表示操作影响的行数。

（3）0.04 sec 表示操作执行的时间。

2. 通过 MySQL 软件创建数据库

（1）数据库连接成功之后, 在"对象资源管理器"窗口空白处右击, 在弹出的快捷菜单中选择"创建数据库"选项。

（2）弹出"新建数据库"对话框, 在"数据库名"文本框中输入 MySchool, 然后单击"确定"按钮, 如图 4-5 所示。

图 4-5　通过软件创建数据库

（3）当数据库创建成功之后, "对象资源管理器"窗口会显示名为 MySchool 的数据库。

4.1.4 数据类型

在 MySQL 数据库中，可以通过存储引擎来决定表的类型，即决定表的存储方式。同时 MySQL 数据库也提供了数据类型决定表存储数据的类型。MySQL 数据库提供了整数类型、浮点数类型、定点数类型和位类型、日期和时间类型、字符串类型等。

1. 数值类型

基本数值类型如表 4-1 所示。

表 4-1　数值类型

类　型	说　明	取 值 类 型	存 储 需 求
TINYINT	非常小的数据	有符号值：$-2^7 \sim 2^7-1$ 无符号值：$0 \sim 2^8-1$	1 字节
SMALLINT	较小的数据	有符号值：$-2^{15} \sim 2^{15}-1$ 无符号值：$0 \sim 2^{16}-1$	2 字节
MEDIUMINT	中等大小的数据	有符号值：$-2^{23} \sim 2^{23}-1$ 无符号值：$0 \sim 2^{24}-1$	3 字节
INT	标准整数	有符号值：$-2^{31} \sim 2^{31}-1$ 无符号值：$0 \sim 2^{32}-1$	4 字节
BIGINT	较大的整数	有符号值：$-2^{63} \sim 2^{63}-1$ 无符号值：$0 \sim 2^{64}-1$	8 字节
FLOAT	单精度浮点数	$\pm 1.1754351e-38$	4 字节
DOUBLE	双精度浮点数	$\pm 2.2250738585072014e-308$	8 字节
DECIMAL	字符串形式的浮点数	Decimal（M，D）	M+2 字节

2. 字符串类型

字符串类型如表 4-2 所示。

表 4-2　字符串类型

字符串类型	说　明	长　度
CHAR[(M)]	定长字符串	M 字节
VARCHAR[(M)]	可变字符串	可变长度
TINYTEXT	微型文本串	$0 \sim 2^8-1$ 字节
TEXT	文本串	$0 \sim 2^{16}-1$ 字节

3. 日期类型

若某日期字段默认值为当前日期，一般设置为 TIMESTAMP 类型。日期类型如表 4-3 所示。

表 4-3　日期类型

日 期 类 型	格　式	取 值 范 围
DATE	YYYY-MM-DD，日期格式	1000-01-01～9999-12-31
DATETIME	YY-MM-DD hh:mm:ss	1000-01-01 00：00：00～9999-12-31 23:59:59
TIME	hh:mm:ss	-835:59:59～838:59:59
TIMESTAMP	YYYYMMDDHHMMSS	1970 年某时刻～2038 年某时刻，精度为 1 秒
YEAR	YYYY 格式的年份	1901～2155

4.1.5　数据表的操作

表的操作包括创建表、查看表、删除表和修改表。

1. 创建表

1）通过语法创建表

创建表的语法如下：

```
CREATE TABLE table_name (
    属性名 数据类型
    属性名 数据类型
    …
    属性名 数据类型
)
```

上述语句中的 table_name 参数表示所要创建的表的名字，表名紧跟在关键字 CREATE TABLE 后面。表的具体内容定义在括号之中，各列之间用逗号分隔。其中"属性名"参数表示表字段的名称，"数据类型"参数指定字段的数据类型，在创建数据库时，表名不能与已经存在的表对象重名，其命名规则与数据库名命名（标识符）规则一致。

☆**注意**☆　在创建表之前需要先创建数据库，如果没有选择数据库，创建表时会出现"No database selected"的错误；在创建表时如果该表已经存在，则会出现"Table already exists"的错误。

2）通过 MySQL 软件创建表

在 4.1.3 小节创建数据库的基础上再创建表 Student。

在"对象资源管理器"窗口中右击 MySchool 数据库，在弹出的快捷菜单中选择"创建表"选项。接着在弹出的"输入表名"的对话框中输入表的名称，单击"确定"按钮，如图 4-6 所示。

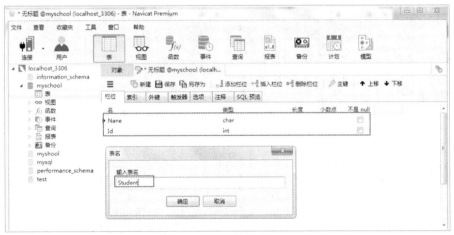

图 4-6　创建表

创建完成，在"对象资源管理器"窗口中选择 MySchool 数据库，单击"刷新"按钮，则会看到所创建的表 Student。

2. 查看表

（1）使用 SHOW CREATE TABLE 语句查看表。语法格式如下：

```
SHOW CREATE TABLE table_name;
```

例如，查看数据库 MySchool 中的表 Student。SQL 语句如下：

```
USE MySchool;
```

```
SHOW CREATE TABLE Student;
```

（2）在 MySQL 软件中查看表。在"对象资源管理器"窗口中右击 Student 表，在弹出的快捷菜单中选择"对象信息"选项即可以查看表中的信息，如图 4-7 所示。

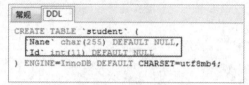

图 4-7　查看表

3. 删除表

（1）使用 DROP TABLE 语句删除表。语法格式如下：

```
DROP TABLE table_name;
```

在删除表之前，需要使用 IF EXISTS 语句验证表是否存在。

```
DROP TABLE [IF EXISTS] table_name;
```

（2）通过 MySQL 软件删除表。在"对象资源管理器"窗口中右击 Student 表，在弹出的快捷菜单中选择"删除表"选项，如图 4-8 所示。

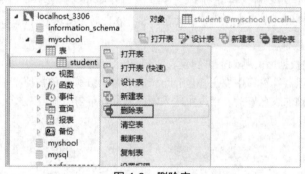

图 4-8　删除表

4. 修改表

（1）修改表名。

```
ALTER TABLE old_table_name RENAME [TO] new_table_name
```

（2）增加字段。

```
ALTER TABLE table_name
ADD 属性名 属性类型
```

（3）删除字段。

```
ALTER TABLE table_name
DROP 属性名
```

4.2　运行与维护

MySQL 数据库安装完成后，除了包括 MySQL 服务器进程管理外，还提供了大量工具用于管理和维护 MySQL 服务器的其他工作。本节所讲的这些命令都是在 MySQL 交互界面以外的命令行中执行的。

4.2.1　数据查询

数据查询是指从数据库对象表中获取所要求的数据记录。数据查询语法如下：

```
SELECT 字段
FROM 表名
[WHERE 条件]
[LIMIT N] [ OFFSET M]
```

（1）SELECT *：返回所有记录。

（2）LIMIT N：返回 N 条记录。

（3）OFFSET M：跳过 M 条记录，默认 M=0，单独使用时不起作用。

（4）LIMIT N，M：相当于 OFFSET N LIMIT M，从第 N 条记录开始，返回 M 条记录。

查询语句中可以使用一个或者多个表，表之间使用逗号隔开，并使用 WHERE 语句来设定查询条件。

SELECT 命令可以读取一条或者多条记录；星号可以代替全部字段，SELECT 语句会返回表的所有字段数据。

WHERE 语句可以包含任何条件；LIMIT 属性可以用来设定返回的记录数。

通过 OFFSET 指定 SELECT 语句开始查询的数据偏移量，默认情况下偏移量为 0。

4.2.2　日志管理

日志文件对于一个服务器来说是非常重要的，它记录着服务器的运行信息，许多操作都会写到日志文件中。通过日志文件可以监视服务器的运行状态及查看服务器的性能，还能对服务器进行排错与故障处理。

1．日志种类

（1）错误日志：记录启动、运行或停止时出现的问题，一般也会记录警告信息。

（2）一般查询日志：记录建立的客户端连接和执行的语句。

（3）慢查询日志：记录所有执行时间超过指定时间的各种操作，可以帮助定位服务器性能问题。

（4）二进制日志：任何引起或可能引起数据库变化的操作，主要用于复制和即时点恢复。

（5）中继日志：从主服务器的二进制日志文件中复制而来的事件，并保存为日志文件。

（6）事务日志：记录 InnoDB 等支持事务的存储引擎执行事务时产生的日志。

MySQL 中对于日志文件的环境比变量多，可以使用以下命令来查看：

```
mysql>how global variables like '%log%';
```

2．日志功能

（1）错误日志主要记录以下几种信息：

* 服务器启动和关闭过程中的信息。

* 服务器运行过程中的错误信息。

* 事件调度器运行一个事件时产生的信息。

* 在服务器上启动服务器的进程时产生的信息。

（2）查看二进制日志，语法如下：

```
mysqlbinlog filename.number
```

参数 filename.number 表示所要查看的二进制日志文件。

（3）停止二进制日志。MySQL 软件提供了一个 SET 命令，实现暂停二进制日志，语法如下：

```
SET SQL_LOG_BIN=0
SET SQL_LOG_BIN=1
```

当 SET SQL_LOG_BIN=0 时，表示暂停二进制功能；当 SET SQL_LOG_BIN=1 时，表示重新开启二进制日志功能。

☆**注意**☆　只有拥有 SUPER 权限的用户，才可以执行 SET 语句。

4.2.3　备份与还原

在数据库表丢失或损坏的情况下，备份数据库是很重要的。通过备份后的数据文件可以在数据库发生故障后还原和恢复。

（1）通过命令 mysqldump 实现数据备份，语法格式如下：

```
mysqldump -u username -p dbname table1 table2…tablen > backupname.sql
```

username 表示用户名；dbname 表示数据库；table 表示所要备份的表，如果没有参数 table，则表示备份整个数据库；backupname 表示所生成的备份文件。

（2）备份多个数据库。

```
mysqldump -u username -p --databases dbname1 dbname2…dbnamen > backupname.sql
```

（3）备份所有数据库。

```
mysqldump -u username -p --all -databases > backupname.sql
```

（4）通过命令 mysql 实现数据还原，语法格式如下：

```
mysql -u username -p [dbname] < backupname.sql
```

username 表示用户名；dbname 指定数据库名称，既可以指定也可以不指定，当指定数据库时表示还原该数据库下的表，当不指定数据库时表示还原备份文件中的所有数据库；backupname 表示所要还原的备份文件。

4.3　精选面试、笔试题解析

根据目前各大企业的面试及笔试情况，本节总结了一些在面试或笔试过程中比较常见的问题。通过本节的学习，读者将掌握在面试或笔试过程中回答问题的方法。

4.3.1　MySQL 的复制原理以及流程

试题题面：MySQL 的复制原理以及流程是什么？

题面解析：本题考查应聘者对 MySQL 的复制原理以及工作流程的掌握程度。看到此问题，应聘者需要立刻想到什么是 MySQL 的复制、MySQL 的复制如何实现等问题。另外，在回答问题时需要谨慎作答，把自己知道的知识详细介绍一遍，注意，不可胡编乱造。

解析过程：

MySQL 复制简单来说就是保证主服务器（Master）和从服务器（Slave）的数据是一致的。当向 Master 插入数据后，Slave 会自动从 Master 把修改的数据同步过来（但有一定的延迟），通过这种方式来保证数据的一致性，就是 MySQL 的复制。

MySQL 复制流程如下：

（1）在 Slave 服务器上执行 start slave 命令开启主从复制开关，进行主从复制。

（2）Slave 服务器的 I/O 线程会通过在 Master 上已经授权的复制用户权限请求连接 Master 服务器，并请求执行 bin-log 日志文件的指定位置（日志文件名和位置是在配置主从复制服务时执行的 change master 命令指定），之后开始发送 bin-log 日志内容。

（3）Master 服务器接收到来自 Slave 服务器的 I/O 线程的请求后，二进制转储 I/O 线程会根据 Slave 服务器的 I/O 线程请求的信息分批读取指定的 bin-log 日志文件，指定位置之后的 bin-log 日志信息，再返回给 Slave 端的 I/O 线程。返回的信息中除了 bin-log 日志内容外，还有在 Master 服务器端记录的新的 bin-log 日志文件名称，以及在新的 bin-log 日志文件中的下一个指定的要更新的位置。

（4）当 Slave 服务器的 I/O 线程获取到 Master 服务器上 I/O 线程发送的日志内容、日志文件及位置点后，会将 bin-log 日志内容依次写到 Slave 端自身的 Relay log（即中继日志）文件的最末端，并将新的 bin-log 文件名和位置记录到 master-info 文件中，以方便下一次读取 Master 端新的 bin-log 日志时能告诉 Master 服务器从新的 bin-log 日志的指定文件及位置开始读取新的 bin-log 日志内容。

（5）Slave 服务器端的 SQL 线程会实时检测本地 Relay log 中 I/O 线程新增的日志内容，然后及时把 Relay log 文件中的内容解析成 SQL 语句，并在自身 Slave 服务器上按解析 SQL 语句的位置顺序执行 SQL 语句，并在 relay-log.info 中记录当前应用中继日志的文件名和位置点。MySQL 的复制流程如图 4-9 所示。

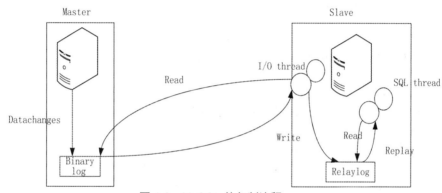

图 4-9　MySQL 的复制流程

4.3.2　MySQL 中 MyISAM 与 InnoDB 的区别

试题题面：MySQL 中 MyISAM 与 InnoDB 的区别？

题面解析：本题主要考查应聘者对 MyISAM 和 InnoDB 的掌握程度。由于 MyISAM 和 InnoDB 都是 MySQL 的存储引擎，因此在使用过程中需要区分开。应聘者在回答该问题时需要分别对 MyISAM 与 InnoDB 进行阐述，经过对比从而得出 MyISAM 与 InnoDB 的区别。

解析过程：

1. MyISAM

MyISAM 是 MySQL 关系数据库的默认储存引擎。这种 MySQL 表存储结构从旧的 ISAM 中扩展出许多有用的功能。在新版本的 MySQL 中，InnoDB 引擎由于其对事务、参照完整性以及更高的并发性等优点开始广泛的取代 MyISAM。

每一个 MyISAM 表都对应于硬盘上的三个文件。这三个文件有相同的文件名，但是有不同的扩展名以指示其类型用途：

- .frm 文件保存表的定义，但是这个文件并不是 MyISAM 引擎的一部分，而是服务器的一部分；
- .MYD 保存表的数据；
- .MYI 是表的索引文件。

1）MyISAM 优点

（1）高性能读取。

（2）MyISAM 保存了表的行数，当使用 COUNT 统计时不会扫描全表。

2）MyISAM 缺点

（1）锁级别为表锁，表锁的优点是开销小、加锁快；缺点是锁粒度大，发生锁冲动概率较高，容纳并发能力低。这个引擎适合以查询为主的业务。

（2）MyISAM 引擎不支持事务，也不支持外键。

（3）INSERT 和 UPDATE 操作需要锁定整个表。

（4）MyISAM 存储表的行数，于是 SELECT COUNT(*) FROM TABLE 时只需要直接读取已保存好的值而不需要进行全表扫描。

3）MyISAM 功能

适合做很多 COUNT 的计算；插入不频繁，查询非常频繁；没有事务。

2. InnoDB

InnoDB 是 MySQL 中的另一个存储引擎，目前 MySQL 所发行的新版标准，被包含在所有二进制安装包里，作为默认的存储引擎。和其他的存储引擎比，它的优点是支持兼容 ACID 的事务（类似于 PostgreSQL）以及参数完整性（即对外键的支持）。

1）InnoDB 优点

（1）支持事务处理、ACID 事务特性。

（2）实现了 SQL 标准的四种隔离级别。

（3）支持行级锁和外键约束。

（4）可以利用事务日志进行数据恢复。

（5）锁级别为行锁，行锁的优点是适用于高并发的频繁表修改，高并发的性能优于 MyISAM；缺点是系统消耗较大。

（6）索引不仅缓存自身，也缓存数据，比 MyISAM 需要更大的内存。

2）InnoDB 缺点

没有保存表的行数，当使用 COUNT 统计时会扫描全表。

3）InnoDB 功能

可靠性要求比较高或者要求事务；表更新和查询都相当的频繁，并且表锁定的机会比较大。

3. MyISAM 与 InnoDB 的区别

（1）InnoDB 不支持 FULLTEXT 类型的索引，MySQL 5.6 版本之后已经支持。

（2）InnoDB 中不保存表的具体行数，在执行 SELECT COUNT(*) FROM TABLE 时，InnoDB 要扫描整个表来计算有多少行，但是 MyISAM 只要简单地读出保存好的行数即可。

☆**注意**☆ 当 COUNT(*)语句包含 WHERE 条件时，两种表的操作是一样的。

（3）对于 AUTO_INCREMENT 类型的字段，InnoDB 中必须包含只有该字段的索引，但是在 MyISAM 表中，可以和其他字段一起建立联合索引。

（4）DELETE FROM TABLE 时，InnoDB 不会重新建立表，而是逐行进行删除。

（5）LOAD TABLE FROM MASTER 操作对 InnoDB 是不起作用的，解决方法是先把 InnoDB 表修改成 MyISAM 表，导入数据后再修改成 InnoDB 表，但是对于使用额外的 InnoDB 特性（例如外键）的表不适用。

（6）InnoDB 表的行锁也不是绝对的，如果在执行一个 SQL 语句时 MySQL 不能确定要扫描的范围，InnoDB 表同样会锁全表。

MyISAM 与 InnoDB 的属性比对如表 4-4 所示。

表 4-4　MyISAM 与 InnoDB 的属性比对

属　　性	MyISAM	InnoDB
事　　务	不支持	支持

续表

锁 粒 度	表锁	行锁
存 储	拆分文件	表空间
隔 离 等 级	无	所有
可移植格式	是	是
引用完整性	否	是
数 据 主 键	否	是
MySQL 缓存数据记录	无	有
可 用 性	全版本	全版本

4.3.3　MySQL 的数据类型

试题题面 1：MySQL 的数据类型都有哪些？

题面解析：看到本题的数据类型这几个字，相信读者都很熟悉，因为在学习编程语言时，数据类型是基础。同样，在 MySQL 中，数据类型也是学习的基础，MySQL 中的数据类型和其他编程语言中的数据类型是相似的，因此是很容易掌握的。

解析过程：

1. 数值类型

MySQL 支持所有标准的 SQL 数值数据类型。这些类型包括严格数值数据类型（INTEGER、SMALLINT、DECIMAL 和 NUMERIC）以及近似数值数据类型（FLOAT、REAL 和 DOUBLE PRECISION）。

☆**注意**☆　关键字 INT 是 INTEGER 的同义词，关键字 DEC 是 DECIMAL 的同义词。

BIT 数据类型保存位字段值，并且支持 MyISAM、MEMORY、InnoDB 和 BDB 表。

作为 SQL 标准的扩展，MySQL 也支持整数类型 TINYINT、MEDIUMINT 和 BIGINT。数据类型及说明如表 4-5 所示。

表 4-5　数据类型及说明

类 型	说 明	取值类型	存储需求
TINYINT	非常小的数据	有符号值：$-2^7 \sim 2^7-1$ 无符号值：$0 \sim 2^8-1$	1 字节
SMALLINT	较小的数据	有符号值：$-2^{15} \sim 2^{15}-1$ 无符号值：$0 \sim 2^{16}-1$	2 字节
MEDIUMINT	中等大小的数据	有符号值：$-2^{23} \sim 2^{23}-1$ 无符号值：$0 \sim 2^{24}-1$	3 字节
INT	标准整数	有符号值：$-2^{31} \sim 2^{31}-1$ 无符号值：$0 \sim 2^{32}-1$	4 字节
BIGINT	较大的整数	有符号值：$-2^{63} \sim 2^{63}-1$ 无符号值：$0 \sim 2^{64}-1$	8 字节
FLOAT	单精度浮点数	$\pm 1.1754351e-38$	4 字节
DOUBLE	双精度浮点数	$\pm 2.2250738585072014e-308$	8 字节
DECIMAL	字符串形式的浮点数	Decimal（M，D）	M+2 字节

2. 字符串类型

字符串类型包括 CHAR、VARCHAR、BINARY、VARBINARY、BLOB、TEXT、ENUM 和 SET。字符串类型及说明如表 4-6 所示。

表 4-6　字符串类型及说明

字符串类型	说　　明	长　　度
CHAR[(M)]	定长字符串	M 字节
VARCHAR[(M)]	可变字符串	可变长度
TINYTEXT	微型文本串	$0 \sim 2^8-1$ 字节
TEXT	文本串	$0 \sim 2^{16}-1$ 字节

3. 日期类型

日期类型包括 DATETIME、DATE、TIMESTAMP、TIME 和 YEAR。

每个日期类型都有一个有效值范围和一个 "0" 值，当指定不合法的 MySQL 不能表示的值时使用 "0" 值。

TIMESTAMP 类型有专有的自动更新特性，若某日期字段默认值为当前日期，一般设置为 TIMESTAMP 类型。日期类型的格式及取值范围如表 4-7 所示。

表 4-7　日期类型的格式及取值范围

日 期 类 型	格　　式	取 值 范 围
DATE	YYYY-MM-DD，日期格式	1000-01-01～9999-12-31
DATETIME	YY-MM-DD　hh:mm:ss	1000-01-01 00：00：00～9999-12-31 23:59:59
TIME	hh:mm:ss	-835:59:59～838:59:59
TIMESTAMP	YYYYMMDDHHMMSS	1970 年某时刻～2038 年某时刻，精度为 1 秒
YEAR	YYYY 格式的年份	1901～2155

试题题面 2：请讲述 MySQL 中 VARCHAR 与 CHAR 的区别以及 VARCHAR(50)中的 50 代表的含义。

题面解析：本题主要考查应聘者对字符串的理解，应聘者需要先对比 VARCHAR 与 CHAR 的区别有哪些，然后再解释 VARCHAR(50)中的 50 的含义。

解析过程：

CHAR 是一种固定长度的类型，VARCHAR 则是一种可变长度的类型。

CHAR 列的长度固定为创建表时声明的长度。长度可以从 0 到 255 的任何值。当保存 CHAR 值时，在它们的右边填充空格以达到指定的长度。当检索到 CHAR 值时，尾部的空格被删除掉。在存储或检索过程中不进行大小写转换。

VARCHAR 列中的值为可变长字符串。长度可以指定为 0 到 65535 之间的值。VARCHAR 的最大有效长度由最大行的大小和使用的字符集决定。在 MySQL 4.1 之前的版本，VARCHAR(50)中的 50 指的是 50 字节（Bytes）。如果存放 UTF-8 汉字时，最多只能存放 16 个（每个汉字 3 字节）。从 MySQL 4.1 版本开始，VARCHAR(50)中的 50 指的是 50 字符（CHARACTER），无论存放的是数字、字母还是 UTF-8 汉字（每个汉字 3 字节），都可以存放 50 个。

CHAR 和 VARCHAR 类型声明的长度表示保存的最大字符数。例如，CHAR(30)可以占用 30 个字符。对于 MyISAM 表，推荐 CHAR 类型；对于 InnoDB 表，推荐 VARCHAR 类型。另外，在进行检索时，若列的值尾部含有空格，则 CHAR 会删除其尾部的空格，而 VARCHAR 则会保留空格。

4.3.4　MySQL 日志文件类型和日志录入格式

试题题面：MySQL bin-log 有哪几种日志录入格式，它们有什么区别？MySQL 数据库的日志文件类型有哪些？

题面解析：本题通常出现在面试中，面试官提问该问题主要是想考查应聘者对 bin-log 的几种日志录入格式以及数据库的日志文件类型的熟悉程度。

解析过程：

1）MySQL bin-log 日志有三种格式，分别为 Statement、Row 和 Mixed。

（1）Statement。

Statement 会修改数据的 SQL 语句并记录在 bin-log 中。

优点：bin-log 文件较小；日志中包含用户执行原始的 SQL 语句，方便统计和审计；出现最早，兼容较好。

缺点：存在安全隐患，可能导致主从不一致；对一些系统函数不能准确复制或是不能复制。

（2）Row。

Row 不记录 SQL 语句上下文相关信息，仅保存哪条记录被修改。

优点：相比 Statement，Row 是更加安全的复制格式；在某些情况下复制速度更快；系统的特殊函数也可以复制；更少的锁；在复制时，对于更新和删除语句检查是否有主键，如果有则直接执行，如果没有，看是否有二级索引，如果没有，则全表扫描。

缺点：Row 中的单语句更新（删除）表的行数过多，会形成大量 bin-log；无法从 bin-log 看见用户执行 SQL。

（3）Mixed。

Mixed 是以上两种格式的混合使用，一般语句修改使用 Statement 格式保存 bin-log，如果一些函数 Statement 无法完成主从复制的操作，则采用 Row 格式保存 bin-log，MySQL 会根据执行的每一条 SQL 语句来区分对待记录的日志形式，也就是在 Statement 和 Row 之间选择一种，新版本的 MySQL 中对 Row 格式也做了优化，并不是所有的修改都会以 Row 格式来记录，像遇到表结构变更的时候就会以 Statement 格式来记录。至于 UPDATE 或者 DELETE 等修改数据的语句，还是会记录所有行的变更。

2）日志文件是 MySQL 数据库的一个重要组成部分。MySQL 有几种不同的日志文件，通常包括错误日志、二进制日志、通用日志和慢查询日志等。

这些日志能够帮助我们定位 mysqld 内部发生的事件、数据库性能故障、记录数据的变更历史、用户恢复数据库等。

（1）错误日志：记录启动、运行或停止 MySQL 时出现的问题。

错误日志文件包含了 MySQL 启动、停止以及服务器在运行过程中发生的任何严重错误的相关信息。

在 MySQL 中，错误日志也是非常重要的，MySQL 将启动和停止的信息以及一些错误信息记录到错误日志中。

（2）通用日志：记录建立的 client 连接和运行的语句。

通用日志记录了 MySQL 的所有用户操作，包括启动和关闭服务、执行查询和更新语句等。

（3）更新日志：记录更改数据的语句。该日志在 MySQL 5.1 版本中已不再使用。

（4）二进制日志：记录全部更改数据的语句，还用于复制。

二进制日志就是我们经常说的 bin-log，主要记录 MySQL 的数据库的变化。

二进制日志以一种有效的格式，并且是事务安全的方式包含更新日志中可用的所有信息。

二进制日志包含关于每个更新数据库的语句执行时间的信息。它不包含没有修改任何数据的语句，例如 SELECT 语句。

使用二进制日志的最大目的就是最大化地恢复数据库，因为二进制日志包含备份后进行的所有更新。

（5）慢查询日志：记录全部运行时间超过 long_query_time 秒的全部查询或不使用索引的查询。

慢查询日志是记录查询时长超过指定时间的日志。慢查询日志主要用来记录执行时间较长的查询语句。通过慢查询日志，可以找出执行时间较长、执行效率较低的语句，然后进行优化。

（6）InnoDB 日志：默认情况下，全部日志创建于 MySQL 数据文件夹中。

能够通过刷新日志，来强制 MySQL 关闭和再一次打开日志文件（或者在某些情况下切换到一个新的日志）。

4.3.5 MySQL 中如何使用索引

试题题面：MySQL 中如何使用索引？

题面解析：本题是对索引知识点的考查，索引也是 MySQL 中重要的知识点之一。在回答该问题时，应聘者需要知道什么是索引，然后按照自己对索引的理解叙述如何使用索引。

解析过程：

在关系数据库中，索引是一种单独的、物理的对数据库表中一列或多列的值进行排序的存储结构，它是某个表中一列或若干列值的集合和相应的指向表中物理标识值的数据页的逻辑指针清单。索引的作用相当于图书的目录，可以根据目录中的页码快速找到所需的内容。

1. MySQL 中的索引分类

（1）普通索引。

这是最基本的索引，它没有任何限制。

（2）唯一索引。

它与前面的普通索引类似，不同的是索引列的值必须唯一，但允许有空值。如果是组合索引，则列值的组合必须唯一。

（3）主键索引。

它是一种特殊的唯一索引，不允许有空值。一般是在创建表时同时创建主键索引。

（4）聚簇索引。

聚簇索引的索引顺序就是数据存储的物理存储顺序，这样能保证索引值相近的元组所存储的物理位置也相近。

（5）全文索引。

全文索引（FULLTEXT）只能创建在数据类型为 VARCHAR 或 TEXT 的列上，建立全文索引后，才能够在建立全文索引的列上进行全文查找。全文索引只能在 MyISAM 存储引擎的表中创建。

实际工作使用中，索引可以建立在单一列上，称为单列索引，也可以建立在多个列上，称为组合索引。

2. 查看数据表上所建立的索引

MySQL 中使用 SHOW INDEX 能够查看数据表中是否建立了索引，以及所建立索引的类型和相关参数，语法格式如下：

```
SHOW {INDEX | INDEXES | KEYS} {FROM | IN } tb_name[{FROM | IN } db_name];
```

该语句的功能显示出表名为 **tb_name** 的表上的所有定义的索引名及索引类型，例如：

```
SHOW INDEX FROM db_school.tb_student;
```

执行上面的语句后，以二维表的形式显示建立在表 **tb_student** 上的所有索引的信息，由于屏幕显示的项目较多，不易查看，可以在语句最后使用\G 参数。

3. 创建索引

1）使用 CREATE TABLE 创建索引

使用 CREATE TABLE 语句可以在创建表时创建索引。

语法格式如下：

```
CREATE TABLE tb_name [col_name data_type]
[CONSTRAINT index_name] [UNIQUE] [INDEX | KEY]
[index_name](index_col_name[length])[ASC | DESC]
```

语法说明：

（1）tb_name：指定需要建立索引的表名。

（2）index_name：指定所建立的索引名称。索引名称必须唯一。

（3）UNIQUE：可选，指定所创建的是唯一性索引。

（4）index_col_name：指定要创建索引的列名。通常可以考虑将查询语句中在 WHERE 子句和 JOIN 子句里出现的列作为索引列。

（5）ASC|DESC：可选项，指定索引是按升序（ASC）还是降序排列，默认升序。

例如：

```
#创建 tb_score,增加主键和外键的子句
CREATE TABLE tb_score(
    studentNo CHAR(10),
    courseNo CHAR(6),
    score FLOAT,
    CONSTRAINT PK_score PRIMARY KEY(studentNo, courseNo),
    CONSTRAINT FK_score1 FOREIGN KEY(studentNo) REFERENCEStb_student(studentNo),
    CONSTRAINT FK_score2 FOREIGN KEY(courseNo) REFERENCEStb_course(courseNo)
)ENGINE=INNODB;
```

执行上面的语句之后，创建了 tb_score 表，同时在表上创建了包含 studentNo、courseNo 两个字段的主键，系统自动建立了索引。建立外键时，系统也自动为外键列建立索引。

执行 SHOW INDEX 语句查看该表上的索引，如下所示：

```
SHOW INDEX FROM db_school.tb_score\G;
```

2）使用 CREATE INDEX 创建索引

用 CREATE INDEX 语句能够在一个已经存在的表上建立索引，语法如下：

```
CREATE [UNIQUE] INDEX index_name
ON tb_name (col_name [(length)] [ASC | DESC],…)
```

例如：

```
#创建普通索引
CREATE INDEX index_stu ON db_school.tb_student(studentNo);
#创建基于字段值前缀字符的索引
CREATE INDEX index_course ON db_school.tb_course(courseName(3)DESC);
```

3）使用 ALTER TABLE 创建索引

在 MySQL 中，除了使用 CREATE INDEX 语句在一个已存在的表上建立索引之外，还可以使用 ALTER TABLE 实现类似的功能。语法格式如下：

```
ALTER TABLE tb_name ADD [UNIQUE | FULLTEXT][INDEX | KEY] [index_name]
(col_name [(length)] [ASC | DESC],…)
```

例如：

```
#使用 ALTER TABLE 创建普通索引
ALTER TABLE db_school.tb_student ADD INDEX idx_studentName(studentName);
```

4）删除索引

在 MySQL 中，使用 DROP INDEX 或 ALTER TABLE 能够删除一个不再需要的索引。

例如，把之前创建的索引删除：

```
DROP INDEX idx_studentName ON db_school.tb_student;
ALTER TABLE db_school.tb_student DROP INDEXindex_stu;
```

4. 使用索引需要注意的问题

（1）索引过多时会影响系统的性能。

主要原因有：

- 降低更新表中数据的速度；
- 增加存储空间。

索引也会占用磁盘空间，在一个大表上创建多个索引，索引文件的大小会膨胀得非常快。

（2）使用索引的建议：

- 在插入、修改、删除操作较多的数据表上避免过多地建立索引。
- 数据量较小的表最好不要建立索引。
- 使用组合索引时，严格遵循左前缀法则，即先按照第一列（最左字段）进行排序，第一列字段值相同时，对第二列进行排序。
- 在查询表达式中有较多不同值的字段上建立索引。
- 在 WHERE 子句中尽量避免将索引列作为表达式的一部分。
- 若 CHAR 或 VARCHAR 列的字符数很多，则可视具体情况对索引列的前缀建立索引，这样可以节约存储空间。

4.3.6 怎样优化数据库的查询

试题题面：怎样优化数据库的查询？

题面解析：在解答本题之前，应聘者需要知道数据库的查询是如何实现的，然后在此基础上思考如何对查询进行优化处理。

解析过程：

（1）存储引擎的选择，如果数据库中的表需要事务处理，应该考虑使用 InnoDB，因为它完全符合 ACID 特性。如果不需要事务处理，使用默认存储引擎 MyISAM 是比较明智的。

（2）对查询进行优化，要尽量避免全表扫描，首先应考虑在 WHERE 子句及 ORDER BY 子句涉及的列上建立索引。

（3）应尽量避免在 WHERE 子句中对字段进行 NULL 值判断，否则将导致引擎放弃使用索引而进行全表扫描。

（4）应尽量避免在 WHERE 子句中使用 "!=" 或 "<>" 操作符，否则将导致引擎放弃使用索引而进行全表扫描。

（5）应尽量避免在 WHERE 子句中使用 OR 来连接条件，如果一个字段有索引，一个字段没有索引，将导致引擎放弃使用索引而进行全表扫描。

（6）对于多条数据的表 JOIN，要先分页再 JOIN，否则逻辑读操作会提高，性能较差。

4.3.7 InnoDB 引擎有什么特性，在什么时候使用

试题题面：InnoDB 引擎有什么特性，在什么时候使用？

题面解析：本题属于对概念知识的考查，在解题的过程中需要了解什么是 InnoDB 引擎，然后再对 InnoDB 引擎的特性以及使用方法加以概述。

解析过程：

InnoDB 引擎的特性有以下几点：

1. 插入缓冲

插入缓冲（Insert Buffer/Change Buffer）：提升插入性能，Change Buffer 是 Insert Buffer 的加强，Insert Buffer 只针对 Insert 有效，Change Buffer 对 Insert、Delete、Update(Delete+Insert)、Purge 都有效。

插入缓冲只对于非聚集索引（非唯一）的插入和更新有效。对于每一次的插入不是写到索引页中，而是先判断插入的非聚集索引页是否在缓冲池中，如果在则直接插入；如果不在，则先放到 Insert Buffer 中，再按照一定的频率进行合并操作，写回 disk。这样通常能将多个插入合并到一个操作中，目的还是为了减少随机 I/O 带来的性能损耗。

通过频率进行合并，那频率有什么条件？

（1）辅助索引页被读取到缓冲池中。正常的 SELECT 先检查 Insert Buffer 是否有该非聚集索引页存在，若有则合并插入。

（2）辅助索引页有没有可用空间。空间小于 1/32 页的大小，则会强制合并操作。

（3）Master Thread 每秒和每 10 秒的合并操作。

2. 二次写

二次写（Double Write）缓存是位于系统的表空间存储区域，用来缓存 InnoDB 的数据页，从 InnoDB Buffer Pool 中的 flush 之后写入到数据文件之前，所以当操作系统或数据库进程在数据写磁盘的过程中崩溃时，InnoDB 可以在 Double Write 缓存中找到数据页的备份用来执行 crash 恢复。数据页写入到 Double Write 缓存的动作所需要的 I/O 消耗要小于写入到数据文件的消耗，因此写入操作会以一次大的连续块的方式写入。

在应用（apply）重做日志前，用户需要一个页的副本，当写入失效发生时，先通过页的副本来还原该页，再进行重做，这就是 Double Write。

Double Write 的组成如图 4-10 所示。

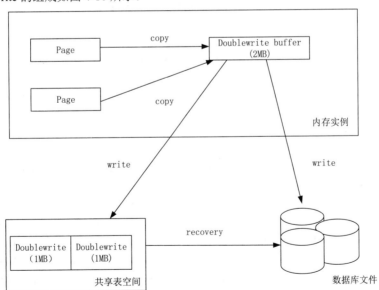

图 4-10　Double Write 的组成

3. 自适应哈希索引

自适应哈希索引（Adaptive Hash Index）属性使 InnoDB 更像是内存数据库。该属性通过 innodb_adaptive_hash_index 开启，也可以通过 skip-innodb_adaptive_hash_index 参数关闭。

InnoDB 存储引擎会监控对表上二级索引的查找，如果发现某二级索引被频繁访问，该二级索引会成为热数据，因此需要建立哈希索引来提升速度。

经常访问的二级索引数据会自动生成到 Hash 索引里面，自适应哈希索引通过缓冲池的 $B+$ 树构造而来，因此建立的速度很快。

哈希（Hash）是一种非常快的等值查找方法，在一般情况下这种查找的时间复杂度为 $O(1)$，即一般仅需要一次查找就能定位数据。而 $B+$ 树的查找次数，取决于 $B+$ 树的高度，在生产环境中，$B+$ 树的高度一般 3～4 层，故需要 3～4 次的查询。

InnoDB 会监控对表上索引页的查询。如果观察到建立哈希索引可以带来速度提升，则自动建立哈希索引，称之为自适应哈希索引（Adaptive Hash Index，AHI）。

AHI 有一个要求，就是对这个页的连续访问模式必须是一样的。

例如：对于（a，b）访问模式情况：

```
where a = xxx
where a = xxx and b = xxx
```

自适应哈希索引的优点：

（1）无序，没有树高。

（2）降低对二级索引树的频繁访问资源，索引树高<=4；访问索引：访问树、根节点、叶子节点。

（3）自适应。

自适应哈希索引的缺点：

（1）自适应哈希索引会占用 InnoDB Buffer Pool。

（2）自适应哈希索引只适合搜索等值的查询，对于其他查找类型，是不能使用的。

（3）极端情况下，自适应哈希索引才有比较大的意义，可以降低逻辑读。

4. 预读

InnoDB 使用两种预读算法来提高 I/O 性能：线性预读（Linear Read-Ahead）和随机预读（Random Read-Ahead）。

为了区分这两种预读的方式，可以把线性预读看成以 extent 为单位，而随机预读看成以 extent 中的 page 为单位。线性预读将在下一个 extent 之前读取到 Buffer Pool 中，而随机预读将当前 extent 中的剩余的 page 提前读取到 Buffer Pool 中。

4.3.8 MySQL 是否支持事务

试题题面：MySQL 是否支持事务？

题面解析：本题考查 MySQL 事务，在解题时需要分开叙述 MySQL 在哪些情况下支持事务以及在哪些情况下不支持事务。

解析过程：MySQL 中支持事务的存储引擎有 InnoDB 和 BDB。

在默认模式下 MySQL 是 autocommit 模式的，所有的数据库更新操作都会即时提交，所以在默认情况下，MySQL 是不支持事务的。

如果 MySQL 表的类型是使用 InnoDB Tables 或 BDB Tables 的话，MySQL 就可以使用事务处理。SET AUTOCOMMIT=0 允许在非 autocommit 模式中使用，在非 autocommit 模式下，必须使用 COMMIT 来提交更改，或者用 ROLLBACK 来回滚更改。

（1）开始事务。

```
BEGIN;
```

或

```
START TRANSACTION
```

（2）提交事务。

```
COMMIT;
```

（3）回滚（撤销）事务。

```
ROLLBACK;
```

4.3.9　MySQL 支持哪几种备份方式

试题题面：MySQL 支持哪几种备份方式？

题面解析：本题主要考查 MySQL 的备份方式，数据的备份是数据库中重要的安全保护措施。在回答该问题时，应聘者要知道 MySQL 支持哪几种备份方式，然后再分别介绍它们的备份方式、特点等。

解析过程：

1. 数据的备份类型

数据备份类型根据其自身的特性主要分为完全备份和部分备份。

（1）完全备份指的是备份整个数据集（即整个数据库）。

（2）部分备份指的是备份部分数据集（例如只备份一个表）。

而部分备份又分为增量备份和差异备份。

①增量备份指的是备份来自上一次备份以来（增量或完全）变化的数据。特点：节约空间、还原麻烦。

②差异备份指的是备份来自上一次完全备份以来变化的数据。特点：浪费空间、还原比增量备份简单。

2. MySQL 备份数据的方式

在 MySQL 中备份数据主要分为热备份、温备份和冷备份。

（1）热备份指的是当数据库进行备份时，数据库的读写操作均不受影响。

（2）温备份指的是当数据库进行备份时，数据库的读操作可以执行，但是写操作不能执行。

（3）冷备份指的是当数据库进行备份时，数据库不能进行读写操作，即数据库要下线。

各备份方法及性能如表 4-8 所示。

表 4-8　备份方法及性能

备份方法	备份速度	便捷性	功能	一般用于
cp	快	一般、灵活性低	很弱	少量数据备份
mysqldump	慢	一般、可无视存储引擎的差异	一般	中小数据量的备份
lvm2 快照	快	一般、支持热备份、速度快	一般	中小型数据量的备份
xtrabackup	较快	实现 InnoDB 热备份、对存储引擎有要求	强大	较大规模的备份

MySQL 中进行不同方式的备份还要考虑数据库引擎是否支持，如表 4-9 所示。

表 4-9　数据库引擎类型

类　型	热　备　份	温　备　份	冷　备　份
MyISAM	×	√	√
InnoDB	√	√	√

在考虑完数据备份时的数据库运行状态之后，还需要考虑对于 MySQL 数据库中数据的备份方式：物理备份和逻辑备份。

（1）物理备份一般通过 tar、cp 等命令直接打包复制数据库的数据文件达到备份的效果。

（2）逻辑备份一般通过特定工具从数据库中导出数据并另存备份（逻辑备份会丢失数据精度）。

4.3.10　在 MySQL 数据库中有哪几种约束类型

试题题面：在 MySQL 数据库中有哪几种约束类型？

题面解析：本题主要考查 MySQL 中的约束类型，约束类型在数据库中经常使用。应聘者回答该问题时需要分别对数据库中的约束类型进行详细介绍。

解析过程：

1. 主键约束

主键（PRIMARY KEY）是用于约束表中的一行，作为这一行的标识符，在一张表中通过主键就能准确定位到一行，因此主键很重要。主键要求这一行的数据不能有重复且不能为空。

还有一种特殊的主键即复合主键。主键可以是表中的一列，也可以由表中的两列或多列来共同标识。

2. 默认值约束

默认值约束（DEFAULT）规定，DEFAULT 约束只会在使用 INSERT 语句时体现出来。INSERT 语句中，如果被 DEFAULT 约束的位置没有值，那么这个位置将会被 DEFAULT 的值填充。

3. 唯一约束

唯一约束（UNIQUE）规定一张表中指定一列的值一定不能有重复值，即这一列每个值都是唯一的。

当 INSERT 语句新插入的数据和已有数据重复时，如果有 UNIQUE 约束，则 INSERT 失败。

4. 外键约束

外键约束（FOREIGN KEY）既能确保数据完整性，也能体现出表之间的关系。

一个表可以有多个外键，每个外键必须参考另一个表的主键，被外键约束的列，取值必须在它参考的列中有对应值。

在 INSERT 时，如果被外键约束的值没有在参考列中有对应，则 INSERT 失败。

5. 非空约束

非空约束（NOT NULL）中被非空约束的列，在插入值时必须非空；在 MySQL 中违反非空约束不会报错，只会有警告。

在 MySQL 数据库中的约束类型总结如表 4-10 所示。

表 4-10　约束类型

约 束 类 型	关 键 字
主键	PRIMARY KEY
默认值	DEFAULT
唯一	UNIQUE
外键	FOREIGN KEY
非空	NOT NULL

4.3.11　如何选择合适的存储引擎

试题题面：如何选择合适的存储引擎？

题面解析：本题主要考查存储引擎，应聘者应该知道 MySQL 中有多少种存储引擎，在开发过程中遇到不同的情况应该如何选择。

解析过程：

提供几个选择标准，然后按照标准，选择对应的存储引擎即可，也可以根据常用引擎对比来选择使用的存储引擎。使用哪种引擎需要根据需求灵活选择，一个数据库中多个表可以使用不同的引擎以满足各种性能和实际需求。使用合适的存储引擎，将会提高整个数据库的性能。选择合适的存储引擎需要注意以下几点：

- 是否需要支持事务；
- 对索引和缓存的支持；
- 是否需要使用热备份；
- 崩溃恢复，能否接受崩溃；
- 存储的限制；
- 是否需要外键支持。

4.3.12　各种不同 MySQL 版本改进 InnoDB

试题题面：如何在各种不同 MySQL 版本改进 InnoDB？

题面解析：本题主要考查不同版本下 InnoDB 的更新状况，应聘者应该掌握不同版本的不同之处，对于新技术能够及时地了解学习。

解析过程：

MySQL 5.6 版本下 InnoDB 引擎的主要改进：

（1）Online DDL；

（2）Memcached NoSQL 接口；

（3）Transportable Tablespace（alter table discard/import tablespace）；

（4）MySQL 正常关闭时，可以直接 dump 出 Buffer Pool（space，page_no），重启时使用 reload，加快预热速度；

（5）索引和表的统计信息持久化到 mysql.innodb_table_stats 和 mysql.innodb_index_stats 中，可提供稳定的执行计划；

（6）Compressed Row Format 支持压缩表。

MySQL 5.7 版本下 InnoDB 引擎的主要改进：

（1）修改 VARCHAR 字段长度；

（2）Buffer Pool 支持在线改变大小；

（3）Buffer Pool 支持导出部分比例；

（4）支持新建 InnoDB Tablespace，并可以在其中创建多张表；

（5）磁盘临时表采用 InnoDB 存储，并且存储在 InnoDB Temp Tablespace 里面，以前是使用 MyISAM 存储；

（6）透明表空间压缩功能。

4.3.13　缓解服务器压力

试题题面：MySQL 服务器运行缓慢的情况下输入什么命令能缓解服务器压力？

题面解析：服务器一直处于运行状态，有时难免会超负荷运转，此题是对命令的考查，输入什么命令能够缓解服务器压力。

解析过程：

1. 检查系统的状态

通过操作系统的一些工具检查系统的状态，例如 CPU、内存、交换、磁盘的利用率，根据经验或与系统正常时的状态相比对，有时系统表面上看起来空闲，这也可能不是一个正常的状态，因为 CPU 可能正等待 I/O 的完成。除此之外，还应关注那些占用系统资源（CPU、内存）的进程。

- 使用 sar 命令来检查操作系统是否存在 I/O 问题；
- 使用 vmstat 命令监控内存 CPU 资源；
- 磁盘 I/O 问题，处理方式为使用 Raid10 提高性能；
- 网络问题，检查 MySQL 对外开放的端口。如果不通的话，看防火墙是否正确设置。另外，看 MySQL 是否开启了 skip-networking 的选项，如果开启请关闭。

2. 检查 MySQL 参数

- max_connect_errors；
- connect_timeout；
- skip-name-resolve；
- slave-net-timeout=seconds；
- master-connect-retry。

3. 检查 MySQL 相关状态值

- 关注连接数；
- 关注系统锁情况；
- 关注慢查询（Slow Query）日志。

4.4 名企真题解析

为了巩固所学的知识，收集了一些企业往年的面试及笔试真题，读者可以根据以下题目来做参考，看自己是否已经掌握了基本的知识点。

4.4.1 MySQL 服务

【选自 IT 面试题】

试题题面： 如何确定 MySQL 的运行状态？如何开启 MySQL 服务？

题面解析： 本题考查 MySQL 的运行状态以及如何开启 MySQL 服务，这也是学习使用 MySQL 数据库的基础。把该问题所涉及的知识全方面地了解，这样回答时问题就会变得更加容易。

解析过程：

1. MySQL 的运行状态

（1）对 MySQL 数据库运行状态的查询，可以使用 show status 命令，命令如下：

```
show status like 'uptime';      //启动时间
show status like 'com_select'; //查询次数
show status like 'com_insert'; //插入次数
```

（2）查看连接进程数，命令如下：

```
show Status like 'Threads_connected';
//默认 session 会话级别,当前窗口的个数,global 指的是 MySQL 启动之后所有会话
show [session|global] status like;
show status like 'connections';//当前连接次数
```

☆**注意**☆　如果要获取具体连接信息，则需要在 cmd 下面使用 netstat–an 命令进行查看；使用 netstat–anb 命令可以查看端口号对应的进程。

（3）显示慢查询个数，命令如下：

```
show status like 'slow_queries';
```

（4）如何定位慢查询。

默认情况下 MySQL 认为慢查询时间 10s。

```
*修改 MySQL 的慢查询
show variables like 'long_query_time';
set long_query_time  = 1;修改慢查询时间
```

2. 启动方式

（1）使用 service 启动：

```
service mysqld start
```

（2）使用 mysqld 脚本启动：

```
/etc/inint.d/mysqld start
```

（3）使用 safe_mysqld 启动：

```
safe_mysqld&
```

4.4.2　MySQL 内存的处理

【选自 GG 面试题】

试题题面：当 MySQL 数据库的 CPU 上升到 500%时该如何处理？

题面解析：本题是在面试和笔试中出现频率最高的问题，同时也是日常中的实际问题。回答该问题时应聘者需要知道 CPU 上升到 500%的原因，了解原因之后才能确定处理方式。

解析过程：

出现此问题的原因有多种，最常见的是运行的进程过多，并发造成严重负载。

处理过程分为以下几点：

（1）进入多实例服务器，使用 TOP 命令查看进程，哪个进程的端口占用 CPU 较多。

（2）使用 show processeslist 命令查看是否由于大量并发、锁引起负载问题；否则，查看慢查询，找出执行时间长的 SQL。

（3）使用 explain 分析 SQL 是否有索引以及 SQL 优化。

（4）最后查看是否是由于缓存失效引起的，如果是则需要查看 Buffer 的命中率。

4.4.3　MySQL 中左连接、右连接和内连接有什么区别

【选自 JB 面试题】

试题题面：MySQL 中左连接、右连接和内连接有什么区别？

题面解析：本题是在面试中比较常问的问题，主要考查数据库的连接方法和区别。在解题过程中应聘者需要知道什么是左连接、什么是右连接以及什么是内连接，通过对比，本题答案自然就出来了。

解析过程：

1. 左连接

用左表的全部数据去匹配右表，右表无匹配数据时用 NULL 代替，左连接不丢数据。

2. 右连接

用右表的全部数据去匹配左表，左表无匹配数据时用 NULL 代替，右连接不丢数据。

3. 内连接

用左表满足条件的数据去匹配右表的所有匹配数据，两个表只显示满足条件数据。

第 5 章

SQL Server 数据库

本章导读

从本章开始带领读者学习 SQL Server 数据库，本章前部分讲解 SQL Server 数据库的基本操作，包括启动与注册、创建数据库以及表的操作、数据库类型和查询等，后部分主要是对 SQL Server 的运行与维护进行讲解，最后总结了面试、笔试中比较常见的问题并教会读者如何作答。

知识清单

本章要点（已掌握的在方框中打钩）
- ☐ 创建数据库
- ☐ 数据表操作
- ☐ 数据类型
- ☐ SQL 数据查询
- ☐ 运行与维护

5.1 SQL Server 基本操作

数据库是便于访问、有效管理和更新的数据集合。数据库由存储相关信息的表组成。

5.1.1 启动与注册

SQL Server 数据库是一种系统软件，提供有效的操作数据的环境。数据库由数据库管理系统统一管理，数据的插入、修改、检索等操作都要通过数据库管理系统进行。

数据库系统是一个实际可运行的系统，主要包括数据库管理系统、数据库、数据库管理员等。

1. 启动 SQL Server 服务

后台启动服务步骤如下：

（1）开始→控制面板→系统与安全→管理工具→服务，打开"服务"窗口，如图 5-1 所示。

（2）在"服务"窗口找到需要启动的 SQL Server 服务后右击，在打开的窗口中选择"启动"选项，启动过程如图 5-2 所示。

2. 注册 SQL Server 服务器

（1）双击打开 SQL Server 软件，在"对象资源管理器"窗口的服务器组上右击，在弹出的快捷菜单中选择"注册"选项，如图 5-3 所示。

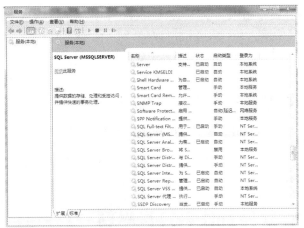

图 5-1　"服务"窗口

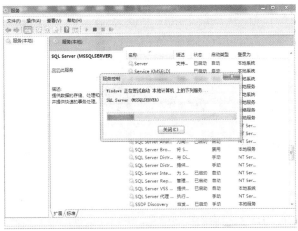

图 5-2　启动 SQL Server 服务

图 5-3　选择"注册"选项

（2）在弹出的"新建服务器注册"对话框中，选择"SQL Server 身份验证"，输入设置的登录名和密码，单击"测试"按钮，如果成功则弹出如图 5-4 所示的页面。

（3）注册并连接测试成功后，会在"对象资源管理器"窗口中看到如图 5-5 所示的页面。

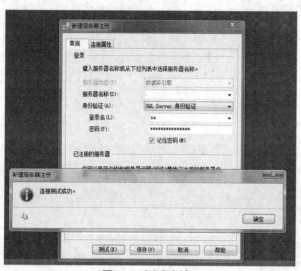

图 5-4　测试连接

图 5-5　注册成功

5.1.2　创建数据库

1. 数据库概述

1）主要数据文件

主要数据文件（.mdf）包含数据库的启动信息，并指向数据库中的其他文件，用户数据和对象可存储在此文件中，一个数据库只有一个主要数据文件。

主要数据文件由主文件组中的初始数据文件组成。

文件组是经过命名的数据文件集合，包含所有数据库系统表以及没有赋给自定义文件组的对象和数据。主要数据文件是数据库的起始点，它指向数据库中的其他文件。每一个数据库都有一个主要数据文件和一个主文件组，主要数据文件的扩展名是.mdf。

2）次要数据文件

次要数据文件（.ndf）是可选的，由用户定义并存储用户数据，主要用于数据分散和保证数据库持续增长。

一些数据库因为太大而需要很多次要数据文件，也可能在多个独立的磁盘驱动器上使用次要数据文件，把数据分布在多个磁盘上。次要数据文件可以放在主文件组中，也可以放在自定义文件组中。次要数据文件的扩展名是.ndf。

3）事务日志文件

事务日志文件（.ldf）用于保存恢复数据库的日志信息。每个数据库至少有一个事务日志文件。

事务日志文件（Transaction Log File），扩展名为.ldf，它是数据库结构中非常重要却又常被忽视的部分。它是用来记录数据库更新情况的文件，也可以记录针对数据库的任何操作，并将记录的结果保存到独立的文件中。对于数据库更新的过程，事务日志文件都有非常全面的记录。根据这些记录可以恢复数据库更新前的状态。

出于性能上的考虑，SQL Server 将用户的改动存入缓存中，这些改变会立即写入事务日志，但不会立即写入数据文件。事务日志会通过一个标记点来确定某个事务是否已将缓存中的数据写入数据文件。当 SQL Server 重启后，它会查看日志中最新的标记点，并将这个标记点后面的事务记录抹去，因为这些事务记录并没有真正地将缓存中的数据写入数据文件。这样可以防止中断的交易以修改数据文件。

2. 文件组

SQL 文件组是文件的逻辑集合。它的目的是为了方便数据的管理和分配。文件组可以把指定的文件组合在一起。

在首次创建数据库或者以后将更多文件添加到数据库时，可以创建文件组。但是，一旦将文件添加到数据库，就不可能再将这些文件移到其他文件组。

一个文件不能是多个文件组的成员。表格、索引以及 text、ntext 和 image 数据可以与特定的文件组相关联。这意味着它们的所有页都将从该文件组的文件中分配。

1）主文件组

主文件组（PRIMARY）存放主要数据文件和任何没有明确指定文件组的其他文件。

2）用户定义文件组

用户定义文件组是在创建或修改数据库时用 FILEGROUP 关键字定义的文件组，存放数据文件。

文件组特性：一个文件只能属于一个文件组；只有数据文件才能归属于某个文件组，事务日志文件不属于任何文件组；每个数据库中都有一个默认的文件组在运行，可以指定默认文件组，没有指定的话，则默认为主文件组；若没有用户定义文件组，则所有的数据文件都存放在主文件组中。

3. 创建数据库

（1）选择"SQL Server 身份验证"，输入登录名和密码，连接数据库，如图 5-6 所示。

（2）在"对象资源管理器"窗口中右击"数据库"，在弹出的快捷菜单中选择"新建数据库"选项，如图 5-7 所示。

图 5-6　连接数据库

图 5-7　选择"新建数据库"选项

（3）在弹出的"新建数据库"对话框中，选择"常规"选项卡，在数据库名称文本框中输入数据库名称，此时会自动创建一个主要数据文件和一个事务日志文件，逻辑名称可以修改，如图 5-8 所示。

（4）右击"自动增长/最大大小"列中的"…"设置数据文件增长方式，如图 5-9 所示。

（5）右击"路径"列中的"…"设置文件保存路径，如图 5-10 所示。

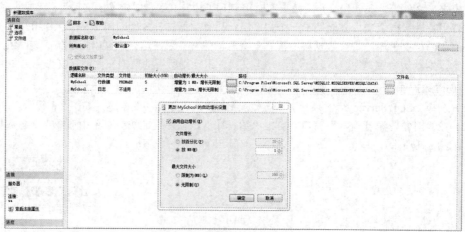

图 5-8 输入数据库名称

图 5-9 设置自动增长/最大大小

图 5-10 设置文件保存路径

（6）设置完成后，单击"确定"按钮，即可创建数据库，创建完成之后可以在"对象资源管理器"窗口中看到新创建的数据库，如图 5-11 所示。

5.1.3　数据表的操作

数据库系统是由数据库、数据库管理系统、数据库管理员、硬件平台和软件平台五部分构成的运行实体。其中数据库管理员（DataBase Administrator，DBA）是对数据库进行规划、设计、维护和监视等的专业管理人员，在数据库系统中起着非常重要的作用。

SQL 语言共分为 4 大类：数据操纵语言（DML）、数据控制语言（DCL）、数据查询语言（DQL）和数据定义语言（DDL）。

（1）数据操纵语言。

数据操纵语言可以用于插入、删除和修改数据库中的数据。

如 INSERT、UPDATE、DELETE 等

（2）数据控制语言。

数据控制语言可以用来控制存取许可、存取权限等。

如 GRANT、REVOKE 等

图 5-11　新创建的数据库

（3）数据查询语言。

数据查询语言可以用来查询数据库中的数据。

如 SELECT 等

（4）数据定义语言。

数据定义语言可以用来建立数据库、数据库对象和定义表的列。

如 CREATE TABLE、DROP TABLE 等

1. 插入数据行

语法：

```
INSERT [INTO] 表名 [(列名)] VALUES (值列表)
```

插入数据的关键字"[]"里面的内容是可以省略的。

（1）当插入表中全部列数据时，表名后可省略列名，值列表的列数和顺序与表定义中一致。

（2）列名必须和值列表一一对应，列数、顺序、数据类型必须一致。

（3）标识列不能插入数据，非空列必须有对应值，插入数据时注意检查约束的限制。

通过 INSERT SELECT 语句将现有表中的数据添加到已存在的表中，语法如下：

```
INSERT INTO <表名>(列名)
SELECT <列名>
FROM <源表名>
```

2. UPDATE 更新数据行

```
UPDATE 表名 SET 列名 = 更新值
[WHERE 更新条件]
```

☆**注意**☆　更新多列数据需要使用逗号隔开；不要忘记条件限制，以防有效数据的丢失。

3. TRUNCATE 删除数据行

```
TRUNCATE TABLE 表名
```

TRUNCATE TABLE 不能用于有外键约束引用的表，即主表中的数据，无论外键表中是否有相

关数据，主表中的数据都不能删除。而 DELETE TABLE 不同，必须先删除外键表的相关数据，再删除主表中的数据。

```
TRUNCATE TABLE Students
或
DELETE FROM Students
```

5.1.4 数据类型

数据类型是一种属性，用于指定对象可保存的数据类型，SQL Server 中支持多种数据类型，包括字符类型、数值类型以及日期类型等。数据类型相当于一个容器，容器的大小决定了装多少东西，将数据分为不同的类型可以节省磁盘的空间和资源。

数据表是由多个列组成，创建表时必须明确每个列的数据类型，以下列举 SQL Server 中常见的数据类型。

（1）character 字符串如表 5-1 所示。

表 5-1 character 字符串

数 据 类 型	描　　述
char(n)	固定长度的字符串。最多 8 000 个字符
varchar(n)	可变长度的字符串。最多 8 000 个字符
varchar(max)	可变长度的字符串。最多 1 073 741 824 个字符
text	可变长度的字符串。最多 2GB 字符数据

（2）binary 类型如表 5-2 所示。

表 5-2 binary 类型

数 据 类 型	描　　述
bit	允许 0、1 或 NULL
binary(n)	固定长度的二进制数据。最多 8 000 字节
varbinary(n)	可变长度的二进制数据。最多 8 000 字节
varbinary(max)	可变长度的二进制数据。最多 2GB 字节
image	可变长度的二进制数据。最多 2GB 字节

（3）number 类型如表 5-3 所示。

表 5-3 number 类型

数 据 类 型	描　　述	存　　储
tinyint	允许从 0 到 255 的所有数字	1 字节
smallint	允许从-32 768 到 32 767 的所有数字	2 字节
int	允许从-2 147 483 648 到 2 147 483 647 的所有数字	4 字节
bigint	允许介于-9 223 372 036 854 775 808 和 9 223 372 036 854 775 807 之间的所有数字	8 字节
decimal(p,s)	固定精度和比例的数字。允许从 $-10^{38}+1$ 到 $10^{38}-1$ 之间的数字 p 参数指示可以存储的最大位数（小数点左侧和右侧）。p 必须是 1 到 38 之间的值。默认是 18 s 参数指示小数点右侧存储的最大位数。s 必须是 0 到 p 之间的值。默认是 0	5～17 字节

续表

数据类型	描　述	存　储
numeric(p,s)	固定精度和比例的数字。允许从$-10^{38}+1$ 到 $10^{38}-1$ 之间的数字 p 参数指示可以存储的最大位数（小数点左侧和右侧）。p 必须是 1 到 38 之间的值。默认是 18 s 参数指示小数点右侧存储的最大位数。s 必须是 0 到 p 之间的值。默认值 0	5～17 字节
smallmoney	介于-214 748.3648 和 214 748.3647 之间的货币数据	4 字节
money	介于-922 337 203 685 477.5808 和 922 337 203 685 477.5807 之间的货币数据	8 字节
float(n)	从-1.79E+308 到 1.79E+308 的浮动精度数字数据。参数 n 指示该字段保存 4 字节还是 8 字节。float(24)保存 4 字节，而 float(53)保存 8 字节。n 的默认值是 53	4 或 8 字节
real	从-3.40E+38 到 3.40E+38 的浮动精度数字数据	4 字节

（4）date 类型如表 5-4 所示。

表 5-4　date 类型

数据类型	描　述	存　储
datetime	从 1753 年 1 月 1 日到 9999 年 12 月 31 日，精度为 3.33 毫秒	8bytes
datetime2	从 1753 年 1 月 1 日到 9999 年 12 月 31 日，精度为 100 纳秒	6-8bytes
smalldatetime	从 1900 年 1 月 1 日到 2079 年 6 月 6 日，精度为 1 分钟	4bytes
date	仅存储日期。从 0001 年 1 月 1 日到 9999 年 12 月 31 日	3bytes
time	仅存储时间。精度为 100 纳秒	3～5bytes
datetimeoffset	与 datetime2 相同，外加时区偏移	8-10bytes
timestamp	存储唯一的数字，每当创建或修改某行时，该数字会更新。timestamp 基于内部时钟，不对应真实时间。每个表只能有一个 timestamp 变量	

（5）其他数据类型如表 5-5 所示。

表 5-5　其他数据类型

数据类型	描　述
sql_variant	存储最多 8 000 字节不同数据类型的数据，除了 text、ntext 以及 timestamp
uniqueidentifier	存储全局标识符（GUID）
XML	存储 XML 格式化数据。最多 2GB
cursor	存储对用于数据库操作的指针的引用
table	存储结果集，供稍后处理

5.1.5　SQL 数据查询

本小节将学习如何使用 SQL Server 数据库查询数据。从一个简单的查询开始，查询语句用于从单个或多个表中检索数据。

常见的查询语句主要有以下几种：

SELECT：单个表查询数据。

ORDER BY：指定列表中的值对结果集进行排序。

OFFSET FETCH：限制查询返回的行数。

SELECT TOP：查询结果集中返回的行数或行百分比。

LIKE：模糊查询。

查询语法如下：

```
SELECT    <列名>
FROM      <表名>
[WHERE    <查询条件表达式>]
[ORDER BY <排序的列名>[ASC 或 DESC]]
```

1. 数据查询基础

查询全部的行和列，如：

```
SELECT * FROM Students
SELECT * FROM Course
```

查询部分列，如：

```
SELECT SName, SAddress FROM Students
```

2. 数据查询列别名

使用 AS 命名列，代码如下：

```
SELECT SCode AS 学生编号,SName  AS 学生姓名,
SAddress AS 学生地址
FROM Students
WHERE SAddress <> '河南郑州'
```

使用等号命名列，代码如下：

```
SELECT 姓名 = FirstName+'.'+LastName
FROM Employees
```

☆**注意**☆　使用 AS 命名列时，别名在 AS 之后；使用等号命名别名时，别名在等号之前。

3. 数据查询空行、常量列

查询空行，如：

```
SELECT SName FROM Students WHERE SEmail IS NULL
```

使用常量列，如：

```
SELECT 姓名=SName,地址= SAddress , '河南大兴桥' AS 学校名称
FROM Students
```

4. 数据查询限制行数

限制固定行数，如：

```
SELECT TOP 5 SName, SAddress
FROM Students WHERE SSex = 0
```

按百分数返回行，如：

```
SELECT TOP 20 PERCENT SName, SAddress
FROM Students WHERE SSex = 0
```

5. 查询单列排序

升序排列，如：

```
SELECT StudentID,Score  FROM Score  ORDER BY Score
```

降序排列，如：

```
SELECT StudentID,Score  FROM Score  ORDER BY Score DESC
```

6. 模糊查询 LIKE

使用 LIKE 查询，如：

```
SELECT * FROM 数据表
WHERE 编号 LIKE '00[^8]%[AC]%'
```

☆**注意**☆　LIKE 只与字符型数据联合使用。

5.2　运行与维护

SQL Server 是目前最流行的数据库开发平台，其高质量的可视化用户操作界面，为用户进行数据库系统的管理、维护和软件开发应用等提供了极大的方便。

5.2.1　视图

视图是一个虚表；数据库中只存放视图的定义；视图对应的数据仍存放在原来的表中；随着表中数据的变化，视图的数据随之改变。视图的查询与基本表一样；视图的更新将受到一定的限制。

1. 视图分类

（1）行列子集视图：从单个基本表导出，保留基本表的码，但会去掉其他的某些列和部分行的视图。

（2）表达式视图：带有虚拟列的视图。

（3）分组视图：子查询目标表带有组函数或子查询带有 GROUP BY 子句的视图。

2. 视图格式

视图格式如下：

```
CREATE VIEW <视图名>[(<列名>[,<列名>]…)] AS <子查询>[WITH CHECK OPTION]
```

其中，子查询可以是任意复杂的 SELECT 语句，但通常不允许含有 ORDER BY 子句和 DISTINCT 短语。

WITH CHECK OPTION 表示对视图进行 UPDATE、INSERT 和 DELETE 操作时要保证更新、插入或删除的行满足视图定义中的谓词条件（即子查询中的条件表达式）。

如果 CREATE VIEW 语句仅指定了视图名，省略了组成视图的各个属性列名，则该视图由子查询中 SELECT 子句目标列中的诸字段组成。

在以下情况下必须明确组成视图的所有列名：

（1）某个目标列不是单纯的属性名，而是集函数或列表达式。

（2）多表连接时选出了几个同名列作为视图的字段。

（3）需要在视图中为某个列启用新的名称。

组成视图的属性列名必须依照上面的原则，全部省略或者全部指定，没有第三种选择。

3. 删除视图

删除视图格式如下：

```
DROP VIEW <视图名>
```

视图被删除后，此视图导出的其他视图也将失效，用户应该使用 DROP VIEW 语句将它们全部删除。

4. 更新限制

（1）若视图是由两个以上基本表导出的，则此视图不允许更新。

（2）若视图的字段来自字段表达式或常数，则不允许对此视图执行 INSERT 和 UPDATE 操作，但允许执行 DELETE 操作。

（3）若视图的字段来自库函数，则此视图不允许更新。

（4）若视图定义中含有 GROUP BY 子句，则此视图不允许更新。

（5）若视图定义中含有 DISTINCT 短语，则此视图不允许更新。

5.2.2　存储过程

存储过程就是 SQL Server 为了实现特定任务，将一些需要多次调用的固定操作语句编写成程序段，这些程序段存储在服务器上，数据库服务器通过程序来调用。

创建存储过程语法如下:

```
CREATE proc | procedure procedure_name
    [{@参数 数据类型} [=默认值] [output],
     {@参数 数据类型} [=默认值] [output],
     …
    ]
AS
    SQL_statements
```

存储过程运行流程如图 5-12 所示。

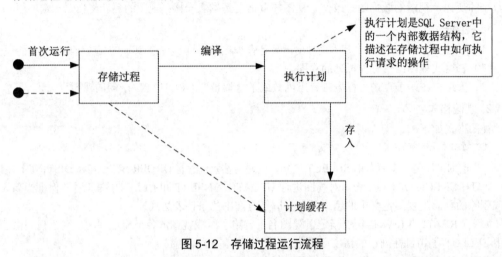

图 5-12   存储过程运行流程

存储过程是由一些 SQL 语句和控制语句组成并封装起来的过程,它驻留在数据库中,可以被客户应用程序调用,也可以从另一个过程或触发器中调用,它的参数可以被传递和返回。与应用程序中的函数过程类似,存储过程可以通过名字来调用,而且它们同样有输入参数和输出参数。

根据返回值类型的不同,可以将存储过程分为以下三类:

(1)返回记录集存储过程的执行结果是一个记录集,典型的例子是从数据库中检索出符合某一个或几个条件的记录。

(2)返回数值的存储过程执行完以后返回一个值。例如,在数据库中执行一个有返回值的函数或命令。

(3)行为存储过程仅仅是用来实现数据库的某个功能,而没有返回值。例如,在数据库中的更新和删除操作。

存储过程只在创造时进行编译,以后每次执行存储过程都不需要再重新编译,而一般 SQL 语句每执行一次就编译一次,所以使用存储过程可以提高数据库的执行速度。

存储过程对中小型企业使用的优点如下:

(1)存储过程可以重复使用,减少数据库开发人员的工作量。

(2)安全性高,可设定只有此用户才具有对指定存储过程的使用权。

(3)执行速度更快。有两个原因:首先,在存储过程创建时,数据库已经对其进行了一次解析和优化;其次,存储过程一旦执行,在内存中就会保留一份这个存储过程,这样下次再执行同样的存储过程时,可以从内存中直接调用。

(4)更强的适应性。由于存储过程对数据库的访问是通过存储过程来进行的,因此数据库开发人员可以在不改动存储过程接口的情况下对数据库进行任何改动,而这些改动不会对应用程序造成影响。

1. 数据库的存储过程

代码格式如下：

```
exec sp_databases;                              --查看数据库
exec sp_tables;                                 --查看表
exec sp_columns student;                        --查看列
exec sp_helpIndex student;                      --查看索引
exec sp_helpConstraint student;                 --约束
exec sp_stored_procedures;
exec sp_helptext 'sp_stored_procedures';        --查看存储过程创建、定义语句
exec sp_rename student, stuInfo;                --修改表、索引、列的名称
exec sp_renamedb myTempDB, myDB;                --更改数据库名称
exec sp_defaultdb 'master', 'myDB';             --更改登录名的默认数据库
exec sp_helpdb;                                 --数据库帮助,查询数据库信息
exec sp_helpdb master;
```

2. 系统全部的存储过程

代码格式如下：

```
--表重命名
exec sp_rename 'stu', 'stud';
select * from stud;
--列重命名
exec sp_rename 'stud.name', 'sName', 'column';
exec sp_help 'stud';
--重命名索引
exec sp_rename N'student.idx_cid', N'idx_cidd', N'index';
exec sp_help 'student';
--查询所有存储过程
select * from sys.objects where type = 'P';
select * from sys.objects where type_desc like '%pro%' and name like 'sp%';
```

3. 创建不带参数的存储过程

代码格式如下：

```
--创建存储过程
if (exists (select * from sys.objects where name = 'proc_get_student'))
drop proc proc_get_student
go
create proc proc_get_student
as
select * from student;
--调用、执行存储过程
exec proc_get_student;
```

4. 修改存储过程

代码格式如下：

```
--修改存储过程
alter proc proc_get_student
as
select * from student;
```

5. 带参存储过程

代码格式如下：

```
--带参存储过程
if (object_id('proc_find_stu', 'P') is not null)
drop proc proc_find_stu
go
create proc proc_find_stu(@startId int, @endId int)
```

```
as
select * from student where id between @startId and @endId
go
exec proc_find_stu 2,4;
```

6. 通配符参数存储过程

代码格式如下：

```
--通配符参数存储过程
if (object_id('proc_findStudentByName', 'P') is not null)
drop proc proc_findStudentByName
go
create proc proc_findStudentByName(@name varchar(20) = '%j%', @nextName varchar(20)
= '%')
as
select * from student where name like @name and name like @nextName;
go
exec proc_findStudentByName;
exec proc_findStudentByName '%o%', 't%';
```

7. 输出参数存储过程

代码格式如下：

```
if (object_id('proc_getStudentRecord', 'P') is not null)
drop proc proc_getStudentRecord
go
create proc proc_getStudentRecord(
@id int,                    --默认输入参数
@name varchar(20) out,      --输出参数
@age varchar(20) output     --输入输出参数
)
as
select @name = name, @age = age
from student where id = @id and sex = @age;
go
declare @id int,
@name varchar(20),
@temp varchar(20);
set @id = 7;
set @temp = 1;
exec proc_getStudentRecord @id, @name out, @temp output;
select @name, @temp;
print @name + '#' + @temp;
```

8. 不缓存存储过程

代码格式如下：

```
--WITH RECOMPILE 不缓存
if (object_id('proc_temp', 'P') is not null)
drop proc proc_temp
go
create proc proc_temp
with recompile
as
select * from student;
go
exec proc_temp;
```

9. 加密存储过程

代码格式如下：

```
--加密 WITH ENCRYPTION
if (object_id('proc_temp_encryption', 'P') is not null)
    drop proc proc_temp_encryption
```

```
go
create proc proc_temp_encryption
with encryption
as
    select * from student;
go
exec proc_temp_encryption;
exec sp_helptext 'proc_temp';
exec sp_helptext 'proc_temp_encryption';
```

10. 游标参数存储过程

代码格式如下：

```
if (object_id('proc_cursor', 'P') is not null)
  drop proc proc_cursor
go
create proc proc_cursor
  @cur cursor varying output
as
  set @cur = cursor forward_only static for
  select id, name, age from student;
  open @cur;
go
--调用
declare @exec_cur cursor;
declare @id int,
  @name varchar(20),
  @age int;
exec proc_cursor @cur = @exec_cur output;          --调用存储过程
fetch next from @exec_cur into @id, @name, @age;
while (@@fetch_status = 0)
begin
  fetch next from @exec_cur in to @id, @name, @age;
  print 'id: ' + convert(varchar, @id) + ', name: ' + @name + ', age: ' + convert(char,
@age);
end
close @exec_cur;
deallocate @exec_cur;                              --删除游标
```

5.2.3　触发器

触发器是一种特殊的存储过程，它不能被显式调用，而是在往表中插入记录、更新记录或者删除记录时被自动激活。所以触发器可以用来实现对表实施复杂的完整性约束。

触发器的作用：

（1）强制数据库间的引用完整性。

（2）级联修改数据库中所有相关的表，自动触发其他与之相关的操作。

（3）跟踪变化，撤销或回滚违法操作，防止非法修改数据。

（4）返回自定义的错误消息，约束无法返回的信息，而触发器可以。

（5）触发器可以调用更多的存储过程。

1. 触发器的分类

SQL Server 包括三种常规类型的触发器，即 DML 触发器、DDL 触发器和登录触发器。

（1）DML 触发器。

DML 触发器是附加在特定表或视图上的操作代码，当数据库服务器中发生数据操作语言事件时执行这些操作。SQL Server 中的 DML 触发器有以下三种触发器：

INSERT 触发器：向表中插入数据时被触发。

DELETE 触发器：从表中删除数据时被触发。

UPDATE 触发器：修改表中数据时被触发。

（2）DDL 触发器。

DDL 触发器是当服务器或数据库中发生数据定义语言事件时被激活使用，使用 DDL 触发器可以防止对数据架构进行某些更改或记录数据中的更改事件操作。

（3）登录触发器。

登录触发器将响应 LOGIN 事件而激发存储过程。与 SQL Server 实例建立用户会话时将引发此事件。

2. 触发器的工作原理

触发器触发时，系统自动在内存中创建 DELETED 表或 INSERTED 表；只读，不允许修改，触发器执行完成后，自动删除。

INSERTED 表：临时保存插入或更新后的记录行；可以从 INSERTED 表中检查插入的数据是否满足业务需求；如果不满足，则向用户发送报告错误消息，并回滚插入操作。

DELETED 表：临时保存删除或更新前的记录行；可以从 DELETED 表中检查被删除的数据是否满足业务需求；如果不满足，则向用户报告错误消息，并回滚插入操作。

触发器工作原理如图 5-13 所示。

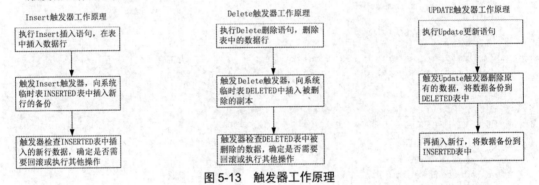

图 5-13 触发器工作原理

创建触发器的语法如下：

```
CREATE TRIGGER trigger_name
    ON table_name
    [WITH ENCRYPTION]
    FOR | AFTER | INSTEAD OF [DELETE, INSERT, UPDATE]
```

INSERTED 表和 DELETED 表对照如表 5-6 所示。

表 5-6 INSERTED 表和 DELETED 表的区别

修改操作记录	INSERTED 表	DELETED 表
增加（INSERT）记录	存放新增的记录	无数据
删除（DELETED）记录	无数据	存放被删除的记录
修改（UPDATE）记录	存放更新后的记录	存放更新前的记录

5.2.4 事务与索引

事务作为一个逻辑工作单元来执行一系列操作，多个操作为一个整体，要么全部执行，要么全部不执行，保证数据的一致性。

1. 事务

1）事务特性

（1）原子性（Atomicity）：事务是一个完整的操作，事务的各个操作是不可分的，要么都执行，要么都不执行。

（2）一致性（Consistency）：当事务完成时，数据必须处于一致状态。

（3）隔离性（Isolation）：并发事务之间彼此隔离、独立，它不可以以任何方式依赖或影响其他事务。

（4）永久性（Durability）：事务完成后，它对数据库的修改被永久保存。

2）事务分类

（1）显式事务：用 BEGIN TRANSACTION 明确事务开始。

（2）隐性事务：通过设置 SET IMPLICIT_TRANSACTIONS ON 语句，将隐性事务模式设置为打开，其后的 T-SQL 语句自动启动一个新事务。提交或回滚一个事务后，下一个 T-SQL 语句又将启动一个新事务。

（3）自动提交事务：每个单独的 SQL 语句都被自动默认为一个事务。

事务创建和使用的基本步骤

（1）开始事务：

```
BEGIN TRANSACTION
```

（2）提交事务：

```
COMMIT TRANSACTION
```

（3）回滚事务：

```
ROLLBACK TRANSACTION
```

2. 索引

索引是 SQL Server 编排数据的内部方法，是检索表中数据的直接通道。

索引页是数据库中存储索引的数据页。索引页存放检索数据行的关键字页及该数据行的地址指针。

1）作用

索引的作用是通过使用索引，提高数据库的检索速度，改善数据库性能。

2）分类

（1）唯一索引：唯一索引不允许两行具有相同的索引值。

（2）主键索引：在数据库关系图中为表定义一个主键将自动创建主键索引，主键索引是唯一索引的特殊类型。

（3）聚集索引：在聚集索引中，表中各行的物理顺序与键值的逻辑（索引）顺序相同。一个表只能有一个聚集索引。

（4）非聚集索引：非聚集索引建立在索引页上，当查询数据时可以从索引中找到记录存放的位置。一个表可以有多个非聚集索引。

（5）复合索引：在创建索引时，并不是只能对其中一列创建索引，与创建主键一样，可以将多个列组合作为索引，这种索引称为复合索引。

（6）全文索引：全文索引是一种特殊类型的标记功能性索引，由 SQL Server 中全文引擎服务创建和维护。

3）语法

（1）创建索引。

```
create [unique] [clustered | nonclustered]
index on (表名)((列名))
[with fillfactor = x]
```

unique 指定唯一索引，是可选的。

clustered | nonclustered 指定聚集索引或非聚集索引，也是可选的。

fillfactor 表示填充因子，是一个 0～100 的值，指示索引页填满的空间所占的百分比。语法内的中括号代表可选部分。

（2）删除索引。

```
drop index (表名) (索引名称)
```

☆**注意**☆　删除表时，该表的所有索引将同时被删除；如果要删除表的所有索引，则先要删除非聚集索引，再删除聚集索引。

5.2.5　数据库的维护

数据库备份非常重要，并且有些数据的备份非常频繁，例如，事务日志，如果每次都要把备份的流程执行一遍，那将花费大量的时间，非常烦琐，没有效率。SQL Server 可以建立自动的备份维护计划，减少数据库管理员的工作负担，备份过程如下。

（1）在"对象资源管理器"窗口中选择"SQL Server 代理（已禁用代理 XP）"节点，右击，并在弹出的快捷菜单中选择"启动"选项，如图 5-14 所示。

（2）弹出"是否要启动服务"的警告对话框，单击"是"按钮，如图 5-15 所示。

图 5-14　选择"启动"选项

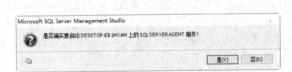

图 5-15　警告对话框

（3）在"对象资源管理器"窗口中依次打开"管理"→"维护计划"节点。右击"维护计划"节点，在弹出的快捷菜单中选择"维护计划向导"选项，如图 5-16 所示。

（4）打开"维护计划向导"窗口，单击"下一步"按钮，如图 5-17 所示。

图 5-16　选择"维护计划向导"选项

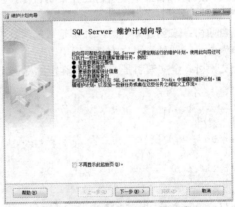

图 5-17　"维护计划向导"窗口

（5）打开"选择计划属性"窗口，在"名称"文本框里输入维护计划的名称，在"说明"文本框里输入维护计划的说明文字，如图 5-18 所示。

（6）单击"下一步"按钮，打开"选择维护任务"窗口，用户可以选择多种维护任务，例如，检查数据库完整性、收缩数据库、重新组织索引或重新生成索引、执行 SQL Server 代理作业、备份数据库等。这里勾选"备份数据库（完整）"复选框。如果要添加其他维护任务，勾选前面相应的复选框即可，如图 5-19 所示。

图 5-18　"选择计划属性"窗口

图 5-19　"选择维护任务"窗口

（7）单击"下一步"按钮，打开"选择维护任务顺序"窗口，如果有多个任务，这里可以通过单击"上移"和"下移"两个按钮来设置维护任务的顺序，如图 5-20 所示。

（8）单击"下一步"按钮，打开"定义'备份数据库（完整）'任务"窗口，在"数据库"下拉列表框里选择要备份的数据库名称，在"备份组件"区域里可以选择备份数据库还是数据库文件，还可以选择备份介质为磁盘或磁带等，如图 5-21 所示。

图 5-20　"选择维护任务顺序"窗口

图 5-21　定义任务属性

（9）单击"下一步"按钮，打开"选择报告选项"窗口，在该窗口里可以选择如何管理维护计划报告，可以将其写入文本文件，也可以通过电子邮件发送给数据库管理员，如图 5-22 所示。

（10）单击"下一步"按钮，打开"完成该向导"窗口，单击"完成"按钮，即可完成创建维护计划的配置，如图 5-23 所示。

图 5-22 "选择报告选项"窗口   图 5-23   "完成该向导"窗口

（11）SQL Server 将执行创建维护计划任务，所有步骤执行完毕之后，单击"关闭"按钮，完成维护计划任务的创建，如图 5-24 所示。

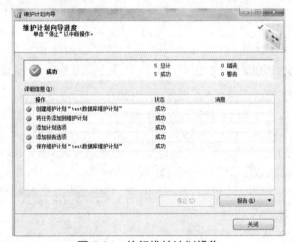

图 5-24 执行维护计划操作

5.3 精选面试、笔试题解析

本节是对 SQL Server 数据库中的笔试、面试知识点的练习，通过学习读者将掌握面试、笔试过程中解答问题的方法。

5.3.1 SQL Server 中使用的数据库对象

试题题面：SQL Server 中使用的数据库对象有哪些？

题面解析：本题考查应聘者对 SQL Server 数据库对象知识点的掌握程度。在回答问题时，应聘者需要把所有有关本题考查的知识点回忆一下，并对它们一一回答。

解析过程：

1. 表

数据库中的表（Table）与日常生活中使用的表格类似，它也是由行（Row）和列（Column）组成的。列由同类的信息组成，每列又称为一个字段，每列的标题称为字段名。行包括了若干列信息项。一行数据称为一个或一条记录，它表达有一定意义的信息组合。一个表由一条或多条记录组成，没有记录的表称为空表。每个表中通常都有一个关键字，用于唯一地确定一条记录。

2. 索引

索引（Index）是根据指定的数据库表列建立起来的顺序。它提供了快速访问数据的途径，并且可监督表的数据，使其索引所指向的列中的数据不重复。

3. 视图

视图（View）看上去同表一样，具有一组命名的字段和数据项，但它其实是一个虚拟的表，在数据库中并不实际存在。视图是由查询数据库表产生的，它限制了用户能看到和修改的数据。由此可见，视图可以用来控制用户对数据的访问，并能简化数据的显示，即通过视图只显示需要的数据信息。

4. 图表

图表（Diagram）其实就是数据库表之间的关系示意图，利用它可以编辑表与表之间的关系。

5. 默认值

默认值（Default）是当在表中创建列或插入数据时，对没有指定其具体值的列或列数据项赋予事先设定好的值。

6. 规则

规则（Rule）是对数据库表中数据信息的限制，它限定的是表的列。

7. 触发器

触发器（Trigger）是一个用户定义的 SQL 事务命令的集合。当对一个表进行插入、更改、删除时，这组命令就会自动执行。

8. 存储过程

存储过程（Stored Procedure）是为完成特定的功能而汇集在一起的一组 SQL 程序语句，经编译后存储在数据库中的 SQL 程序。

9. 用户

用户（User）就是有权限访问数据库的人。

5.3.2　SQL Server 中有什么类型的索引

试题题面：SQL Server 中有什么类型的索引？

题面解析：本题是对索引以及索引类型的考查，回答该问题时，需要知道什么是索引，但是应聘者不能根据定义直接背出来，而是要阐述自己对索引的理解，然后再介绍索引类型。

解析过程：索引是一个数据结构，用来快速访问数据库表格或者视图中的数据。

1. 唯一索引

唯一索引（Unique）不允许两行具有相同的索引值。如果现有数据中存在重复的键值，则大多数数据库都不允许将新创建的唯一索引和表放在一起保存。当新数据使用表中的键值重复时，数据库也拒绝接收此数据。例如，如果在 stuInfo 表中的学员身份证号（stuID）列上创建了唯一索引，则所有学员的身份证号不能重复。

创建了唯一约束，将自动创建唯一索引。尽管唯一索引有助于找到信息，但为了获得最佳性能，建议使用主键约束或唯一约束。

2. 主键索引

在数据库关系图中为表定义一个主键将自动创建主键索引。主键索引是唯一索引的特殊类型。主键索引要求主键中的每个值是唯一的，并且不能为空。当在查询中使用主键索引时，它还允许快速访问数据。

3. 聚集索引

在聚集索引（Clustered）中，表中各行的物理顺序与键值的逻辑（索引）顺序相同。表只能包含一个聚集索引。例如，汉语字（词）典默认按拼音排序编排字典中的每页页码。拼音字母 a，b，c，d，…，x，y，z 就是索引的逻辑顺序，而页码 1，2，3…就是物理顺序。默认按拼音排序的字典，其索引顺序和逻辑顺序是一致的，即拼音顺序比较靠后的字（词）对应的页码也较大。例如，拼音"ha"对应的字（词）的页码就比拼音"ba"对应的字（词）的页码靠后。

4. 非聚集索引

非聚集索引（NonClustered）指定表的逻辑顺序。数据存储在一个位置，索引存储在另一个位置，索引中包含指向数据存储位置的指针。可以有多个，但不得超过 249 个。

如果不是聚集索引，表中各行的物理顺序与键值的逻辑顺序不匹配。聚集索引比非聚集索引有更快的数据访问速度。例如，按笔画排序的索引就是非聚集索引，笔画为"1"的字（词）对应的页码可能比笔画为"3"的字（词）对应的页码大（靠后）。

在 SQL Server 中，一个表只能创建一个聚集索引，但可以创建多个非聚集索引。设置某列为主键，该列就默认为聚集索引。

5.3.3 SQL Server 中创建数据库的方式

试题题面：SQL Server 中创建数据库的方式有哪些？

题面解析：本题重点考查 SQL Server 创建数据库的方式，应聘者回答该问题时要把创建数据库的方法以及过程描述出来。

解析过程：在 SQL Server 中创建数据库主要有两种方法，第一种是在 SQL Server Management Studio 中使用向导创建数据库；第二种是执行 Transact-SQL 语句创建数据库。下面分别进行介绍。

1. 使用 SQL Server Management Studio 创建数据库

在 SQL Server Management Studio 中，可以使用向导创建数据库，步骤如下：

（1）双击打开 SQL Server Management Studio。

（2）右击"数据库"对象，在弹出的快捷菜单中选择"新建数据库"选项，打开"新建数据库"对话框。

（3）在"常规"页，可以定义数据库的名称、数据库文件、数据库的所有者、排序规则、恢复模型，以及是否使用全文索引。

（4）在"选项"页，可以定义数据库的一些选项，包括自动选项、游标选项、混杂选项、恢复选项、行级版本选项和状态选项。

（5）在"文件组"页，显示文件组和文件的统计信息，同时还可以设置是否采用默认值。

（6）在"扩展属性"页，可以定义数据库的一些扩展属性。

（7）当完成各个选项的设置之后，单击 OK 按钮，SQL Server 数据库引擎会自动创建所定义的数据库。

2. 使用 Transact-SQL 创建数据库

Transact-SQL 提供了创建数据库的语句 CREATE DATABASE，其语法格式如下：

```
CREATE DATABASE database_name
[ ON
[ <filespec> [ ,…n ] ]
[ <filegroup> [ ,…n ] ]
]
[
[ LOG ON { <filespec> [ ,…n ] } ]
[ COLLATE collation_name ]
[ FOR { ATTACH [ WITH <service_broker_option> ]
| ATTACH_REBUILD_LOG } ]
[ WITH <external_access_option> ]
]
[;]
<filespec> ::=
[ PRIMARY ]
<filegroup> ::=
FILEGROUP filegroup_name
<filespec> [ ,…n ]
<external_access_option> ::=
DB_CHAINING { ON | OFF }
| TRUSTWORTHY { ON | OFF }
<service_broker_option> ::=
ENABLE_BROKER
| NEW_BROKER
| ERROR_BROKER_CONVERSATIONS
Create a Database Snapshot
CREATE DATABASE database_snapshot_name
ON
(NAME = logical_file_name,FILENAME = 'os_file_name')
[ ,…n]
AS SNAPSHOT OF source_database_name
[;]
```

参数说明：

（1）database_name：新数据库的名称，数据库名称在服务器中必须唯一，并且符合标识符的规则。database_name 最多可以包含 128 个字符，除非没有为日志文件指定逻辑名。如果没有指定日志文件的逻辑名，SQL Server 会通过向 database_name 追加后缀来生成逻辑名。该操作要求 database_name 在 123 个字符之内，以便生成的日志文件逻辑名少于 128 个字符。

（2）ON：显式定义用来存储数据库数据的磁盘文件。该关键字后以逗号进行分隔项列表，项用来定义主文件组的数据文件。

（3）n：占位符表示可以为新数据库指定多个文件。

（4）LOG ON：显式定义用来存储数据库日志的磁盘文件（日志文件）。该关键字后以逗号进行分隔项列表，项用来定义日志文件。如果没有指定 LOG ON，将自动创建一个日志文件，该文件使用系统生成的名称，大小为数据库中所有数据文件总大小的 25%。

（5）FOR LOAD：支持该子句是为了与早期版本的 SQL Server 兼容。数据库在打开 dbo use only 数据库选项的情况下创建，并且将其状态设置为正在装载。

（6）FOR ATTACH：从现有的一组操作系统文件中附加数据库，必须指定第一个主文件的条目。附加的数据库必须使用与 SQL Server 相同的代码页和排序次序创建。

（7）collation_name：数据库的默认排序规则。排序规则名称既可以是 Windows 排序规则名称，也可以是 SQL 排序规则名称。如果没有指定排序规则，则将 SQL Server 实例的默认排序规则指派为数据库的排序规则。

（8）PRIMARY：指定关联的列表定义主文件。主文件组包含所有数据库系统表。还包含所有未指派给用户文件组的对象。主文件组的第一个条目成为主文件，该文件包含数据库的逻辑起点及其系统表。一个数据库只能有一个主文件。如果没有指定 PRIMARY，那么 CREATE DATABASE 语句中列出的第一个文件将成为主文件。

（9）NAME：由定义的文件指定逻辑名称。如果指定了 FOR ATTACH，则不需要指定 NAME 参数。

（10）logical_file_name：在创建数据库后执行 Transact-SQL 语句中引用文件的名称。logical_file_name 在数据库中必须唯一，并且符合标识符的规则。该名称可以是字符或 Unicode 常量，也可以是常规标识符或定界标识符。

（11）FILENAME：定义文件指定操作系统文件名。

os_file_name：操作系统创建定义的物理文件时使用的路径名和文件名；os_file_name 中的路径必须指定 SQL Server 实例上的目录；os_file_name 不能指定压缩文件系统中的目录。如果文件在原始分区上创建，os_file_name 必须指定现有原始分区的驱动器。每个原始分区上只能创建一个文件。原始分区上的文件不会自动增长；因此 os_file_name 指定原始分区时，不需要指定 MAXSIZE 和 FILEGROWTH 参数。

（12）SIZE：定义文件的大小。如果主文件中没有提供 SIZE 参数，那么 SQL Server 将使用 model 数据库中的主文件大小。如果次要文件或日志文件中没有指定 SIZE 参数，SQL Server 将使用的文件大小为 1MB。

（13）MAXSIZE：定义的文件可以增长到的最大大小。

（14）max_size：定义的文件可以增长到的最大大小。可以使用千字节（KB）、兆字节（MB）、吉字节（GB）或太字节（TB）为后缀，默认值为 MB。max_size 指定一个整数，不包含小数位。如果没有指定 max_size，那么文件将增长到磁盘占满为止。

（15）UNLIMITED：定义的文件将增长到磁盘占满为止。

（16）FILEGROWTH：定义文件的增长量，文件中 FILEGROWTH 设置的值不能超过 MAXSIZE 设置的值。

（17）<filegroup>：控制文件组的属性，文件组不能在数据库快照上定义。

（18）FILEGROUP：定义文件组的逻辑名。

（19）filegroup_name：表示在创建数据库之后，在 Transact-SQL 语句中引用文件组的名称。filegroup_name 在数据库中必须唯一，不能是系统提供的名称，如 PRIMARY 和 PRIMARY_LOG，名称必须同标识符的规则保持一致。

（20）Default：定义文件组为特定文件组类型的默认数据库文件组。

（21）DB_CHAINING{ ON | OFF }：设置为 ON 时，数据库可以为交叉数据库所有者关系链中的目标；当设置为 OFF 时，数据库不能参与交叉数据库所有者关系链。对于用户数据库，可以修改这个选项，但是不能修改系统数据库的该选项。默认值为 OFF。

（22）TRUSTWORTHY { ON | OFF }：设置为 ON 时，数据库模块允许访问数据库外的资源；当设置为 OFF 时，数据库模块不能访问数据库之外的资源。默认值为 OFF。

（23）<service_broker_options>：当授予 FOR ATTACH 子句时，才能设置 Service Broker 的选项。

（24）ENABLE_BROKER：定义数据库是否启用 Service Broker。

（25）NEW_BROKER：在 sys 数据库中和恢复数据库中创建新的 service_broker_guid。

（26）ERROR_BROKER_CONVERSATIONS：终止所有发生错误的会话。

（27）database_snapshot_name：定义新数据库的快照名。

5.3.4　SQL Server 的触发器

试题题面： SQL Server 的触发器有哪些？

题面解析： 本题主要考查 SQL Server 的触发器类型，应聘者要知道触发器有哪些以及它们的使用范围和区别等。

解析过程： 在 SQL Server 中，可以创建 4 种类型的触发器——数据定义语言触发器、数据操作语言触发器、通用语言运行时触发器和登录触发器。

1. 数据定义语言触发器

在 SQL Server 中，可以利用数据定义语言语句（像 CREATE、ALTER 和 DROP）和在某些系统定义的类似操作存储过程上创建触发器。

例如：如果要执行 CREATE LOGIN 语句或者 sp_addlogin 存储过程来创建登录用户，那么都会触发一个数据定义语言触发器，因此可以在 SQL Server 上创建一个 CREATE_LOGIN 的事件。

可以在数据定义语言触发器中使用 FOR/AFTER 语句而不是 INSTEAD OF 语句。也就是说，在数据定义语言语句中只能使用 AFTER 触发器。

数据定义语言触发器还可以在服务器端用来观察和控制事件的执行以及审计这些操作。数据定义语言触发器还可以用来管理管理员的事务，如审计和校正数据库操作等。

2. 数据操作语言触发器

在 SQL Server 中，可以利用数据操作语言语句（像 INSERT、UPDATE 和 DELETE）和在数据操作语言执行操作的存储过程中创建触发器。数据操作语言触发器有两种类型：

（1）AFTER 触发器（使用 FOR/AFTER 语句）

这种类型的触发器在 SQL Server 成功执行完列操作之后才执行。

例如：如果在表中插入一行或者一条记录，那么这个触发器会在这个表的插入事件中通过所有的约束（如主键约束以及其他一些规则）之后才会执行。如果这条记录或行插入失败，那么 SQL Server 也不会执行 AFTER 触发器。

（2）INSTEAD OF 触发器（使用 INSTEAD OF 语句）

这种类型的触发器会在 SQL Server 开始执行完一些列操作之前就执行。这是和在这些操作执行后才执行的 AFTER 触发器的不同之处。可以在表上有一个 INSTEAD OF INSERT/UPDATE/ DELETE 触发器，它会成功执行，但是对表并不包含实际的 INSERT/UPDATE/DELETE 操作。

例如：如果在表中插入一条记录或者一行，那么这个触发器会在这个表的插入事件行通过所有的约束（如主键约束以及其他一些规则）之前就会执行。如果这条记录或行插入失败，那么 SQL Server 也会执行 INSTEAD OF 触发器。

3. 通用语言运行时触发器

通用语言运行时触发器是建立在.NET 框架的通用语言运行时之上的一类特殊的触发器。在 SQL Server 2008 版本中就已经引进了集成通用语言运行时的触发器，并且允许触发器编码在任何一种.NET 语言中，如 C#、Visual Basic 和 F#。

4. 登录触发器

登录触发器是在 SQL Server 中当 LOGON 事件触发时执行的一类特殊的触发器。这个事件的用户会话（session）在 SQL Server 完成认证阶段之后建立，而不是在用户会话已经实实在在建立之后时触发。所以，如果在触发器中定义的信息有错误，则其会被重新写入到 SQL Server 错误日志中。当认证失败时，登录触发器不会执行。可以使用这些触发器来审计和控制服务器端的会话，例如跟踪登录活动或者对一个指定的登录限制会话数目。

登录触发器语法如下：

```
CREATE TRIGGER trigger_name
ON ALL SERVER
[WITH ENCRYPTION]
{FOR|AFTER} LOGON
AS
sql_statement [1…n]
```

创建触发器语法如下：

```
CREATE TRIGGER trigger_name
ON {table|view}
[WITH ENCRYPTION|EXECUTE AS]
{FOR|AFTER|INSTEAD OF} {[CREATE|ALTER|DROP|INSERT|UPDATE|DELETE ]}
[NOT FOR REPLICATION]
AS
sql_statement [1…n]
```

trigger_name：这是触发器的名字，它应该遵守 SQL Server 中标识符的规则。

table|view：触发器创建在这个表或视图上。

ENCRYPTION：这个选项是可选的。如果设置了这个选项，那么这个 CREATE TRIGGER 语句的原文本将会被加密。

EXECUTE AS：这个选项是可选的，如果设置了这个选项，那么这个触发器就会在安全上下文中执行。

FOR|AFTER：指定了触发器是 AFTER 触发器。如果仅仅指定了 FOR 关键字，那么 AFTER 是默认的，AFTER 触发器不能在视图上定义。

INSTEAD OF：指定了这个触发器是 INSTEAD OF 触发器。

CREATE|ALTER|DROP|INSERT|UPDATE|DELETE：这些关键字指定了哪个操作将在触发器中触发。可以使用这些关键字中的一个或者任何顺序的关键字组合。

NOT FOR REPLICATION：这个参数说明了这个触发器不会在响应进程修改表时卷入这个触发器中触发。

AS：可以指定触发器执行时的操作和条件。

sql_statement：这些是触发器的条件和操作，触发器的这些操作指定了发生在 T-SQL 语句之中。

5.3.5 SQL 注入式攻击，如何防范

试题题面： 什么是 SQL 注入式攻击，如何防范？

题面解析： 本题重点考查 SQL 注入式攻击以及防范，应聘者需要知道 SQL 注入式攻击有哪些以及它们的使用范围和区别，然后再对如何防范进行简述。

解析过程：

1. SQL 注入式攻击

SQL 注入式攻击，就是攻击者把 SQL 命令插入到 Web 表单的输入域或页面请求的查询字符串中，欺骗服务器执行恶意的 SQL 命令。在某些表单中，用户输入的内容直接用来构造动态 SQL 命令或作为存储过程的输入参数，这类表单特别容易受到 SQL 注入式攻击。常见的 SQL 注入式攻击过程如下：

（1）某个 ASP.NET Web 应用有一个登录页面，这个登录页面控制着用户是否有权访问应用，它要求用户输入一个名称和密码。

（2）登录页面中输入的内容将直接用来构造动态的 SQL 命令，或者直接用作存储过程的参数。下面是 ASP.NET 应用构造查询的一个例子：

```
System.Text.StringBuilder query = new System.Text.StringBuilder(
    "SELECT * from Users WHERE login = '")
    Append(txtLogin.Text).Append("' AND password='")
    .Append(txtPassword.Text).Append("'");
```

（3）攻击者在用户名称和密码输入框中输入"'or'1'='1'"之类的内容。

（4）用户输入的内容提交给服务器之后，服务器运行上面的 ASP.NET 代码构造出查询用户的 SQL 命令，但由于攻击者输入的内容非常特殊，所以最后得到的 SQL 命令变成：SELECT * from Users WHERE login = '' or '1' = '1' AND password = '' or '1' = '1'.

（5）服务器执行查询或存储过程，将用户输入的身份信息和服务器中保存的身份信息进行对比。

（6）由于 SQL 命令实际上已被注入式攻击修改，已经不能真正验证用户身份，所以系统会错误地授权给攻击者。

如果攻击者知道应用会将表单中输入的内容直接用于验证身份的查询，他就会尝试输入某些特殊的 SQL 字符串篡改查询改变其原来的功能，欺骗系统授予访问权限。

系统环境不同，攻击者可能造成的损害也不同，这主要由应用访问数据库的安全权限决定。如果用户的账户具有管理员或其他比较高级的权限，攻击者就可能对数据库的表执行各种想要做的操作，包括添加、删除或更新数据，甚至可能直接删除表。

2. 如何防范 SQL 注入式攻击？

要防止 ASP.NET 应用被 SQL 注入式攻击并不是一件特别困难的事情，只要在利用表单输入的内容构造 SQL 命令之前，把所有输入内容过滤一遍就可以了。过滤输入内容可以按多种方式进行。

（1）对于动态构造 SQL 查询的场合，可以使用下面的技术：

替换单引号，即把所有单独出现的单引号改成两个单引号，防止攻击者修改 SQL 命令的含义。再来看前面的例子："SELECT * from Users WHERE login = '' or '1'='1' AND password = '' or '1'='1'"显然会得到与"SELECT * from Users WHERE login = '' or '1'='1' AND password = '' or '1'='1'"不同的结果。

（2）删除用户输入内容中的所有连字符，防止攻击者构造出的类，如"SELECT * from Users WHERE login = 'mas' -- AND password = ''"之类的查询，因为这类查询的后半部分已经被注释掉，不再有效，攻击者只要知道一个合法的用户登录名称，根本不需要知道用户的密码，就可以顺利获得访问权限。

（3）对于用来执行查询的数据库账户，限制其权限。用不同的账户执行查询、插入、更新、删除操作。由于隔离了不同账户可执行的操作，也就防止了原本用于执行 SELECT 命令的地方却被用于执行 INSERT、UPDATE 或 DELETE 命令。

- 用存储过程来执行所有的查询。SQL 参数的传递方式将防止攻击者利用单引号和连字符实施攻击。此外，它还使得数据库权限可以限制到只允许特定的存储过程执行，所有的用户输入必须遵从被调用的存储过程的安全上下文，这样就很难再发生注入式攻击了。

- 限制表单或查询字符串输入的长度。如果用户的登录名字最多只有 10 个字符，那么不要向表单中输入 10 个以上的字符，这将大大增加攻击者在 SQL 命令中插入有害代码的难度。

- 检查用户输入的合法性，确保输入的内容只包含合法的数据。数据检查应当在客户端和服务器端都执行——之所以要执行服务器端验证，是为了弥补客户端验证机制脆弱的安全性。

客户端攻击者完全有可能获得网页的源代码，修改验证合法性的脚本（或者直接删除脚本），然后将非法内容通过修改后的表单提交给服务器。因此，要保证验证操作确实已经执行，唯一的办法就是在服务器端也执行验证。可以使用许多内建的验证对象，例如 RegularExpressionValidator，它能够自动生成验证用的客户端脚本，当然也可以使用插入服务器端的方法调用。如果找不到现成的验证对象，可以通过 CustomValidator 自己创建一个。

- 将用户登录名称、密码等数据加密保存。加密用户输入的数据，然后再将它与数据库中保存的数据进行比较，这相当于对用户输入的数据进行了"消毒"处理，用户输入的数据不再对数据库有任何特殊的意义，也就防止了攻击者注入 SQL 命令。System.Web.Security.Forms Authentication 类中有一个 HashPasswordForStoringInConfigFile 加密处理，非常适合对输入数据进行消毒处理。
- 检查提取数据的查询所返回的记录数量。如果程序只要求返回一个记录，但实际返回的记录却超过一行，那就当作出错处理。

5.3.6　SQL Server 中的视图怎样创建索引

试题题面：SQL Server 中的视图怎样创建索引？

题面解析：本题考查视图在什么情况下才可以创建索引，应聘者回答该问题时应知道视图本身必须满足哪些条件才可以创建索引，然后再进行回答。

解析过程：

在为视图创建索引前，视图本身必须满足以下条件：

（1）视图以及视图中引用的所有表都必须在同一数据库中，并且具有同一个所有者。

（2）必须先为视图创建唯一群集索引，然后才可以创建其他索引。

（3）创建基本表、视图和索引以及修改基本表和视图中的数据时，必须正确设置某些 SET 选项。另外，如果这些 SET 选项正确，查询优化器将不考虑索引视图。

（4）视图必须使用架构绑定创建，视图中引用的任何用户定义的函数必须使用 SCHEMABINDING 选项创建。

另外，还要求有一定的磁盘空间来存放由索引视图定义的数据。

5.3.7　介绍一下 SQL Server 的安全性

试题题面：介绍一下 SQL Server 的安全性？

题面解析：本题是对 SQL Server 的安全性的考查，回答问题时应聘者要知道 SQL Server 在什么时候是安全的以及哪些方面会对 SQL Server 产生危害，然后再回答该问题。

解析过程：

1）登录方式

（1）标准登录方式（SQL Server 和 Windows）：采用 SQL Server 提供的用户名和密码登录连接，可使用 sa_denylogin builtinadministrators 拒绝操作系统管理员登录连接也称非信任登录机制。这种认证方式是两种方式中最安全的。

（2）集成登录方式（仅限 Windows）：将 Windows 的用户和工作组映射为 SQL Server 的登录方式，也称信任机制。

2）一个特殊账户

sa 为系统默认账户，不能删除，拥有最高的管理权限，可以执行 SQL Server 服务器范围内的所有操作，所以一定要给 sa 加上密码，密码推荐不少于 6 位，最好是字母、数字和特殊符号的组合。

3）两个特殊数据库用户

dbo 数据库的拥有者，在安装 SQL Server 时，被设置到 model 数据库中，不能被删除，所以 dbo 在每个数据库中都存在。dbo 是数据库最高权限的拥有者，对应于创建该数据库的登录用户，即所有数据库的 dbo 都对应于 sa 账户。

guest 用户可以使任何已经登录到 SQL Server 服务器的用户都可以访问数据库，即使它还没有成为数据库的用户。所有的系统数据库除 model 以外都有 guest 用户，所有新建的数据库都没有这个用户，如果要添加 guest 用户，必须使用 sa_grantdbaccess 来明确建立这个用户。

4）还原数据库时要删除本数据库的用户

例如 user，在安全性登录时重新建立用户和指定相应的访问权限，因为这个用户在 master 里不存在。当然也可以使用 sa_addlogin 'user','resu' 来新建 user 用户，并用 sp_change_users_login 'update_one', 'user','user' 来指定其在 master 中的对应用户。

5）具有 system administrators 服务器角色的成员拥有与 sa 一样的权限，具有 db_owner 数据库角色的用户具有对本数据库的完全操作权限。如果在创建 login 时，选择了 system administrators 角色，那么该用户创建的对象都属于 dbo 用户。

5.3.8　如何确保表格里的字段只接受特定范围里的值

试题题面： 如何确保表格里的字段只接受特定范围里的值？

题面解析： 本题是对数据库表格中的字段在什么情况下只接受特定范围里的值的考查，应聘者需要考虑清楚再进行回答。

解析过程：

CHECK 限制，它在数据库表格里被定义，用来限制输入该列的值。触发器也可以被用来限制数据库表格里的字段能够接受的值，但是这种办法要求触发器在表格里被定义，这可能会在某些情况下影响性能。

返回参数总是由存储过程返回，它用来表示存储过程是成功还是失败。返回参数总是 INT 数据类型。

OUTPUT 参数明确要求由开发人员来指定，它可以返回其他类型的数据，例如字符型和数值型的值。可以在一个存储过程里使用多个 OUTPUT 参数，但只能使用一个返回参数。

5.3.9　SQL Server 数据库的文件都有哪些

试题题面： SQL Server 数据库的文件都有哪些？

题面解析： 本题考查 SQL Server 数据库中的文件，应聘者在回答问题时需要知道数据库文件都有哪些，然后再回答问题。

解析过程：

1. 主要数据文件

主要数据文件用来存储数据库的数据和数据库的启动信息。每个数据库必须有且只有一个主要数据文件，其扩展名为.mdf。实际的主要数据文件都有两种名称：操作系统文件名和逻辑文件名。

2. 次要数据文件

次要数据文件用来存储数据库的数据，可以扩展存储空间。一个数据库可以有多个次要数据文件，其扩展名为.ndf。

3. 事务日志文件

事务日志文件用来存放数据库的事务日志。凡是对数据库进行增、删、改等操作，都会记录在事务日志文件中。每个数据库至少有一个事务日志文件，其扩展名为.ldf。

5.3.10　所有的视图是否都可以更新

试题题面： 所有的视图是否都可以更新？

题面解析：本题考查应聘者对视图的理解，因此应聘者需要知道视图在哪些情况下可以更新以及为什么，然后再进行回答。

解析过程：

（1）若视图的字段来自字段表达式或常数，则不允许对此视图执行 INSERT、UPDATE 操作，允许执行 DELETE 操作。

（2）若视图的字段来自库函数，则此视图不允许更新。

（3）若视图的定义中有 GROUP BY 子句或聚集函数时，则此视图不允许更新。

（4）若视图的定义中有 DISTINCT 任意选项，则此视图不允许更新。

（5）若视图的定义中有嵌套查询，并且嵌套查询的 FROM 子句中涉及的表也是导出该视图的基本表，则此视图不允许更新。

（6）若视图是由两个以上的基本表导出的，此视图不允许更新。

（7）一个不允许更新的视图上定义的视图也不允许更新。

（8）由一个基本表定义的视图，只含有基本表的主键或候补键，并且视图中没有用表达式或函数定义的属性时，才允许更新。

5.3.11　简述 UPDATE 触发器的工作原理

试题题面：简述 UPDATE 触发器的工作原理。

题面解析：本题重点考查 UPDATE 触发器的工作原理，应聘者需要知道 UPDATE 触发器的工作原理，然后进行阐述。

解析过程：

可将 UPDATE 语句看成两步操作，即捕获数据前像（before image）的 DELETE 语句和捕获数据后像（after image）的 INSERT 语句。当在定义有触发器的表上执行 UPDATE 语句时，原始行（前像）被移入 DELETED 表，更新行（后像）被移入 INSERTED 表。

触发器通过检查 DELETED 表、INSERTED 表以及被更新的表，来确定是否更新了多行以及如何执行触发器动作。

可以使用 IF UPDATE 语句定义一个监视指定列的数据更新的触发器。这样可以让触发器较容易隔离出特定列的活动。当它检测到指定列已经更新时，触发器就会进一步执行适当的动作，例如发出错误信息指出该列不能更新，或者根据新的更新的列值执行一系列的动作语句。

语法：

```
IF UPDATE (<column_name>)
```

5.4　名企真题解析

本节收集了一些各大企业往年的面试及笔试真题，应聘者可以根据对以下问题进行的测试，对自己进行各个知识点的评估。

5.4.1　存储过程

【选自 BD 笔试题】

试题题面：写一个存储过程，要求传入一个表名，返回该表的记录数（假设传入的表在数据库中都存在）。

题面解析：本题题目比较长，有些读者可能觉着很费解。其实可以换一种方式来考虑该问题。

本题的重点是如何使用存储过程传入一个表名，返回该表的记录数，接下来向读者进行详细讲解。

解析过程：

```
--创建名为 P_name 的存储过程
create proc P_name(
存储过程的参数名
@tablename nvarchar(20)
)
as
begin
--定义 ifuchuan 变量
declare @strsql nvarchar(500)
--赋值给 strsql countNum 为别名记录数
set @strsql = 'select count(1) countNum from '+@tablename
--执行
exec(@strsql)
end
```

5.4.2　为表建立索引时，SQL Server 是否会禁止对表的访问

【选自 GG 笔试题】

试题题面： 为表建立索引时，SQL Server 是否会禁止对表的访问？

题面解析： 本题是在企业的面试中比较常见的问题，主要考查为表建立索引时，SQL Server 是否会禁止对表的访问。

解析过程： 在为表建立索引时，SQL Server 不会禁止对表进行访问，除非你正在建立一个簇索引。如果某人此时试图更新表中的数据，SQL Server 会禁止更新操作，不管你正在创建什么样的索引类型，因为你不能取得表级别的独占锁（IX Lock）。独占锁会和 CREATE INDEX 语句持有的共享锁发生冲突。

当 SQL Server 完成了建立索引的操作后，它必须修改系统表来反映数据表的变化；两个最主要被修改的系统表是 sysindexes 和 sysobjects 表。因为你没有使用"normal" SQL 来建立索引，所以你不能对 SQL Server 的操作进行跟踪。

最后一个阶段，独占锁（IX Lock）并不出现在数据表中，而是出现在系统表正在建立索引的相应数据表项上。一般来说，最后这个阶段比较短，因为 SQL Server 已经对数据进行了排序并抽取了行指针（物理行定位符或簇索引键）。唯一剩下的任务就是修改系统表，这个过程很快。如果系统表上的独占锁还在，不能执行任何查询操作，因为你不能从 sysindexes 和 sysobjects 系统表中读取出所需要的信息。

5.4.3　SQL Server 提供了哪几种恢复模型

【选自 IT 笔试题】

试题题面： SQL Server 提供了哪几种恢复模型？

题面解析： 本题重点考查 SQL Server 提供的恢复模型以及模型之间的区别，应聘者需要了解该问题所涉及的知识，这样回答问题会变得更加容易。

解析过程： 在 SQL Server 中，除了系统数据库外，创建的每一个数据库都有三种可供选择的恢复模型：Simple（简单），Full（完整），Bulk-logged（批量日志）。下面这条语句可以显示出所有在线数据库的恢复模型：

```
SELECT name, (SELECT DATABASEPROPERTYEX(name, 'RECOVERY'))
RecoveryModel FROM master···sysdatabases ORDER BY name
```

SQL Server 2005 及以上版本也可以使用下面这条语句查看：

```
SELECT name, recovery_model_desc FROM master.sys.databases ORDER BY name
```

如果想改变数据库的恢复模型，可以使用下面 SQL 语句：

（1）简单恢复模型：

```
ALTER DATABASE AdventureWorks SET RECOVERY SIMPLE
```

（2）完整恢复模型：

```
ALTER DATABASE AdventureWorks SET RECOVERY FULL
```

（3）批量日志恢复模型：

```
ALTER DATABASE AdventureWorks SET RECOVERY BULK_LOGGED
```

在实际情况中，应该选择使用哪种恢复模型呢？

主要在于你能承受丢失多少数据。

下面说明三种恢复模型之间的不同。图 5-25 所示是一个数据库分别在 9 点和 11 点进行了一次完整备份。

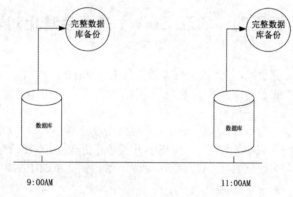

图 5-25　恢复模型

1. 简单恢复模型

假设硬件在 10:45 分时坏了。如果数据库使用的是简单模型，那你将要丢失 105 分钟的数据。因为你可以恢复的最近的时间点是 9 点，9 点之后的数据将全部丢失。当然你可以使用差异备份来分段运行，如图 5-26 所示。

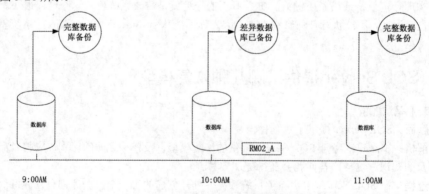

图 5-26　简单恢复模型

这样使用差异性备份，你将丢失 45 分钟的数据。现在，假设用户在 9:50 删除了一张很重要的表，你能恢复删除之前的数据吗？答案当然是不能。因为差异性备份仅仅包含数据页的修改，它不能用于恢复一个指定的时间点。你不得不把数据库恢复到 9 点的状态，然后重做后面 49 分钟的事情。

2. 完整恢复模型

假如在 9 点和 11 点之间没有进行事务日志的备份，那么你将面临和使用简单恢复模型一样的情况。另外，事务日志文件会很大，因为 SQL Server 不会删除已经提交和已经 CheckPoint 的事务，直到它们被备份。

假设每 30 分钟备份一次事务日志，如图 5-27 所示。

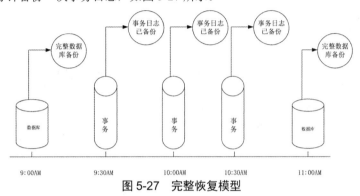

图 5-27　完整恢复模型

假如硬件在 10:45 分时坏了，那你只会丢失 15 分钟的数据。你可以使用 9 点的完整备份以及到 10:30 的事务日志来恢复。假如 9:50 分删除了重要数据怎么办呢？没关系，你可以使用在 10 点备份的事务日志，把数据库恢复到 9:49 分的状态。因为你恢复时无法直接跳过 9:50 那次误删的操作日志而恢复 9:50 之后的数据，所以你还必须重做误删之后的操作。

☆**注意**☆　有一些工具，可以使用事务日志来恢复用户误操作而丢失的数据，就是利用了上述原理。

3. 批量日志恢复模型

批量日志恢复模型被定义成一种最小化事务日志的完整恢复模型。例如 SELECT INTO 就是一种最小化事务日志，假设这种事务发生在 9:40 分，如图 5-28 所示。

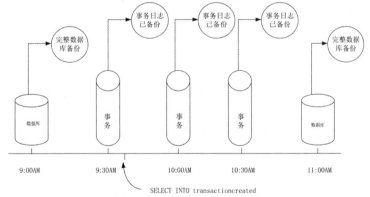

图 5-28　批量日志恢复模型

这个事务将被最小化记录下来，这就意味着 SQL Server 仅仅记录由于这个事务而产生的数据页的变化，它不记录每一条插入到数据表中的数据。假如 9:50 时一个重要的表数据被删除了，那意味着什么呢？意味着你不能把数据库再恢复到 9:49 分的状态了，因为事务日志在 10 点时被备份并且不能恢复到一个指定的时间点上。你只能把数据库恢复到 9:30 分的状态。你要记住，无论在什么时候，只要事务日志备份包含一个或多个最小化日志事务，那你就不能再把备份还原到一个指定的时间点了。执行恢复的过程如图 5-29 所示。

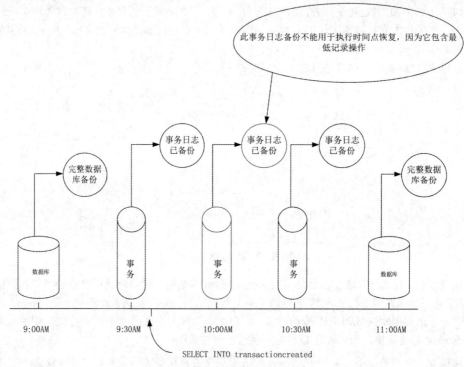

图 5-29　执行恢复

　　既然如此，那为什么还要使用批量日志恢复模型呢？一个最主要的原因就是性能。让我们以 SELECT INTO 为例，从一个结果集来创建一张大表。假如你使用完整备份模型，那这张表中的每一条插入的数据都被记录下来，事务日志会消耗很多磁盘空间。假如你使用批量日志恢复模型，那么仅仅会记录数据页的修改细节以达到最好的性能。就像刚才描述的那样，使用事务日志的好处就是可以恢复到某一个指定的恢复点，但是会影响性能。

　　下面的几种操作都会最小化日志操作：

　　（1）批量导入操作。

　　（2）SELECT INTO 操作。

　　（3）使用 UPDATE 更新部分的大数据值数据类型。写入语句是插入或是追加数据，注意当被更新的数据存在时最小化日志不会被记录。

　　（4）假如数据库恢复模型被设置为批量恢复或是简单恢复，那么一些索引的 DDL 操作会产生最小化日志，无论这个操作是在线还是离线被执行。

　　（5）删除索引新建堆时。

第6章

Oracle 数据库

本章导读

本章学习 Oracle 数据库，它是甲骨文公司开发的一款流行的关系数据库管理系统。在数据库领域一直处于领先地位，系统可移植性好、使用方便、功能强，适用于各类大、中、小、微机环境。Oracle 数据库是一种效率高、可靠性好、适应高吞吐量的数据库方案。

知识清单

本章要点（已掌握的在方框中打钩）
- [ ] Oracle 体系结构
- [ ] Oracle 常用命令
- [ ] 控制文件和日志文件
- [ ] 存储过程
- [ ] 触发器
- [ ] 索引、视图和序列

6.1 Oracle 基本操作

本节从 Oracle 的启动开始讲起，不仅介绍 Oracle 的体系结构、常用命令，还带领读者学习数据类型以及一些常用的操作。从数据库的基础知识开始，教会大家如何操作数据库，另外对以后其他关系数据库的学习有一个总体的把握。

6.1.1 启动和关闭

Oracle 数据库系统是美国 Oracle 公司（甲骨文）提供的以分布式数据库为核心的一组软件产品，是目前最流行的客户/服务器（Client/Server）或 B/S 体系结构的数据库之一。Oracle 数据库是目前世界上使用最为广泛的数据库管理系统，作为一个通用的数据库系统，它具有完整的数据管理功能；作为一个关系数据库，它是一个完备关系的产品；作为分布式数据库它实现了分布式处理功能。

1. 启动

Oracle 的启动分为三个步骤，分别是启动实例、加载数据库、打开数据库。可以根据自己的实际需要来开启数据库，数据库启动的语法如下：

```
startup 模式
```

常用的启动数据库的模式有以下几种：

（1）nomount 模式。

```
SQL> startup nomount
ORACLE instance started.
Total System Global Area          830930944 bytes
Fixed Size                          2257800 bytes
Variable Size                     536874104 bytes
Database Buffers                  285212672 bytes
Redo Buffers                        6586368 bytes
```

这种启动方式只创建实例（即创建 Oracle 实例的各种内存结构和服务进程），并不加载数据库也不会打开数据文件，这种模式一般适用于创建数据库和创建控制文件。

（2）mount 模式。

```
SQL> startup mount
ORACLE instance started.
Total System Global Area          830930944 bytes
Fixed Size                          2257800 bytes
Variable Size                     536874104 bytes
Database Buffers                  285212672 bytes
Redo Buffers                        6586368 bytes
Database mounted.
```

这种模式将启动实例，加载数据库并保存数据库的关闭模式，一般用于数据库维护时。例如：执行数据库完全恢复操作，更改数据库的归档模式等。

（3）open 模式。

```
SQL> startup
ORACLE instance started.
Total System Global Area          830930944 bytes
Fixed Size                          2257800 bytes
Variable Size                     536874104 bytes
Database Buffers                  285212672 bytes
Redo Buffers                        6586368 bytes
Database mounted.
Database opened.
```

这种模式将启动实例，加载并打开数据库。这是常规的打开数据库的方式，只要用户想要对数据库进行多种操作，必须采取这种方式打开，用 open 模式打开数据库，startup 后面不需要加参数。

（4）force 模式。

```
SQL> startup force
ORACLE instance started.
Total System Global Area          830930944 bytes
Fixed Size                          2257800 bytes
Variable Size                     536874104 bytes
Database Buffers                  285212672 bytes
Redo Buffers                        6586368 bytes
Database mounted.
Database opened.
```

这种模式将终止实例并重新启动数据库（open），这种模式具有一定的强制性（例如在其他启动模式失效时可以尝试这种模式）。

2. 关闭

Oracle 的关闭也分为三个步骤，分别是关闭数据库、卸载数据库和关闭 Oracle 实例。关闭数据库的语法如下：

```
Shutdown
```

常用的关闭数据库的方法有以下几种：

（1）normal。

```
SQL> shutdown normal
Database closed.
Database dismounted.
ORACLE instance shut down.
```

这种属于正常关闭模式（在没有时间限制时，通常会选择这种方式关闭数据库）。

（2）immediate。

```
SQL> shutdown immediate
Database closed.
Database dismounted.
ORACLE instance shut down.
```

这种方式为立即关闭方式，尽可能在最短的时间里关闭数据库。在这种方式下关闭，Oracle 不但会立即中断当前用户的连接，而且会强行终止用户的当前活动事务，将未完成的事务回退，以立即关闭数据库。

（3）transactional。

```
SQL> shutdown transactional
Database closed.
Database dismounted.
ORACLE instance shut down.
```

这种方式为事务关闭方式，它的首要任务是保证当前所有的活动事务都可以被提交并在最短的时间内关闭数据库。

（4）abort。

```
SQL> shutdown abort
ORACLE instance shut down.
```

这种方式被称为终极关闭方式，终极关闭方式具有一定的强制性和破坏性，使用这种方式会强制中断任何数据库操作，这样可能会丢失一部分数据信息，影响到数据库的完整性。

6.1.2 Oracle 体系结构

体系结构是对一个系统的框架描述，是设计一个系统的宏观工作。数据库系统结构设计了整个数据库系统的组成和各部分组件的功能，这些组件各司其职，相互协调，完成数据库的管理和数据维护工作。

为满足用户的数据需求，Oracle 设计了复杂的系统结构，如图 6-1 所示。该体系结构包括实例、数据库文件、用户进程、服务器进程及其他文件，如参数文件、警报文件、密码文件和归档日志文件等。总的来说，Oracle 系统体系结构由三部分组成，即逻辑结构、物理结构和实例。

1. 逻辑结构

Oracle 的逻辑结构是一种层次结构，主要由表空间、段、区和数据块等概念组成。逻辑结构是面向用户的，用户利用 Oracle 数据库开发应用程序使用的就是逻辑结构。数据库的存储层次结构及其构成关系、结构对象都从数据块到表空间形成了不同层次的粒度关系。Oracle 的逻辑存储结构如图 6-2 所示。

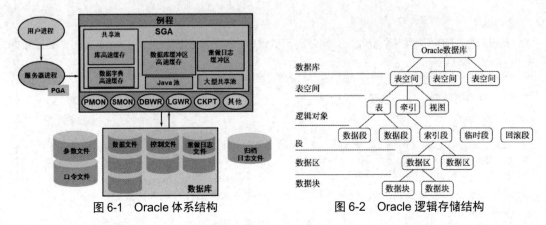

图 6-1　Oracle 体系结构　　　　　图 6-2　Oracle 逻辑存储结构

（1）数据块。

数据块（Data Blocks）是 Oracle 最小的存储单位，Oracle 数据存放在"块"中。一个块占用一定的磁盘空间，特别注意的是，这里的"块"是 Oracle 的"数据块"，不是操作系统的"块"。

Oracle 每次请求数据时，都是以块为单位。也就是说，Oracle 每次请求的数据是块的整数倍。如果 Oracle 请求的数据量不到一块，Oracle 也会读取整个块。所以说，"块"是 Oracle 读写数据的最小单位或者最基本的单位。

块的标准大小由初始化参数 DB_BLOCK_SIZE 指定。具有标准大小的块称为标准块（Standard Block）。块的大小和标准块的大小不同的块叫非标准块（Nonstandard Block）。

操作系统每次执行 I/O 时，都是以操作系统的块为单位；Oracle 每次执行 I/O 时，都是以 Oracle 的块为单位，Oracle 数据块的大小一般是操作系统块的整数倍。

块中存放表的数据和索引的数据，无论存放哪种类型的数据，块的格式都是相同的，块由块头（Header/Common and Variable）、表目录（Table Directory）、行目录（Row Directory）、空余空间（Free Space）和行数据（Row Data）五部分组成。

- 块头（Header/Common and Variable）：存放块的基本信息，如块的物理地址，块所属的段的类型（是数据段还是索引段）。
- 表目录（Table Directory）：存放表的信息，即如果一些表的数据被存放在这个块中，那么，这些表的相关信息将被存放在"表目录"中。
- 行目录（Row Directory）：如果块中有行数据存在，则这些行的信息将被记录在行目录中。这些信息包括行的地址等。
- 空余空间（Free Space）：空余空间是一个块中未使用的区域，这片区域用于新行的插入和已经存在的行的更新。
- 行数据（Row Data）：行数据是真正存放表数据和索引数据的地方。这部分空间是已被数据行占用的空间。
- 头部信息区（Overhead）：把块头（Header/Common and Variable）、表目录（Table Directory）和行目录（Row Directory）这三部分合称为头部信息区（Overhead）。头部信息区不存放数据，它存放整个块的信息。头部信息区的大小是可变的。一般来说，头部信息区的大小介于84 字节（Bytes）到 107 字节（Bytes）之间。
- 行链接和行迁移（Row Chaining and Row Migrating）。

行链接（Row Chaining）：如果在数据库中插入（INSERT）一行数据，这行数据很大，以至于一个数据块放不下一整行，Oracle 就会把一行数据分作几段存在几个数据块中，这个过程叫作行链接（Row Chaining）。行链接如图 6-3 所示。

如果一行数据是普通行，这行数据能够存放在一个数据块中；如果一行数据是链接行，这行数据存放在多个数据块中。

行迁移（Row Migrating）：数据块中存在一条记录，用户执行 UPDATE 更新这条记录，这个 UPDATE 操作使这条记录变长。Oracle 在这个数据块中进行查找，但是找不到能够容纳这条记录的空间，最后 Oracle 只能把整行数据移到一个新的数据块。原来的数据块中保留一个"指针"，这个"指针"指向新的数据块。被移动的这条记录的 ROWID 保持不变。行迁移的原理如图 6-4 所示。

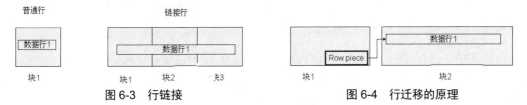

图 6-3　行链接　　　　　　　　　　　图 6-4　行迁移的原理

无论是行链接还是行迁移，都会影响数据库的性能。Oracle 在读取这样的记录时，会扫描多个数据块，执行更多的 I/O。

（2）数据区。

数据区（Extent）是一组连续的数据块。当一个表、回滚段或临时段创建或需要附加空间时，系统总分配一个新的数据区。一个数据区不能跨越多个文件，因为它包含连续的数据块。使用区的目的是用来保存特定数据类型的数据，也是表中数据增长的基本单位。在 Oracle 数据库中，分配空间就是以数据区为单位，一个 Oracle 对象包含至少一个数据区，设置一个表或索引的存储参数包含设置它的数据区大小。

（3）段。

段（Segment）是由多个数据区构成的，它是为特定的数据库对象（如表段、索引段、回滚段、临时段）分配的一系列数据区。段内包含的数据区可以不连续，并且可以跨越多个文件。使用段的目的是用来保存特定对象。

一个 Oracle 数据库有 4 种类型的段：

- 数据段：数据段也称为表段，它包含数据并且与表和簇相关。当创建一个表时，系统自动创建一个以该表的名字命名的数据段。
- 索引段：包含了用于提高系统性能的索引。一旦建立索引，系统自动创建一个以该索引的名字命名的索引段。
- 回滚段：包含了回滚信息，并在数据库恢复期间使用，以便为数据库提供读入一致性和回滚未提交的事务，即用来回滚事务的数据空间。当一个事务开始处理时，系统为之分配回滚段，回滚段可以动态创建和撤销。系统有个默认的回滚段，其管理方式既可以是自动的，也可以是手工的。
- 临时段：它是 Oracle 在运行过程中自行创建的段。当一个 SQL 语句需要临时工作区时，由 Oracle 建立临时段。一旦语句执行完毕，临时段的区间便退回给系统。

（4）表空间。

表空间（tablespace）是数据库的逻辑划分。任何数据库对象在存储时都必须存储在某个表空间中。表空间对应于若干个磁盘文件，即表空间是由一个或多个磁盘文件构成的。表空间相当于操作系统中的文件夹，也是数据库逻辑结构与物理文件之间的一个映射。每个数据库至少有一个表空间（system tablespace），表空间的大小等于所有从属于它的数据文件大小的总和。

- 系统表空间

系统表空间（system tablespace）是每个 Oracle 数据库都必须具备的。其功能是在系统表空间中存放诸如表空间名称、表空间所含数据文件等数据库管理所需的信息。系统表空间的名称是不可以更改的。系统表空间必须在任何时候都可以使用，这也是数据库运行的必要条件。因此，系统表空间是不能脱机的。

系统表空间包括数据字典、存储过程、触发器和系统回滚段。为避免系统表空间产生存储碎片以及争用系统资源的问题，应创建一个独立的表空间来单独存储用户数据。

- SYSAUX 表空间

SYSAUX 表空间是随着数据库的创建而创建的，它充当 SYSTEM 的辅助表空间，主要存储除数据字典以外的其他对象。SYSAUX 也是许多 Oracle 数据库的默认表空间，它减少了由数据库和 DBA 管理的表空间数量，降低了 SYSTEM 表空间的负荷。

- 临时表空间

相对于其他表空间而言，临时表空间（temp tablespace）主要用于存储 Oracle 数据库运行期间所产生的临时数据。数据库可以建立多个临时表空间。当数据库关闭后，临时表空间中的所有数据将全部被清除。除临时表空间外，其他表空间都属于永久性表空间。

- 撤销表空间

撤销表空间用于保存 Oracle 数据库的撤销信息，保存用户回滚段的表空间称之为回滚表空间（简称为 RBS 撤销表空间（undo tablespace））。在 Oracle 中初始创建的只有 6 个表空间，即 sysaux、system、temp、undotbs1、example 和 users。其中 temp 是临时表空间，undotbs1 是 undo 撤销表空间。

- USERS 表空间

用户表空间，用于存放永久性用户对象的数据和私有信息。每个数据块都应该有一个用户表空间，以便在创建用户时将其分配给用户。

2. 物理结构

Oracle 物理结构包含了数据文件、日志文件和控制文件。

（1）数据文件。

每一个 Oracle 数据库都有一个或多个物理的数据文件（Data File），一个数据库的数据文件包含全部的数据，逻辑数据库结构（如表、索引）的数据物理地存储在数据库的数据文件中。数据文件有以下特征：

- 一个数据文件仅与一个数据库关联。
- 一旦建立，数据文件不能改变大小。
- 一个表空间（数据库存储的逻辑单位）由一个或多个数据文件组成。

数据文件中的数据在需要时可以读取并存储在 Oracle 内存储区中。例如，用户要存取数据库表的某些数据，如果请求信息不在数据库的内存存储区内，则从相应的数据文件中读取并存储在内存。当修改和插入新数据时，不需要立刻写入数据文件。为了减少磁盘输出的总数，提高性能，数据存储在内存，然后由 Oracle 后台进程 DBWR 决定如何将其写入到相应的数据文件。

（2）日志文件。

每一个数据库有两个或多个日志文件（Redo Log File）的组，每一个日志文件组用于收集数据库日志。日志的主要功能是记录对数据所做的修改，所以对数据库的全部修改是记录在日志中的。在出现故障时，如果不能将修改数据永久地写入数据文件，则可以利用日志得到该修改数据，因此不会丢失已有操作成果。

日志文件主要是保护数据库以防止出现故障。为了防止日志文件本身的故障，Oracle 允许镜像日志（Mirrored Redo Log），可以在不同磁盘上维护两个或多个日志副本。

日志文件中的信息仅在系统故障或介质故障恢复数据库时使用，这些故障阻止将数据库数据写入到数据库的数据文件。然而任何丢失的数据在下一次数据库打开时，Oracle 自动地应用日志文件中的信息来恢复数据库的数据文件。

Oracle 两种日志文件类型：

- 联机日志文件：这是 Oracle 用来循环记录数据库改变的操作系统文件。
- 归档日志文件：这是为避免联机日志文件重写时丢失重复数据而对联机日志文件所做的备份。

Oracle 有两种归档日志模式，可以采用其中任何一种模式：

- NOARCHIVELOG

不对日志文件进行归档，这种模式可以大大减少数据库备份的开销，但可能会导致数据的不可恢复。

- ARCHIVELOG

在这种模式下，当 Oracle 转向一个新的日志文件时，将以前的日志文件进行归档。为了防止出现历史"缺口"的情况，一个给定的日志文件在它成功归档之前是不能重新使用的。归档的日志文件，加上联机日志文件，为数据库的所有改变提供了完整的历史信息。

在 Oracle 利用日志文件和归档日志文件来恢复数据库时，内部序列号可以起到向导的作用。

（3）控制文件。

每一个 Oracle 数据库都有一个控制文件（Control File），它记录数据库的物理结构，包含下列信息类型：

- 数据库名。
- 数据库数据文件和日志文件的名字和位置。
- 数据库建立日期。

为了安全起见，允许控制文件被镜像。每一次 Oracle 数据库的实例启动时，它的控制文件用于标识数据库和日志文件，当数据库操作时它们必须被打开。当数据库的物理组成更改时，Oracle 自动更改该数据库的控制文件。数据恢复时，也要使用控制文件。

（4）参数文件。

除了构成 Oracle 数据库物理结构的三类主要文件外，Oracle 数据库还具有另外一种重要的文件。即参数文件。参数文件记录了 Oracle 数据库的基本参数信息，主要包括数据库名、控制文件所在路径和进程等。

3. 实例

数据库实例（也称为服务器 Server）就是用来访问一个数据库文件集的一个存储结构及后台进程的集合，它使一个单独的数据库可以被多个实例访问（也就是 Oracle 并行服务器 OPS）。

实例在操作系统中用 ORACLE_SID 来标识，在 Oracle 中用参数 INSTANCE_NAME 来标识，它们两个的值是相同的。数据库启动时，系统首先在服务器内存中分配系统全局区（SGA），然后启动若干个常驻内存的操作系统进程，内存区域和后台进程合称为一个 Oracle 实例。Oracle 实例如图 6-5 所示。

（1）系统全局区。

系统全局区（SGA）是一组为系统分配共享内存的

图 6-5　Oracle 实例

结构，可以包含一个数据库实例的数据或控制信息。如果多个用户连接到同一个数据库实例，在实例的 SGA 中，数据可以被多个用户共享，当数据库实例启动时，SGA 的内存被自动分配；当数据库实例关闭时，SGA 内存被回收。SGA 是占用内存最大的一个区域，同时也是影响数据库性能的重要因素。

系统全局区主要包括：

- 数据块缓存区

数据块缓存区（data block buffer cache）是 SGA 中的一个高速缓存区域，用来存储从数据库中读取数据段的数据块（如表、索引和簇）。数据块缓存区的大小由数据库服务器 init.ora 文件中的 DB_LOCK_BUFFERS 参数决定（用数据库块的个数表示）。在调整和管理数据库时，调整数据块缓存区的大小是一个重要的部分。

由于数据块缓存区的大小固定，并且其大小通常小于数据库段所使用的空间，所以它不能一次装载内存中所有的数据库段。通常，数据块缓存区只是数据库大小的 1%～2%，Oracle 使用最近最少使用（LRU，Least Recently Used）算法来管理可用空间。当存储区需要自由空间时，最近最少被使用的块将被移出，新数据块将在存储区代替它的位置。通过这种方法，将最频繁使用的数据保存在存储区中。

然而，如果 SGA 的大小不足以容纳所有最常使用的数据，那么，不同的对象将争用数据块缓存区中的空间。当多个应用程序共享同一个 SGA 时，很有可能发生这种情况。此时，每个应用的最近使用段都将与其他应用的最近使用段争夺 SGA 中的空间。其结果是对数据块缓存区的数据请求将出现较低的命中率，导致系统性能下降。

- 字典缓存区

数据库对象的信息存储在数据字典表中，这些信息包括用户账号数据、数据文件名、段名、盘区位置、表说明和权限，当数据库需要这些信息（如检查用户查询一个表的授权）时，将读取数据字典表并且将返回的数据存储在字典缓存区的 SGA 中。

数据字典缓存区通过最近最少使用（LRU）算法来管理，字典缓存区的大小由数据库内部管理。字典缓存区是 SQL 共享池的一部分，共享池的大小由数据库文件 init.ora 中的 SHARED_POOL_SIZE 参数来设置。

如果字典缓存区太小，数据库就不得不反复查询数据字典表以访问数据库所需的信息，这些查询称为循环调用（recuesivecall），这时的查询速度相对字典缓存区独立完成查询时要低。

- 重做日志缓冲区

重做项描述对数据库进行的修改。它们写到联机重做日志文件中，以便在数据库恢复过程中用于向前滚动操作。然而，在被写入联机重做日志文件之前，事务首先被记录在称作重做日志缓冲区（redo log buffer）的 SGA 中。数据库可以周期地分批向联机重做日志文件中写重做项的内容，从而优化这个操作。重做日志缓冲区的大小（以字节为单位）由 init.ora 文件中的 LOG_BUFFER 参数决定。

- SQL 共享池

SQL 共享池存储数据字典缓存区及库缓存区（library cache），即对数据库进行操作的语句信息。当数据块缓冲区和字典缓存区能够共享数据库用户间的结构及数据信息时，库缓存区允许共享常用的 SQL 语句。

SQL 共享池包括执行计划及运行数据库的 SQL 语句的语法分析树。在第二次运行（由任何用户）相同的 SQL 语句时，可以利用 SQL 共享池中可用的语法分析信息来加快执行速度。

SQL 共享池通过 LRU 算法来管理。当 SQL 共享池填满时，将从库缓存区中删掉最近最少使用的执行路径和语法分析树，以便为新的条目腾出空间。如果 SQL 共享池太小，语句将被连续不断地再装入到库缓存区，从而影响操作性能。

SQL 共享池的大小（以字节为单位）由 init.ora 文件参数 SHARED_POOL_SIZE 决定。

- 大池

大池（LargePool）是一个可选内存区。如果使用线程服务器选项或频繁执行备份或恢复操作，只要创建一个大池，就可以更有效地管理这些操作。大池将致力于支持 SQL 大型命令。利用大池，就可以防止 SQL 大型命令把条目重写入 SQL 共享池中，从而减少再装入到库缓存区中的语句数量。

大池的大小（以字节为单位）通过 init.ora 文件的 LARGE_POOL_SIZE 参数设置，用户可以使用 init.ora 文件的 LARGE_POOL_MIN_ALLOC 参数设置大池中的最小位置。作为使用 LargePool 的一种选择方案，可以使用 init.ora 文件的 SHARED_POOL_RESERVED_SIZE 参数为 SQL 大型语句保留一部分 SQL 共享池。

- Java 池

由其名字可知，Java 池为 Java 命令提供语法分析。Java 池的大小（以字节为单位）通过 init.ora 文件的 JAVA_POOL_SIZE 参数设置。init.ora 文件的 JAVA_POOL_SIZE 参数默认设置为 10MB。

- 多缓冲池

可以在 SGA 中创建多个缓冲池，能够用多个缓冲池把大数据集与其他的应用程序分开，以减少它们争夺数据块缓存区内相同资源的可能性。对于创建的每一个缓冲池，都要规定其 LRU 锁存器的大小和数量。缓冲区的数量必须至少比 LRU 锁存器的数量多 50 倍。

创建缓冲池时，需要规定保存区（keep area）的大小和再循环区（recycle area）的大小。与 SQL 共享池的保留区一样，保存区保持条目，而再循环区则被频繁地再循环使用。可以通过 BUFFER_POOL_KEEP 参数规定来保存区的大小。

保存和再循环缓冲池的容量减少了数据块缓冲存储区中的可用空间（通过 DB_BLOCK_BUFFERS 参数设置）。对于使用一个新缓冲池的表，通过表的 storage 子句中的 BUFFER_PooL 参数来规定缓冲池的名字。例如，如果需要从内存中快速删除一个表，就把它赋予 RECYCLE 池。默认池叫作 DEFAULT，这样就能在以后使用 alter table 命令把一个表转移到 DEFAULT 池中。

（2）后台进程。

数据库的物理结构与内存结构之间的交互要通过后台进程（Background Process）来完成。

- DBWR 进程：该进程执行将缓冲区写入数据文件，是负责缓冲存储区管理的一个 Oracle 后台进程。当缓冲区中的一缓冲区被修改，它被标志为"弄脏"，DBWR 的主要任务是将"弄脏"的缓冲区写入磁盘，使缓冲区保持"干净"。由于缓冲存储区的缓冲区填入数据库或被用户进程弄脏，未用的缓冲区的数目减少。当未用的缓冲区下降到很少，以致用户进程要从磁盘读入块到内存存储区时无法找到未用的缓冲区时，DBWR 将管理缓冲存储区，使用户进程总可得到未用的缓冲区。

- LGWR 进程：该进程将日志缓冲区写入磁盘上的一个日志文件，它是负责管理日志缓冲区的一个 Oracle 后台进程。LGWR 进程将自上次写入磁盘以来的全部日志项输出，LGWR 输出：

①当用户进程提交事务时写入一个提交记录。

②每三秒将日志缓冲区输出。

③当日志缓冲区的 1/3 已满时将日志缓冲区输出。

④当 DBWR 将修改缓冲区写入磁盘时则将日志缓冲区输出。

LGWR 进程同步地写入到活动的镜像在线日志文件组，如果组中一个文件被删除或不可用，LGWR 可继续地写入该组的其他文件。

- CKPT 进程：该进程在检查点出现时，对全部数据文件的标题进行修改，指示该检查点。在通常的情况下，该任务由 LGWR 执行。然而，如果检查点明显地降低系统性能时，可使 CKPT 进程运行，将原来由 LGWR 进程执行的检查点的工作分离出来，由 CKPT 进程实现。对于许多应用情况，CKPT 进程是不必要的。只有当数据库有许多数据文件，LGWR 在检查点时明显地降低性能才使 CKPT 运行。CKPT 进程不将块写入磁盘，该工作是由 DBWR 完成的。初始化参数 CHECKPOINT-PROCESS 控制 CKPT 进程的使能或使不能。默认时为 false，即为使不能。

- SMON 进程：该进程实例启动时，执行实例恢复，还负责清理不再使用的临时段。在具有并行服务器选项的环境下，SMON 对有故障 CPU 或实例进行实例恢复。SMON 进程有规律地被呼醒，检查是否需要，或者其他进程发现需要时可以被调用。

- PMON 进程：该进程在用户进程出现故障时执行进程恢复，负责清理内存储区和释放该进程所使用的资源。例如，它要重置活动事务表的状态，释放封锁，将该故障的进程的 ID 从活动进程表中移去。PMON 还周期地检查调度进程（DISPATCHER）和服务器进程的状态，如果已死，则重新启动（不包括有意删除的进程）。

PMON 有规律地被呼醒，检查是否需要，或者其他进程发现需要时可以被调用。

- RECO 进程：该进程是在具有分布式选项时所使用的一个进程，自动地解决在分布式事务中的故障。一个节点 RECO 后台进程自动地连接到包含有分布式事务的其他数据库中，RECO 自动地解决所有的事务。任何相应于已处理的事务的行将从每一个数据库的悬挂事务表中删去。

当一数据库服务器的 RECO 后台进程试图建立同一远程服务器的通信，如果远程服务器是不可用或者网络连接不能建立时，RECO 自动地在一个时间间隔之后再次连接。

RECO 后台进程仅当在允许分布式事务的系统中出现，而且 DISTRIBUTED C TRANSACTIONS 参数是大于 0。

- ARCH 进程：该进程将已填满的在线日志文件拷贝到指定的存储设备。当日志是为 ARCHIVELOG 使用方式、并可自动地归档时 ARCH 进程才存在。
- LCKn 进程：是在具有并行服务器选件环境下使用，可多至 10 个进程（LCK0，LCK1…，LCK9），用于实例间的封锁。
- DNNN 进程（调度进程）：该进程允许用户进程共享有限的服务器进程（SERVER PROCESS），没有调度进程时，每个用户进程需要一个专用服务进程（DEDICATED SERVER PROCESS），对于多线索服务器（MULTI-THREADED SERVER）可支持多个用户进程。如果在系统中具有大量用户，多线索服务器可支持大量用户，尤其在客户服务器环境中。

6.1.3　Oracle 常用命令

1. Oracle 的启动和关闭

（1）在单机环境下，要想启动或关闭 Oracle 系统必须首先切换到 Oracle 用户，命令如下：

```
su - oracle
```

启动 Oracle 系统：

```
oracle>svrmgrl
SVRMGR>connect internal
SVRMGR>startup
SVRMGR>quit
```

关闭 Oracle 系统：

```
oracle>svrmgrl
SVRMGR>connect internal
SVRMGR>shutdown
SVRMGR>quit
```

（2）在双机环境下，要想启动或关闭 Oracle 系统必须首先切换到 root 用户，命令如下：

```
su－root
```

启动 Oracle 系统：

```
hareg －y oracle
```

关闭 Oracle 系统：

```
hareg －n oracle
```

Oracle 数据库有以下几种启动方式：

- 非安装启动，这种方式启动下可执行重建控制文件、重建数据库、读取 init.ora 文件、启动 instance 即启动 SGA 和后台进程，这种启动只需要 init.ora 文件。

```
startup nomount
```

- 安装启动，这种方式启动下可执行：

数据库日志归档、数据库介质恢复、使数据文件联机或脱机，重新定位数据文件、重做日志文件。

执行 nomount，然后打开控制文件，确认数据文件和联机日志文件的位置，但此时不对数据文件和日志文件进行校验检查。

```
startup nomount
```

先执行 nomount，然后执行 mount，再打开包括 Redo log 文件在内的所有数据库文件，这种方式下可访问数据库中的数据。

```
startup mount dbname
startup open dbname
```

startup 包含以下三个命令：

```
startup nomount
alter database mount
alter database open
```

- 约束方式启动

```
startup restrict
```

这种方式能够启动数据库，但只允许具有一定特权的用户访问，非特权用户访问时，会出现以下提示：

```
ERROR: ORA-01035
```

Oracle 只允许具有 RESTRICTED SESSION 权限的用户使用。

- 强制启动方式

```
startup force
```

当不能关闭数据库时，可以使用 startup force 来完成数据库的关闭，先关闭数据库，再执行正常启动数据库命令。

- 带初始化参数文件的启动方式

```
startup pfile=参数文件名
```

先读取参数文件，再按照参数文件中的设置启动数据库。

例如：startup pfile=E:Oracleadminoradbpfileinit.ora

2. 用户如何有效地利用数据字典

Oracle 的数据字典是数据库的重要组成部分之一，它随着数据库的产生而产生，随着数据库的变化而变化，这主要体现为 sys 用户下的一些表和视图。数据字典名称是大写的英文字符。

数据字典里存有用户信息、用户的权限信息、所有数据对象信息、表的约束条件和统计分析数据库的视图等，注意不能手工修改数据字典里的信息。

很多时候，一般的 Oracle 用户不知道如何有效地利用它。

dictionary：全部数据字典表的名称和解释，它有一个同义词 dict。

dict_column：全部数据字典表里字段名称和解释。

如果想查询跟索引有关的数据字典时，可以使用下面这条 SQL 语句：

```
SQL>select * from dictionary where instr(comments,'index')>0;
```

如果想知道 user_indexes 表各字段名称的详细含义，可以使用下面这条 SQL 语句：

```
SQL>select column_name,comments from dict_columns where table_name='USER_INDEXES';
```

3. 查看数据库的 SQL

（1）查看表空间的名称及大小。

```
select t.tablespace_name, round(sum(bytes/(1024*1024)),0) ts_size
from dba_tablespaces t, dba_data_files d
where t.tablespace_name = d.tablespace_name
group by t.tablespace_name;
```

（2）查看表空间物理文件的名称及大小。

```
select tablespace_name, file_id, file_name,
round(bytes/(1024*1024),0) total_space
from dba_data_files
order by tablespace_name;
```

（3）查看回滚段名称及大小。

```
select segment_name, tablespace_name, r.status,
(initial_extent/1024) InitialExtent,(next_extent/1024) NextExtent,
max_extents, v.curext CurExtent
From dba_rollback_segs r, v$rollstat v
Where r.segment_id = v.usn(+)
order by segment_name ;
```

（4）查看控制文件。

```
select name from v$controlfile;
```

（5）查看日志文件。

```
select member from v$logfile;
```

（6）查看表空间的使用情况。

```
select sum(bytes)/(1024*1024) as free_space,tablespace_name
from dba_free_space
group by tablespace_name;
SELECT A.TABLESPACE_NAME,A.BYTES TOTAL,B.BYTES USED, C.BYTES FREE,
(B.BYTES*100)/A.BYTES "% USED",(C.BYTES*100)/A.BYTES "% FREE"
FROM SYS.SM$TS_AVAIL A,SYS.SM$TS_USED B,SYS.SM$TS_FREE C
WHERE A.TABLESPACE_NAME=B.TABLESPACE_NAME AND A.TABLESPACE_NAME = C.TABLESPACE_NAME;
```

（7）查看数据库对象。

```
select owner, object_type, status, count(*) count# from all_objects group by owner,
object_type, status;
```

（8）查看数据库的版本。

```
Select version FROM Product_component_version
Where SUBSTR(PRODUCT,1,6)='Oracle';
```

（9）查看数据库的创建日期和归档方式。

```
Select Created, Log_Mode, Log_Mode From V$Database;
```

4. Oracle 用户连接的管理

系统管理员查看当前数据库有几个用户连接：

```
SQL> select username,sid,serial# from v$session;
```

如果想要停止某个连接，使用命令如下：

```
SQL> alter system kill session 'sid,serial#';
```

如果需要找到 UNIX 的进程数，使用命令如下：

```
SQL> select pro.spid from v$session ses,v$process pro where ses.sid=21 and
ses.paddr=pro.addr;
```

说明：21 是某个连接的 sid 数，可以使用 kill 命令除去此进程号。

6.1.4　数据类型

1. 字符型

char(n)：用于标识固定长度的字符串，当实际数据不足定义长度时，使用空格补全右边的不足位。

varchar(n)：可变字符串类型，为 SQL 标准规定的，数据库必须实现的数据类型，可以存储空字符串。

varchar2(n)：可变字符串类型，是 Oracle 在 varchar 的基础上自行定义的可变长度字符串类型。当作为列类型使用时，最大长度可被定义为 4000；当作为变量类型使用时，最大长度可被定义为 32767，不可以存储空字符串。

2. 数值型

数值型可用于存储整数、浮点数。

number(m,n)：m 表示有效数字的总位数（最大为 38 位），n 表示小数位数。

3. 日期时间型

date：包含 Year（年）、Month（月）、Day（天）、Hour（时）、Minute（分）、Second（秒）。

说明：yyyy 表示四位年份；mm 表示月份；dd 表示天；hh 表示时；mi 表示分；ss 表示秒。

4. 大对象类型

lob：用于存储大对象类型。例如文本信息长度超过 4000、二进制文件等。最大容量为 4GB。

lob 分类：

clob：用于存储大型文本数据（例如备注信息）。

blob：用于存储二进制数据（例如图片文件）。

bfile：作为独立文件存在的二进制数据。

5. 特殊数据

null 与空字符串：null 与空字符串，都要用 is null 或 is not null 进行比较。

单引号：想将单引号在字符中使用，可以通过单引号进行转义。

☆**注意**☆　Oracle 中，没有布尔类型，可利用字符串或数值(0/1)表示。

6.1.5　数据表的操作

1. 创建表

（1）语法 1。

```
CREATE TABLE 表名(
    字段名 数据类型 [[CONSTRAINT 约束名] 约束][DEFAULT 默认值],
    字段名 数据类型 [[CONSTRAINT 约束名] 约束][DEFAULT 默认值],
    …
    字段名 数据类型 [[CONSTRAINT 约束名] 约束][DEFAULT 默认值]
)
```

通过子查询创建表，这种方式创建表只有非空约束能继承，默认值和其他约束不能继承。

```
CREATE TABLE 表名 AS
SELECT 字段名, … FROM 表名 2 WHERE …
```

（2）语法 2。

通过子查询创建表，这种方式创建表只有非空约束能继承，默认值和其他约束不能继承。

```
CREATE TABLE 表名 AS
SELECT 字段名, … FROM 表名 2 WHERE …
```

2. 删除表

语法如下：

```
DROP TABLE 表名;
```

3. 修改表名

语法如下：

```
RENAME 旧表名 TO 新表名;
```

4. 添加字段

语法如下：

```
ALTER TABLE 表名 ADD 字段名 数据类型;
```

5. 删除字段

语法如下：

```
ALTER TABLE 表名 DROP COLUMN 字段名;
```

6. 修改字段名

语法如下：

```
ALTER TABLE 表名 RENAME COLUMN 旧字段名 TO 新字段名;
```

7. 修改字段类型或长度

语法如下：

```
ALTER TABLE 表名 MODIFY(字段名 新数据类型(长度));
```

8. 添加或修改注释（当注释信息为空时为删除注释，因为注释会覆盖，为空就相当于删除注释）

语法如下：

```
COMMENT ON TABLE 表名 is 注释信息; --表添加注释
COMMENT ON COLUMN 表名.字段名 is 注释信息; --字段添加注释
```

9. 添加或修改字段默认值（当默认值为空时为删除默认值）

语法如下：

```
ALTER TABLE 表名 MODIFY 字段名 DEFAULT 默认值;
```

10. 添加和删除主键约束

一个表只能有一个主键，一个主键可以是一个或多个字段组成，多个字段组成的主键叫联合主键。

语法如下：

```
ALTER TABLE 表名 ADD [CONSTRAINT 约束名] PRIMARY KEY(字段名,字段名,…); --添加主键约束
ALTER TABLE 表名 DROP PRIMARY KEY;                           --直接删除主键约束
ALTER TABLE 表名 DROP CONSTRAINT 约束名;                      --根据约束名称删除
```

11. 添加和删除外键约束

语法如下：

```
ALTER TABLE 主表名 ADD [CONSTRAINT 约束名] FOREIGN KEY (主表字段名,主表字段名,…)
REFERENCES 子表名(子表字段名,子表字段名,…);
```

☆**注意**☆   主表字段个数与子表字段个数需要相同，子表字段为主键字段，若子表主键由多个字段组成，需要全部列出。

```
ALTER TABLE 主表名 DROP CONSTRAINT 约束名; --只能根据约束名删除外键约束
```

12. 添加和删除唯一约束

语法如下：

```
ALTER TABLE 表名 ADD [CONSTRAINT 约束名] UNIQUE (字段名,字段名,…);   --添加唯一约束
ALTER TABLE 表名 DROP CONSTRAINT 约束名;                          --删除唯一约束
```

```
ALTER TABLE 表名 DROP UNIQUE (字段名,字段名,…);                    --删除唯一约束
```

13. 添加和删除约束检查

语法如下:

```
ALTER TABLE 表名 ADD [CONSTRAINT 约束名] CHECK (检查条件);          --添加检查约束
ALTER TABLE 表名 DROP CONSTRAINT 约束名;                          --删除检查约束
```

14. 添加和删除非空约束

语法如下:

```
ALTER TABLE 表名 MODIFY(字段名 NOT NULL,字段名 NOT NULL,…);        --添加非空约束
ALTER TABLE 表名 MODIFY(字段名 CONSTRAINT 约束名 NOT NULL,字段名 CONSTRAINT 约束名 NOT
NULL,…);                                                       --添加非空约束
ALTER TABLE 表名 MODIFY(字段名 NULL,字段名 NULL,…);               --删除非空约束
ALTER TABLE 表名 DROP CONSTRAINT 约束名;                          --删除非空约束
```

15. 插入表数据

语法如下:

```
INSERT INTO 表名(字段名,字段名,…) VALUES(值1,值2,…);              --插入单条记录
INSERT ALL
INTO 表名(字段名,字段名,…) VALUES(值1,值2,…)
INTO 表名(字段名,字段名,…) VALUES(值1,值2,…)
…
SELECT 1 FROM dual;                                           --插入多条记录
INSERT INTO 表名(字段名,字段名,…)
SELECT 字段,字段,… FROM 表名2 WHERE …;                           --通过子查询插入数据
```

16. 修改表数据

语法如下:

```
UPDATE 表名 SET 字段1=值1,字段2=值2,… WHERE …;
```

17. 删除表数据

语法如下:

```
DELETE [FROM] 表名 WHERE …;
TRUNCATE TABLE 表名;
```

☆**注意**☆　TRUNCATE 功能上与不带 WHERE 的 DELETE 语句效果相同,均删除表中的全部行,但 TRUNCATE 速度更快,使用的系统和日志资源少。DELETE 每删除一行数据都会在事务日志中做记录。TRUNCATE 是通过释放存储表数据所用的数据页来删除数据,并且只在事务日志中记录页的释放。

```
DELETE\TRUNCATE\DROP 三者的比较:
DELETE TABLE:删除数据,但不释放空间,不删除定义
TRUNCATE TABLE:删除数据,释放空间,但不删除定义
DROP TABLE:删除数据,释放空间,删除定义
```

18. 查询表数据

语法如下:

```
SELECT 字段1,字段2,… FROM 表名 WHERE …
```

6.2　运行与维护

Oracle 的运行与维护是非常重要的,经常对数据库进行运行检查和维护,是保证数据库良好运

行状态的必要条件，以下将通过控制文件和日志、存储过程、触发器和索引、视图、序列等方面向大家展示如何对数据库进行运行与维护方面的操作。

6.2.1　控制文件和日志文件

Oracle 数据库包含数据文件、控制文件和日志文件三种类型的物理文件。其中数据文件是用来存储数据的，控制文件和日志文件用于维护 Oracle 数据库的正常运行。

1. 控制文件概述

在 Oracle 数据库中，控制文件是一个很小（大小一般在 10MB 范围内）的二进制文件，含有数据库的结构信息，也包括数据文件和日志文件的信息。可以将控制文件理解为物理数据库的一个元数据存储库。控制文件在数据库创建时被自动创建，并在数据库发生物理变化时更新。控制文件被不断更新，并且在任何时候都要保证控制文件是可用的。只有 Oracle 进程才能够安全地更新控制文件的内容，所以，任何时候都不要试图手动编辑控制文件。

由于控制文件在数据库中占有重要地位，所以保护控制文件的安全非常重要，为此 Oracle 系统提供了备份文件和多路复用的机制。当控制文件损坏时，用户可以通过先前的备份来恢复控制文件。系统还提供了手动创建控制文件和把控制文件备份成文本文件的方式，从而使用户能够更加灵活地管理和保护控制文件。

控制文件中记录了对数据库的结构信息（如数据文件和日志文件的名称、位置等信息）和数据库当前的参数设置，其中主要包含以下内容：

- 数据库名称和 SID 标识。
- 数据文件和日志文件列表（包括文件名称和对应路径信息）。
- 数据库创建的时间戳。
- 表空间信息。
- 当前重做日志文件序列号。
- 归档日志信息。
- 检查点信息。
- 回滚段（UNDO SEGMENT）的起始点和结束点。
- 备份数据文件信息。

2. 控制文件的多路复用

为了提高数据库的安全性，至少要为数据库建立两个控制文件，并且这两个控制文件最好分别保存在不同的磁盘中，这样就可以避免产生由于某个磁盘故障而无法启动数据库的问题，该管理策略被称为多路复用控制文件。通俗的说，多路复用控制文件是指在系统不同的位置上同时存放多个控制文件的副本。在这种情况下，如果多路复用控制文件中的某个磁盘发生物理损坏导致其所包含的控制文件损坏，数据库将被关闭（在数据库实例启动的情况下），此时就可以利用另一个磁盘中保存的控制文件来恢复被损坏的控制文件，然后再重新启动数据库，达到保护控制文件的目的。

在初始化参数 CONTROL_FILES 中列出了当前数据库的所有控制文件名。Oracle 将根据 CONTROL_FILES 参数中的信息同时修改所有的控制文件，但只读取其中的第一个控制文件中的信息。另外需要注意的是：在整个数据库运行期间，如果任何一个控制文件被损坏，那么实例就不能再继续运行。实现控制文件的多路复用主要包括更改 CONTROL_FILES 参数和复制控制文件两个步骤：

- 更改 CONTROL_FILES 参数

在 SPFILE 文件中，CONTROL_FILES 参数用于设置数据库的控制文件路径（包括文件名），Oracle 通过该参数来定位并打开控制文件，如果需要对控制文件进行多路复用，就必须先更改

CONTROL_FILES 参数的设置，更改该参数设置可以使用 ALTER SYSTEM 语句。

* 复制控制文件

在 CONTROL_FILES 参数进行设置后，需要创建第 3 个控制文件，以达到复用控制文件的目的。

3. 创建控制文件

在一般情况下，若使用了多路复用控制文件，并将各个控制文件分别存储在不同的磁盘中，则全部控制文件丢失或损坏的可能性将非常小。如果突发意外，导致数据库的所有控制文件全部丢失或损坏，唯一的补救方法就是手动创建一个新的控制文件。

4. 备份和恢复控制文件

为了提高数据库的可靠性，降低由于丢失控制文件而造成灾难性后果的可能性，DBA 需要及时对控制文件进行备份。尤其是当修改了数据库结构之后，需要立即对控制文件进行备份。

5. 删除控制文件

如果控制文件不再合适时，可以从数据库中删除控制文件。

* 关闭数据库（shutdown）。
* 编辑初始化参数 CONTROL_FILES，清除掉打算要删除的控制文件名称。
* 重新启动数据库。

6. 查询控制文件的信息

控制文件是一个二进制文件，它被分隔成许多部分，分别记录各种类型的信息。每一类信息称为一个记录文档段。控制文件的大小在创建时被确定，其中各个记录文档段大小也是固定的。

6.2.2　存储过程

存储过程（Stored Procedure）是在大型数据库系统中为了完成特定功能的 SQL 语句集，其存储在数据库中，经过第一次编译后再次调用不需要再次编译，用户通过指定存储过程的名称并给出参数（如果该存储过程带有参数）来调用存储过程。

1. 存储过程的优点

（1）效率高。

存储过程编译一次后，就会存到数据库中，每次调用时都会直接执行。而普通的 SQL 语句要保存到其他地方（例如记事本上），需要先分析编译才会执行，所以存储过程的效率更高。

（2）降低网络流量。

存储过程编译好会放在数据库中，在远程调用时，不会传输大量的字符串类型的 SQL 语句。

（3）复用性高。

存储过程往往是针对一个特定的功能编写的，当再需要完成这个特定的功能时，可以再次调用该存储过程。

（4）可维护性高。

当功能要求发生小的变化时，修改之前的存储过程比较容易，花费精力少。

（5）安全性高。

完成某个特定功能的存储过程一般只有特定的用户可以使用，具有用户身份限制，更安全。

2. 存储过程的创建以及游标的定义和使用

（1）无参数存储过程语法。

```
create or replace procedure NoParPro
as              //声明
;
```

```
Begin         //执行
;
exception     //存储过程异常
;
end;
```

（2）带参数存储过程实例。

```
create or replace procedure queryempname(sfindno emp.empno%type)
as
  sName emp.ename%type;
  sjob emp.job%type;
begin
   …
exception
   …
end;
```

（3）带参数存储过程含赋值方式。

```
create or replace procedure runbyparmeters
  (isal in emp.sal%type,
  sname out varchar,
  sjob in out varchar)
as
  icount number;
begin
    select count(*) into icount from emp where sal>isal and job=sjob;
    if icount=1 then
    …
    else
    …
    end if;
exception
    when too_many_rows then
    DBMS_OUTPUT.PUT_LINE('返回值多于1行');
    when others then
    DBMS_OUTPUT.PUT_LINE('在 RUNBYPARMETERS 过程中出错！');
end;
```

其中，参数 in 表示输入参数，是参数的默认模式；out 表示返回值参数，类型可以使用任意 Oracle 中的合法类型。out 模式定义的参数只能在过程体内部赋值，表示该参数可以将某个值传递回调。in out 表示该参数可以向该过程中传递值，也可以将某个值传出去。

（4）存储过程中游标的定义。

```
as                //定义(游标一个可以遍历的结果集)
CURSOR cur_1 IS
SELECT area_code,CMCODE,SUM(rmb_amt)/10000 rmb_amt_sn,
    SUM(usd_amt)/10000 usd_amt_sn
FROM BGD_AREA_CM_M_BASE_T
WHERE ym >= vs_ym_sn_beg
    AND ym <= vs_ym_sn_end
GROUP BY area_code,CMCODE;
begin                //执行（常用 For 语句遍历游标）
FOR rec IN cur_1 LOOP
UPDATE xxxxxxxxxx_T
SET rmb_amt_sn = rec.rmb_amt_sn,usd_amt_sn = rec.usd_amt_sn
WHERE area_code = rec.area_code
AND CMCODE = rec.CMCODE
AND ym = is_ym;
END LOOP;
```

（5）游标的使用。

```
--显示 cursor 的处理
declare
--声明 cursor,创建和命名一个 sql 工作区
cursor cursor_name is
  select real_name from account_hcz;
  v_realname varchar2(20);
begin
  open cursor_name;                      --打开 cursor,执行 sql 语句产生的结果集
  fetch cursor_name into v_realname;     --提取 cursor,提取结果集中的记录
  dbms_output.put_line(v_realname);
  close cursor_name;                     --关闭 cursor
end;
```

3. 在 Oracle 中对存储过程的调用

过程调用方式一：

```
declare
    realsal emp.sal%type;
    realname varchar(40);
    realjob varchar(40);
begin      //过程调用开始
    realsal:=1100;
    realname:=' ';
    realjob:='CLERK';
    runbyparmeters(realsal,realname,realjob);  --必须按顺序
    DBMS_OUTPUT.PUT_LINE(REALNAME||'  '||REALJOB);
END;      //过程调用结束
```

过程调用方式二：

```
declare
    realsal emp.sal%type;
    realname varchar(40);
    realjob varchar(40);
begin      //过程调用开始
    realsal:=1100;
    realname:='';
    realjob:='CLERK';
    --指定值对应变量顺序可变
    runbyparmeters(sname=>realname,isal=>realsal,sjob=>realjob);
  DBMS_OUTPUT.PUT_LINE(REALNAME||'  '||REALJOB);
END;      //过程调用结束
```

过程调用方式三（SQL 命令行方式下）：

```
SQL>exec proc_emp('参数1','参数2');         //无返回值过程调用
SQL>var vsal number
SQL> exec proc_emp ('参数1',:vsal);         //有返回值过程调用
或者: call proc_emp ('参数1',:vsal);        //有返回值过程调用
```

4. 存储过程创建语法

```
create [or replace] procedure 存储过程名（param1 in type,param2 out type）
as
变量1 类型（值范围）;
变量2 类型（值范围）;
Begin
  Select count(*) into 变量1 from 表A where 列名=param1;
  If (判断条件) then
    select 列名 into 变量2 from 表A where 列名=param1;
```

```
      Dbms_output.Put_line('打印信息');
    Elsif (判断条件) then
      Dbms_output.Put_line('打印信息');
    Else
      Raise 异常名 (NO_DATA_FOUND);
    End if;
Exception
  When others then
    Rollback;
End;
```

☆**注意**☆　存储过程参数不带取值范围，in 表示传入，out 表示输出；变量带取值范围，后面接分号；在判断语句前最好先用 count(*)函数判断是否存在该条操作记录；用 select…into…给变量赋值；在代码中抛出异常用"raise+异常名"。

5. 基本语法

1）基本结构

```
CREATE OR REPLACE PROCEDURE 存储过程名字
(
  参数1 IN NUMBER,
  参数2 IN NUMBER
) IS
变量1 INTEGER :=0;
变量2 DATE;
BEGIN
  --执行体
END 存储过程名字;
```

2）SELECT INTO STATEMENT

将 SELECT 查询的结果存入到变量中，可以同时将多个列存储到多个变量中，但必须有一条记录，否则会抛出异常（如果没有记录抛出 NO_DATA_FOUND）。

例子：

```
BEGIN
SELECT col1,col2 into 变量1,变量2 FROM typestruct where xxx;
EXCEPTION
WHEN NO_DATA_FOUND THEN
  xxxx;
END;
```

3）IF 判断

```
IF V_TEST = 1 THEN
  BEGIN
    do something
  END;
END IF;
```

4）WHILE 循环

```
WHILE V_TEST=1 LOOP
BEGIN
  XXXX
END;
END LOOP;
```

5）变量赋值

```
V_TEST := 123;
```

6）用 FOR IN 使用 CURSOR

```
IS
```

```
   CURSOR cur IS SELECT * FROM xxx;
   BEGIN
FOR cur_result in cur LOOP
   BEGIN
   V_SUM :=cur_result.列名1+cur_result.列名2
   END;
END LOOP;
   END;
```

7）带参数的 CURSOR

```
   CURSOR C_USER(C_ID NUMBER) IS SELECT NAME FROM USER WHERE TYPEID=C_ID;
   OPEN C_USER(变量值);
FETCH C_USER INTO V_NAME;
   EXIT WHEN FETCH C_USER%NOTFOUND;
CLOSE C_USER;
```

6.2.3　触发器

触发器是在事件发生时隐式地自动运行的 PL/SQL 程序块，它不能接收参数，也不能被调用。触发器由触发器名称、触发器的触发条件、触发器限制和触发器主体构成。

语法：

```
CREATE [OR REPLACE] TRIGGER trigger_name
{ BEFORE | AFTER | INSTEAD OF} triggering_event
[ WHEN trigger_condition ]            --限制条件
[ FOR EACH ROW ]                      --行级触发
```

说明：

triggering_event 说明了激发触发器的事件（也可能包括特殊的表或视图）。

trigger_body 是触发器的代码，如果在 WHEN 子句中指定 trigger_condition，则首先对该条件求值。触发器主体只有在该条件为真值时才运行。

DML 触发器是针对某个表进行 DML 操作时触发的。

触发器类型如图 6-6 所示。

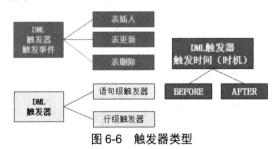

图 6-6　触发器类型

1. 语句级触发器

语句级触发器在每个数据修改语句执行后只调用一次，不管这一操作将影响到多少行。

例 1：创建一个 orderdetails_tablelog 表及一个 AFTER 触发器，用于记录是哪些用户删除了 orderdetails 表中的数据及删除的时间。

先创建表：

```
create table orderdetails_tablelog
(
who varchar2(40),
oper_date date
);
```

再创建触发器：

```
create or replace trigger dele_orderdetails
after delete on orderdetails
begin
insert into orderdetails_tablelog (who, oper_date) values (user, sysdate);
end;
```

☆**注意**☆ 在该触发器被触发后，尽管一次删除多条记录，但是触发器只执行一次插入操作。

例 2：创建一个 Before 触发器，使得在向 Orders 表中插入记录之前对 shippeddate 字段进行检测，要求其值不允许为周六或周日，发货时间应在 8:00～18:00，否则将提示错误"发货时间应为工作时间"。

```
create or replace trigger secure_shippeddate
before insert on orders
for each row
begin
if
(to_char(:new.shippeddate,'dy')in('星期六','星期日'))
or
(to_number(to_char(:new.shippeddate,'hh24'))not between 8 and 18)
then
raise_application_error(-20500,'发货时间应为工作时间');
endif;
end;
```

2. 多条件触发器

```
CREATE OR REPLACE TRIGGER…
BEFORE insert or update or delete
ON…
BEGIN
IF INSERTING THEN
…
END IF;
IF DELETING THEN
…
END IF;
IF UPDATING THEN
…
END IF;
End;
```

例 3：创建一个多条件触发器，用于实现记录用户对产品表进行的操作类型，操作时间，用户名（创建一个 prod_operate_log 表记载信息，其中操作编号自动增长）。

创建 prod_operate_log 表：

```
CREATE TABLE prod_operate_log
(OperIDnumber,
user_name varchar2(200),
Operate_date timestamp,
Operate_type varchar2(10)
);
```

创建序列 logID：

```
CREATE SEQUENCE logID
START WITH 1
INCREMENT BY 1
NO MAX VALUE
CACHE10;
```

3. 级联触发器

把一个数据库触发器的动作与另一个触发器联系起来，使之触发另一个触发器。

例 4：创建 3 个表 A、B、C，在表 A 上设置一个 INSERT 触发器，用于向表 B 添加一条记录；在表 B 上设置一个 INSERT 触发器，用于向表 C 添加一条记录；在表 C 上设置一个 INSERT 触发器，用于对 A 表中的所有记录进行更新。

（1）创建 A、B、C 三张表。

```
CREATE TABLEA (AIDnumber);
CREATE TABLEB (BIDnumber);
CREATE TABLEC (CIDnumber);
```

（2）创建触发器表，在表 A 上创建 INSERT 触发器。

```
CREATE OR REPLACE TRIGGER INSERT_A
AFTER INSERT ON A
Begin
insert INTO B values(1);
END;
```

（3）在表 B 上创建 INSERT 触发器。

```
CREATE OR REPLACE TRIGGER INSERT_B
AFTER INSERT ON B
BEGIN
INSERT INTO c values(2);
END;
```

（4）在表 C 上创建 INSERT 触发器。

```
CREATE OR REPLACE TRIGGER INSERT_C
AFTER INSERT ON C
BEGIN
UPDATE a
SET AID=AID+10;
END;
```

（5）测试，向 A 表插入数据 5。

```
INSERT INTO A VALUES(5);
```

4. 行级触发器

行级触发器是按触发语句所处理的行激发的，可以引用受到影响的行值。创建触发器时可以采用关键字 FOR EACH ROW，这种访问是通过两个相关的标识符实现的。

:old：用于存放进行修改前的数据。

:new：用于存放进行修改后的数据。

例 5：修改 orderdetails_tablelog 表，增加两列 orderid、productid，并创建一个 after 触发器，用于记录是哪些用户在什么时间删除了 orderdetails 表中的哪些数据。

先增加两列：

```
alter table orderdetails_tablelog add orderid number;
alter table orderdetails_tablelog add productid number;
```

再创建触发器：

```
create or replace trigger dele_orderdetails
after delete on orderdetails
for each row
begin
insert into orderdetails_tablelog(who,oper_date,orderid,productid)
values(user,sysdate,:old.orderid,:old.productid);
end;
```

6.2.4 索引、视图和序列

1. 索引

当在某本书中查找特定的章节内容时，可以先从书的目录着手，找到该章节所在的页码，然后快速地定位到该页。这种做法的前提是页面编号是有序的。如果页码无序，就只能从第一页开始查找。

数据库中索引（Index）的概念与图书目录的概念非常类似，如果某列出现在查询的条件中，而该列的数据是无序的，查询时只能从第一行开始一行一行的匹配。创建索引就是对某些特定列中的数据排序，生成独立的索引表。在某列上创建索引后，如果该列出现在查询条件中，Oracle 会自动地引用该索引，先从索引表中查询出符合条件记录的 ROWID，由于 ROWID 记录的是物理地址，因此可以根据 ROWID 快速定位到具体的记录，表中的数据非常多时，引用索引带来的查询效率非常可观。

如果表中的某些字段经常被查询并作为查询的条件出现时，就应该考虑为该列创建索引。

当从很多行的表中查询少数行时，也要考虑创建索引。有一条基本的准则是：当任何单个查询要检索的行少于或者等于整个表行数的 10%时，索引就非常有用。

Oracle 数据库会为表的主键和包含唯一约束的列自动创建索引，索引可以提高查询的效率，但是在数据增加、修改和删除时需要更新索引，因此索引对增加、修改和删除会有负面影响。

创建索引：

```
CREATE [UNIQUE] INDEX index_name ON table_name(column_name[,column_name…])
```

语法解析：

- UNIQUE：指定索引列上的值必须是唯一的，称为唯一索引。
- index_name：指定索引名。
- table_name：指定要为哪个表创建索引。
- column_name：指定要对哪个列创建索引，也可以对多列创建索引，这种索引称为组合索引。

例如：为 EMP 表的 ENAME 列创建唯一索引，为 EMP 表的工资列创建普通索引，把 JOB 列先变为小写再创建索引。

```
SQL> CREATE UNIQUE INDEX UQ_ENAME_IDX ON EMP(ENAME);
SQL> CREATE INDEX IDX_SAL ON EMP(SAL);
SQL> CREATE INDEX IDX_JOB_LOWER ON EMP(LOWER(JOB));
```

2. 视图

（1）视图（View）实际上是一张或者多张表上的预定义查询，这些表称为基本表。从视图中查询信息与从表中查询信息的方法完全相同，只需要简单的 SELECT…FROM 即可。

视图具有以下优点：

- 可以限制用户只能通过视图检索数据，这样就可以对最终用户屏蔽建表时底层的基本表。
- 可以将复杂的查询保存为视图，可以对最终用户屏蔽一定的复杂性。
- 限制某个视图只能访问基本表中的部分列或者部分行的特定数据，这样可以实现一定的安全性。
- 从多张基本表中按照一定的业务逻辑抽出用户关心的部分，形成一张虚拟表。

（2）创建视图。

```
CREATE [OR REPLACE] [{FORCE|NOFORCE}] VIEW view_name
AS
SELECT 查询
[WITH READ ONLY CONSTRAINT]
```

语法解析：

- OR REPLACE：如果视图已经存在，则替换旧视图。

- **FORCE**：即使基本表不存在，也可以创建该视图，但是该视图不能正常使用；当基本表创建成功后，视图才能正常使用。
- **NOFORCE**：如果基本表不存在，无法创建视图，该项是默认选项。
- **WITH READ ONLY**：默认可以通过视图对基本表执行增加、修改和删除操作，但是有很多在基本表上的限制（例如，基本表中某列不能为空，但是该列没有出现在视图中，则不能通过视图执行 INSERT 操作），WITH READ ONLY 说明视图是只读视图，不能通过该视图进行增加、修改和删除操作。现实开发中，基本上不通过视图对表中的数据进行增加、修改和删除操作。

例如：基于 EMP 表和 DEPT 表创建视图。

```
SQL> CREATE OR REPLACE VIEW EMPDETAIL
  AS
  SELECT EMPNO,ENAME,JOB,HIREDATE,EMP.DEPTNO,DNAME
  FROM EMP JOIN DEPT ON EMP.DEPTNO=DEPT.DEPTNO
  WITH READ ONLY
  /
```

3. 序列

（1）序列（Sequence）是用来生成连续的整数数据的对象。序列常常作为主键中的增长列，序列中的数据可以升序生成，也可以降序生成。

创建序列的语法如下：

```
CREATE SEQUENCE sequence_name
[START WITH num]
[INCREMENT BY increment]
[MAXVALUE num|NOMAXVALUE]
[MINVALUE num|NOMINVALUE]
[CYCLE|NOCYCLE]
[CACHE num|NOCACHE]
```

语法解析：

- **START WITH**：从某一个整数开始，升序默认值是 1，降序默认值是-1。
- **INCREMENT BY**：增长数。如果是正数则升序生成，如果是负数则降序生成。升序默认值是 1，降序默认值是-1。
- **MAXVALUE**：最大值。
- **NOMAXVALUE**：这是最大值的默认选项，升序的最大值是 1027，降序默认值是-1。
- **MINVALUE**：最小值。
- **NOMINVALUE**：这是最小值的默认值选项，升序默认值是 1，降序的最小值是-1026。
- **CYCLE**：表示如果升序达到最大值后，从最小值重新开始；如果是降序序列，达到最小值后，从最大值重新开始。
- **NOCYCLE**：表示不重新开始，序列升序达到最大值、降序达到最小值后就报错。默认为 NOCYCLE。
- **CACHE**：使用 CACHE 选项时，该序列会根据序列规则预生成一组序列号。保留在内存中，当使用下一个序列号时，可以更快地响应。当内存中的序列号用完时，系统再生成一组新的序列号，并保存在缓存中，这样可以提高生成序列号的效率。Oracle 默认会生成 20 个序列号。
- **NOCACHE**：不预先在内存中生成序列号。

例如：创建一个从 1 开始，默认最大值，每次增长 1 的序列，要求 NOCYCLE，缓存中有 30 个预先分配好的序列号。

```
SQL> CREATE SEQUENCE MYSEQ
```

```
MINVALUE 1
START WITH 1
NOMAXVALUE
INCREMENT BY 1
NOCYCLE
CACHE 30
/
```

（2）序列创建之后，可以通过序列对象的 CURRVAL 和 NEXTVAL 两个"伪列"分别访问该序列的当前值和下一个值。

```
SQL> SELECT MYSEQ.NEXTVAL FROM DUAL;
SQL> SELECT MYSEQ.NEXTVAL FROM DUAL;
SQL> SELECT MYSEQ.CURRVAL FROM DUAL;
```

（3）使用 ALTER SEQUENCE 可以修改序列，在修改序列时有以下限制：

- 不能修改序列的初始值。
- 最小值不能大于当前值。
- 最大值不能小于当前值。

（4）使用 DROP SEQUENCE 命令可以删除一个序列对象。

例如：修改和删除序列。

```
SQL> ALTER SEQUENCE MYSEQ
  MAXVALUE 10000
  MINVALUE -300
  /
SQL> DROP SEQUENCE MYSEQ;
```

6.3　精选面试、笔试题解析

根据前面介绍的 Oracle 数据库的基础知识，本节总结了一些在面试或笔试过程中经常遇到的问题。通过本节的学习，读者将掌握在面试或笔试过程中回答问题的方法。

6.3.1　Oracle 中经常使用的命令有哪些

试题题面：Oracle 中经常使用的命令有哪些？

题面解析：本题主要考查 Oracle 中的常用命令，对于经常使用的命令一定要准确记忆，熟练书写出来，这样可以使工作更加高效。

解析过程：

查看数据库中的表：

```
select * from sys.user_tables;
```

链接数据库：

```
sqlplus /nolog;conn sys/oracle as sysdba;
```

启动数据库：

```
startup;
```

查看 Oracle 实例结构：

```
desc V$instance;
```

查看用户默认表空间、暂时表空间信息：

```
select distinct username,DEFAULT_TABLESPACE,TEMPORARY_TABLESPACE
from dba_users
where username in('SYSTEM','PRODUCTDB','PROCESS_USER','DICTIONARY','OBSERVE','FORECAST')
```

创建用户：

```
create user OBSERVE identified by 123456;（默认表空间 USERS,暂时表空间 TEMP）
```

查看当前用户角色权限：

```
desc role_sys_privs;
```

查看 Oracle 全部角色：

```
select ROLE from dba_roles order by ROLE;
```

查看全部用户具有的角色：

```
select distinct GRANTEE,GRANTED_ROLE from dba_role_privs order by GRANTEE;
```

用户绑定角色：

```
grant DBA to KFSYS;
```

查看 Oracle 创建的目录：

```
select * from dba_directories;
```

Oracle 数据导出：

```
expdp SYSTEM/123456@wilson directory=data_dump_dir dumpfile=MATEDATA.dmp logfile=
METEDATA.log owner=METEDATA
```

Oracle 数据导入：

```
impdp SYSTEM/123456@wilson directory=data_dump_dir dumpfile=MATEDATA.dmp
```

查看 Oracle 是否处于归档模式：

```
SQL>archive log list
```

6.3.2　Oracle 的导入导出方式

试题题面：Oracle 的导入导出方式有哪些？

题面解析：本题主要考查 Oracle 的导入导出，应聘者应该知道导入导出的方式，并且能够分清它们之间的区别。

解析过程：

1. dmp 文件方式

（1）描述：dmp 文件是二进制的，可以跨平台，并且包含权限，支持大字段数据，是使用最广泛的一种导出方式。

（2）导出语法：exp 用户名/密码@监听器路径/数据库实例名称 file=e：数据库文件。

```
dmp full=y ignore=y;
```

其中 full=y，表示整个数据库操作；ignore=y，忽略错误，继续操作。

（3）导出举例：

```
exp jojo/jojo@localhost/my_database file=e:my_database.dmp full=y ignore=y
```

（4）导入语法：imp 用户名/密码@监听器路径/数据库实例名称 file=e:数据库文件。

```
dmp full=y ignore=y;
```

（5）导入举例：

```
imp jojo/jojo@localhost/my_database file=e:my_database.dmp full=y ignore=y
```

2. sql 文件方式

SQL 文件可用于文本编辑器的查看，有利于可读性，但效率不如 dmp 文件，适合小数据量的导入导出。尤其注意的是表中不能有大字段（blob、clob、long），如果有，会提示不能导出。提示如下：

```
table contains one or more LONG columns cannot export in sql format,user Pl/sql developer
format instead)
```

3. pde 文件方式

第三种导出方式为 pde 格式，pde 格式是 PL/SQL 自带的文件格式，并且适用于 PL/SQL 工具，编辑器无法查看，一般不常用。

6.3.3 Oracle 语句有多少种类型

试题题面：Oracle 语句有多少种类型？

题面解析：本题主要考查应聘者对 Oracle 语句的掌握程度，Oracle 语句分为哪几种，每一种里面有什么主要的语句，这是 Oracle 的基本知识，应聘者一定要熟记，才能够在面试或笔试中准确地回答出来。

解析过程：

Oracle 语句分为三类：DDL、DML 和 DCL。

- DDL（Data Definition Language）数据定义语言，包括：

Create 语句：可以创建数据库和数据库的一些对象。

Drop 语句：可以删除数据表、索引、触发程序、条件约束以及数据表的权限等。

Alter 语句：修改数据表的定义及属性。

Truncate 语句：删除表中的所有记录，包括所有空间分配的记录。

- DML（Data Manipulation Language）数据操控语言，包括：

Insert 语句：向数据表中插入一条记录。

Delete 语句：删除数据表中的一条或多条记录，也可以删除数据表中的所有记录，但是它的操作对象仍是记录。

Update 语句：用于修改已存在表中记录的内容。

- DCL（Data Control Language）数据控制语言，包括：

Grant 语句：允许对象的创建者给某用户或所有用户（PUBLIC）某些特定的权限。

Revoke 语句：可以收回某用户或所有用户访问权限。

6.3.4 Oracle 的分页查询怎样实现

试题题面：Oracle 的分页查询怎样实现？

题面解析：本题考查 Oracle 分页查询的实现方式，它使用了哪些语句，在实际的开发中会经常使用到该操作，因此熟练的操作是十分有必要的。

解析过程：

Oracle 分页查询语法格式：

```
SELECT * FROM
(
    SELECT A.*, ROWNUM RN
    FROM (SELECT * FROM TABLE_NAME) A
    WHERE ROWNUM <= 40
)
WHERE RN >= 21
```

其中最内层的查询 SELECT * FROM TABLE_NAME 表示不进行翻页的原始查询语句，ROWNUM<=40 和 RN>=21 控制分页查询的每页的范围。

分页的目的就是控制输出结果集的大小，将结果尽快返回。在上面的分页查询语句中，这种考虑主要体现在 WHERE ROWNUM<=40 语句。

查询第 21～40 条记录的两种方法，一种是上面例子中展示的在查询的第二层通过 ROWNUM<=40 语句来控制最大值，在查询的最外层控制最小值。而另一种方式是去掉查询第二层的 WHERE

ROWNUM<=40 语句，在查询的最外层控制分页的最小值和最大值。查询语句如下：

```
SELECT * FROM
(
    SELECT A.*, ROWNUM RN
    FROM (SELECT * FROM TABLE_NAME) A
)
WHERE RN BETWEEN 21 AND 40
```

对比这两种写法，绝大多数的情况下，第一个查询的效率比第二个高得多。

这是由于在 CBO 优化模式下，Oracle 可以将外层的查询条件推到内层查询中，以提高内层查询的执行效率。对于第一个查询语句，第二层的查询条件 WHERE ROWNUM<=40 就可以被 Oracle 推入到内层查询中，这样 Oracle 查询的结果一旦超过了 ROWNUM 限制条件，就会终止查询并将结果返回。

而第二个查询语句，由于查询条件 BETWEEN 21 AND 40 是存在于查询的第三层，而 Oracle 无法将第三层的查询条件推到最内层（即使推到最内层也没有意义，因为最内层查询不知道 RN 代表什么）。因此，对于第二个查询语句来说，Oracle 最内层返回给中间层的是所有满足条件的数据，而中间层返回给最外层的也是所有数据。数据的过滤在最外层完成，显然这个效率要比第一个查询低得多。

上面分析的查询不仅仅是针对单表的简单查询，对于最内层查询是复杂的多表联合查询或最内层查询包含排序的情况一样有效。

分页计算方式：

```
//page是页数,rows是显示行数
int page=2;
int rows=5;
List<Articles> list=a.select(page*rows+1,(page-1)*rows);
//sql语句:
select * from(select a.*,rownum rn from (select * from t_articles) a where rownum <
11) where rn>5
//第一个参数,对应着第一个rownum<11,第二个参数对应着rn>5
```

6.3.5　Oracle 如何获取系统时间

试题题面：Oracle 如何获取系统时间？

题面解析：本题主要考查系统时间的获取方式，应聘者要知道时间戳、格式化日期是如何书写的，在今后开发过程中时间的获取是必不可少的，因此必须要掌握这一点。

解析过程：

Oracle 获取当月所有日期：

```
SELECT TRUNC(SYSDATE,'MM') + ROWNUM -1
FROM DUAL CONNECT BY ROWNUM <= TO_NUMBER(TO_CHAR(LAST_DAY(SYSDATE), 'dd'));
```

Oracle 获取系统当前时间：

```
select to_char(sysdate,'yyyy-mm-dd hh24:mi:ss') from dual;
```

Oracle 获取一个时间的年、季、月、周、日的函数：

```
select to_char(sysdate, 'yyyy' ) from dual;        --年
select to_char(sysdate, 'MM' ) from dual;          --月
select to_char(sysdate, 'dd' ) from dual;          --日
select to_char(sysdate, 'Q') from dual;            --季
select to_char(sysdate, 'iw') from dual;           --周--按日历上的那种,每年有52或者53周
```

获取系统日期：

```
SYSDATE()
```

格式化日期：

```
TO_CHAR(SYSDATE(),'YY/MM/DD HH24:MI:SS')
或 TO_DATE(SYSDATE(),'YY/MM/DD HH24:MI:SS')
select to_char(sysdate,'yyyy-MM-dd HH24:mi:ss') from dual;
select to_char(sysdate,'yyyy-MM-dd HH24:mm:ss') from dual;
select to_char(sysdate,'yy-mm-dd hh24:mi:ss') from dual
select to_date('2009-12-25 14:23:31','yyyy-mm-dd,hh24:mi:ss') from dual
```

6.3.6　死锁问题

试题题面：什么是死锁，如何解决 Oracle 中的死锁问题？

题面解析：本题考查了关于死锁的问题，首先应聘者应该明白产生死锁的原因，然后应该知道如何解决死锁问题，以防止在开发过程中碰到这类问题，本题是面试中常见的问题，应聘者应理解透彻。

解析过程：

死锁是指两个或两个以上的线程在执行过程中，由于竞争资源或者由于彼此通信而造成的一种阻塞的现象，若无外力作用，它们都将无法推进下去，此时称系统处于死锁状态或系统产生了死锁。这些永远在互相等待的进程称为死锁进程。造成死锁的原因：多个线程或进程对同一个资源的争抢或相互依赖。

使用如下语句查询 Oracle 数据库中发生死锁的表和死锁类型：

```
select b.owner,b.object_name,a.session_id,a.locked_mode
from v$locked_object a,dba_objects b
where b.object_id=a.object_id
```

如果有锁的话会出现记录：

```
owner:拥有者;
object_name:表名;
session_id:session 的 id;
locked_mode:锁的类型
```

查询其 session_id 和 sid 进行解锁：

```
select b.username,b.sid,b.serial#,logon_time
from v$locked_object,v$session b
where a.session_id=b.sid order by b.logon_time
```

查询出来结果会有四段：

```
username:用户名;
sid:session_id;
serial#: 序列化 id;
logon_time:加锁时间
```

进行解锁：

```
alter SYSTEM kill session 'sid,serial#';
```

6.3.7　表连接的方式有哪几种

试题题面：表连接的方式有哪几种？

题面解析：本题考查的是 Oracle 表的连接方式，这三种连接方式应聘者要理解清楚，在开发中也要熟练地运用，这道题是比较基础的知识，一定要掌握。

解析过程：

Oracle 表的连接方式有三种，分别是排序合并连接（Sort Merge Join）、嵌套循环连接（Nested Loops Join）和哈希连接（Hash Join）。

1. 排序合并连接（Sort Merge Join）

排序合并连接的执行过程如下所示：

- 将每个行源按连接谓词列排序。
- 然后合并两个已排序的行源，并返回生成的行源。

例如：

```
select * from employees d,departments t where d.department_id=t.department_id;
```

访问机制如下：访问 departments 表并排序 department_id 列，访问 employees 表并排序 department_id 列，然后依次交替比较、归并。

☆**注意**☆　排序合并连接一般用在两张表中没有索引，并且连接列已经排好序的情况下。

2. 嵌套循环连接（Nested Loops Join）

两个表中的一个被定义为"外部表"（或"驱动表"），另一个表被称为"内部表"，将针对外部表中的每一行检索内部表中所有匹配的行。

☆**注意**☆　Join 的顺序很重要，一般选择小表作为"驱动表"，大表作为"内部表"。如两个表，一个 100 行，一个 10000 行，理想的连接方式是 100 行的小表作为"驱动表"，10000 行的大表作为"内部表"，用小表中的每条记录去匹配大表中的记录。如果两张表的连接词在大表中是索引列，则是最完美的。

3. 哈希连接（Hash Join）

优化器对小表利用连接键在内存中建立 Hash 表，扫描大表，每得到一条记录，就来 Hash 表中"探测"一次，找出与 Hash 表匹配的行。

☆**注意**☆　Hash Join 是 CBO 做大数据集连接时的常用方式。

6.3.8　什么是游标，属性有哪些

试题题面：什么是游标，属性有哪些？

题面解析：游标，是数据库中比较重要的一个知识点，它有什么分类，语法是什么，在面试过程中是经常被问到的，也是一道比较经典的面试题，

解析过程：

游标（Cursor）是处理数据的一种方法，为了查看或者处理结果集中的数据，游标提供了在结果集中一次一行或者多行前进或向后浏览数据的能力。把游标当作一个指针，它可以指定结果中的任何位置，然后允许用户对指定位置的数据进行处理。

游标实际上是一种能从包括多条数据记录的结果集中每次提取一条记录的机制。游标可以看作是一个查询结果集（可以是 0 条、一条或由相关的选择语句检索出的多条记录）和结果集中指向特定记录的游标位置组成的一个临时文件，提供了在查询结果集中向前或向后浏览数据、处理结果集中数据的能力。有了游标，用户就可以访问结果集中任意一行数据，在将游标放置到某行之后，可以在该行或从该位置的行块上执行操作。

Oracle 数据库提供了两种游标类型，分别为静态游标和动态游标，而静态游标又分为显式游标和隐式游标，动态游标分为弱类型和强类型两种。

1. 静态游标

1）显式游标

声明游标语法：

```
cursor 游标名 [(游标输入参数 1[,游标输入参数 2]…)]
```

```
[return 返回类型] is 查询语句
```

游标名：指定义的游标名称，一般采用 cursor_名称这种命名格式。

游标输入参数：为游标指定输入参数，注意指定参数类型时，不能约束长度，例如，NUMBER(10) 是错误的。

返回类型：表示游标提取的一行数据的类型。

查询语句：游标所使用的查询语句。

游标参数和返回类型用"[]"圈起来表示是可以省略的条件，声明游标时可以不加这两个参数。

打开游标语法：

```
open 游标名 [所有定义的游标输入参数]
```

提取游标语法：

```
fetch 游标名 into 接收变量
```

关闭游标语法：

```
close 游标名
```

显式游标的属性如表 6-1 所示。

表 6-1　显式游标属性

显 示 游 标	属　　　性
%FOUND	只有在 DML 语句影响一行或多行时，此属性才会返回 true
%NOTFOUND	与%FOUND 作用相反，如果 DML 语句没有影响任何行，则此属性返回 true
%ROWCOUNT	返回 DML 语句影响的行数，如果 DML 语句没有影响任何行，则返回 0
%ISOPEN	游标打开时返回 true，游标关闭时返回 false，另外对于隐式游标来说，此属性一直为 false，因为在 SQL 语句执行完毕后，Oracle 会自动关闭隐式游标

2）隐式游标

PL/SQL 为所有 SQL 数据操纵语句（包括返回一行的 SELECT）隐式声明游标，称为隐式游标的原因是用户不能直接命名和控制此类游标。当用户在 PL/SQL 中使用数据操纵语言（DML）时，Oracle 预先定义一个名为 SQL 的隐式游标，通过检查隐式游标的属性可以获取与最近执行的 SQL 语句相关的信息。

隐式游标属性如表 6-2 所示。

表 6-2　隐式游标属性

属　　　性	值	SELECT	INSERT	UPDATE	DELETE
SQL%ISOPEN		false	false	false	false
SQL%FOUND	true	有结果		成功	成功
	false	没结果		失败	失败
SQL%NOTFOUND	true	没结果		失败	失败
	false	有结果		成功	成功
SQL%ROWCOUNT		返回行数	插入的行数	修改的行数	删除的行数

2. 动态游标

动态游标在使用时，使用的查询语句已经确定，如果需要在运行时动态地决定执行哪种查询，可以使用 REF 游标（动态游标）和游标变量。

1）声明游标的语法

声明 REF 游标需要两个步骤：声明 REF 的游标类型和声明使用此类型的游标变量。

（1）声明游标类型的语法：

```
type 游标类型名称 is ref cursor
[return 游标返回值类型]
```

游标类型名称：定义一个游标变量的类型，一般采用 ref_type_类型名的格式。

游标返回值类型：可选项，定义游标变量的返回值类型，注意必须为记录变量。

REF 游标分为强类型和弱类型两种，在定义游标变量类型时，如果指定了游标变量的返回值类型，那么就是强类型；如果没指定，就是弱类型。并且一旦指定了返回值类型，在打开游标时，绑定查询结果的返回集一定是 return 中定义的类型。

（2）声明游标变量的语法：

```
游标变量名称 游标类型名称
```

2）打开游标的语法：

```
open 游标变量名 for 查询语句
```

3）提取游标，同显式游标。

4）关闭游标，同显式游标。

6.3.9 如何建立一个备份控制文件

试题题面：如何建立一个备份控制文件？

题面解析：这道题主要考查建立备份控制文件的几种方式，不管是使用命令来备份，还是通过拷贝来备份，都要熟记其中的语法。

解析过程：

1. 使用命令来备份

```
alter database backup controlfile to 'x:control.bak';
alter database backup controlfile to 'x:control.bak' reuse; reuse=就覆盖以前的了
alter database backup controlfile to trace;
alter database backup controlfile to trace resetlogs;
alter database backup controlfile to trace noresetlogs;
```

2. 通过复制来备份

查看在 init.ora 文件中的 control_file 一行，找到控制文件通过控制文件的路径，然后复制粘贴到备份的地方。

3. 总结

第 1 种方法产生的是一个二进制文件，就是当前控制文件的一个一模一样的备份，第 2 种方法产生的是一个跟踪文件，里面存放的是创建控制文件的脚本，可以用记事本等文本编辑器打开这个脚本，重新创建控制文件，生成一个跟踪文件到 init.ora 文件中。

6.4 名企真题解析

数据库是面试及笔试过程中考查的重点内容，熟练掌握数据库知识，才能在面试及笔试中更加出彩，脱颖而出。下面给出的是企业应聘中常见的面试及笔试题，大家可以学习一下，积累回答问题的方法。

6.4.1 冷备份和热备份

【选自 DD 笔试题】

试题题面：解释冷备份和热备份的不同点以及各自的优点。

题面解析：本题题目较长，考查的是冷备份和热备份的知识，首先应该说明的是冷备份和热备份的定义，然后从各个方面说明它们之间的不同点，以及各自有什么优点，这是一道比较综合的题目，应聘者在回答时应该细心，要能做到全面兼顾。

解析过程：

冷备份发生在数据库已经正常关闭的情况下，当正常关闭时会提供给一个完整的数据库。冷备份是将关键性文件复制到另外的位置的一种说法。对于备份 Oracle 信息而言，冷备份是最快和最安全的方法。

冷备份在数据库出现问题时只会恢复到备份时的那一时间点，备份完成到数据库出现问题恢复的这一时间段内的所有新数据、修改记录都无法恢复。

热备份只能在归档模式下进行，冷备份不需要归档模式，归档模式会对系统性能，尤其是磁盘 I/O 造成一定的影响，但是相对于归档的好处和安全性，相信大多数 DBA 都会选择归档模式。

1. 冷备份的优点

- 只需复制文件即可，是非常快速的备份方法。
- 只需将文件再复制回去，就可以恢复到某一时间点上。
- 与数据库归档的模式相结合可以使数据库很好地恢复。
- 维护量较少，但安全性却相对较高。

2. 冷备份的缺点

- 在进行数据库冷备份的过程中数据库必须处于关闭状态。
- 单独使用冷备份时，数据库只能完成基于某一时间点上的恢复。
- 若磁盘空间有限，冷备份只能将备份数据复制到磁带等其他外部存储上，速度会更慢。

3. 基本流程

当数据库可以暂时处于关闭状态时，需要将它在这一稳定时刻的数据库相关文件转移到安全区域，当数据库遭到破坏，再从安全区域将备份的数据库相关文件复制回原来的位置。这样，就完成了一次快捷安全的数据转移。

冷备份具有很多优良特性，一次完整的冷备份步骤应该是：

- 首先关闭数据库（shutdown normal）。
- 复制相关文件到安全区域。利用操作系统命令复制数据库的所有的数据文件、日志文件、控制文件、参数文件、口令文件等（包括路径）。
- 重新启动数据库（startup），以上的步骤可以用一个脚本来完成操作：

```
su - oracle < sqlplus /nolog
connect / as sysdba
shutdown immediate;
!cp    //文件备份位置（所有的日志、数据、控制及参数文件）;
startup;
exit;
```

这样，就完成了一次冷备份，确定对这些相应的目录（包括写入的目标文件夹）有相应的权限。

恢复的时候，相对比较简单了，停止数据库，将文件拷贝到相应位置，重启数据库就可以了，当然也可以用脚本来完成。

热备份是在数据库运行的情况下，采用 archivelog 方式备份数据库的方法，即热备份是系统处于正常运转状态下的备份。所以，如果你有一个冷备份而且又有热备份文件，在发生问题时，就可以利用这些资料恢复更多的信息。热备份要求数据库在 archivelog() 方式下操作，并需要大量的档案空间。一旦数据库运行在 archivelog 状态下，就可以做备份操作了。

1. 热备份的优点

（1）可在表空间或数据文件级备份，备份时间短。

（2）可达到秒级恢复（恢复到某一时间点上）。

（3）可对大部分数据库实体作恢复。

（4）恢复是快速的，在大多数情况下数据库仍在工作时恢复。

（5）备份时数据库仍可用。

2. 热备份的缺点

（1）因难以维护，所以要特别仔细小心，不允许"以失败而告终"。

（2）若热备份不成功，所得结果不可用于时间点的恢复。

（3）不能出错，否则后果严重。

3. 基本流程

当需要做一个精度比较高的备份，而且我们的数据库不可能停掉（少许访问量）时，这种情况下，就需要归档方式下的备份，就是下面讨论的热备份。

热备份可以非常精确地备份表空间级和用户级的数据，由于它是根据归档日志的时间轴来备份恢复的，理论上可以恢复到前一个操作，甚至就是前一秒的操作。具体步骤如下：

1）通过视图 v\$database，查看数据库是否在 ARCHIVE 模式下：SQL>select log_mode from v\$database;

如果不是 ARCHIVE 模式，则设定数据库运行于归档模式下：

```
SQL>shutdown immediate
SQL>startup mount
SQL> alter database archivelog;
SQL> alter database open;
```

如果 Automaticarchival 显示为 Enabled，则数据库归档方式为自动归档。否则需要手工归档，或者将归档方式修改为自动归档，如：

正常 shutdown 数据库，在参数文件中 init.ora 中加入如下参数：

```
SQL>shutdown immediate
```

修改 init.ora：

```
LOG_ARCHIVE_START=TRUE
LOG_ARCHIVE_DEST1=ORACLE_HOME/admin/o816/arch（归档日值存放位置可以自己定义）
SQL>startup
```

重新启动数据库，此时 Oracle 数据库将以自动归档的方式工作在 ARCHIVE 模式下。

其中，参数 LOG_ARCHIVE_DEST1 是指定的归档日志文件的路径，建议与 Oracle 数据库文件存在不同的硬盘，一方面减少磁盘 I/O 竞争，另外一方面也可以避免数据库文件所在硬盘毁坏之后的文件丢失。

归档路径也可以直接指定为磁带等其他物理存储设备，但可能要考虑读写速度、可写条件和性能等因素。

☆**注意**☆　当数据库处在 ARCHIVE 模式下时，一定要保证指定的归档路径可写，否则数据库就会挂起，直到能够归档所有归档信息后才可以使用。

另外，为创建一个有效的备份，当数据库在创建时，必须履行一个全数据库的冷备份，就是说数据库需要运行在归档方式中，然后正常关闭数据库，备份所有的数据库组成文件。

这一备份是整个备份的基础，因为该备份提供了一个所有数据库文件的拷贝。

2）备份表空间文件

（1）修改表空间文件为备份模式 ALTER TABLESPACE tablespace_name BEGIN BACKUP。

（2）拷贝表空间文件到安全区域 CP tablespace_name D_PATH。

（3）将表空间的备份模式关闭 ALTER TABLESPACE tablespace_name END BACKUP。

3）对归档日志文件的备份

停止归档进程→备份归档日志文件→启动归档进程；

如果日志文档比较多，将它们写入一个文件成为一个恢复的参考：$ files `ls <归档文件路径>/arch*.dbf`;export files

4）备份控制文件

```
SQL> alter database backup controlfile to 'controlfile_back_name' reuse;
```

当然，也可以将上面的案例写为一个脚本，在需要的时候执行就可以了。

脚本范例如下：

```
su - oracle < sqlplus /nolog
connect / as sysdba
ALTER TABLESPACE tablespace_name BEGIN BACKUP
!CP tablespace_name D_PATH
ALTER TABLESPACE tablespace_name END BACKUP
alter database backup controlfile to 'controlfile_back_name（一般用 2004-11-20 的方式）
' reuse;
!files 'ls <归档文件路径>/arch*.dbf';export files
```

6.4.2 优化 Oracle 数据库

【选自 MS 面试题】

试题题面：如何优化 Oracle 数据库？

题面解析：本题主要考查 Oracle 数据库的优化方式，这是一道常考题，在面试过程中会经常问到，对这几种优化方式要熟记。

解析过程：

数据库性能关键的因素在于 I/O，因为操作内存是快速的，但是读写磁盘的速度很慢，优化数据库最关键的问题在于减少磁盘的 I/O。因此优化分为物理优化和逻辑优化，物理优化是指 Oracle 产品本身的一些优化，逻辑优化是指应用程序级别的优化。

1. 物理优化和逻辑优化的一些原则

1）物理优化

- Oracle 的运行环境（网络，硬件等）。
- 使用合适的优化器。
- 合理配置 Oracle 实例参数。

修改最大连接数：alter system set processes=2000 scope = spfile;

禁止回收站功能：alter system set recyclebin=off scope=spfile;

- 建立合适的索引（减少 I/O）。
- 将索引数据和表数据分开在不同的表空间上（降低 I/O 冲突）。
- 建立表分区，将数据分别存储在不同的分区上（以空间换取时间，减少 I/O）。

2）逻辑优化（开发有关）。可以对表进行逻辑分割，如中国移动用户表，可以根据手机尾数分成 10 个表，这样对性能会有一定的作用。

2. SQL 语句上的优化

- SQL 语句使用占位符语句，并且开发时必须按照规定编写 SQL 语句（例如全部大写，全部小写等），Oracle 解析语句后会放置到共享池中。
- 数据库不仅仅是一个存储数据的地方，同样是一个编程的地方，一些耗时的操作，可以通过存储过程等在用户较少的情况下执行，从而错开系统使用的高峰时间，提高数据库性能。

- 尽量不使用*号，如 select * from Emp，因为转化为具体的列名是要查数据字典，比较耗时。
- Oracle 的解析器按照从右到左的顺序处理 FROM 子句中的表。

因此子句中写在最后的表（基础表 driving table）将被最先处理，在 FROM 子句中包含多个表的情况下，必须选择记录条数最少的表作为基础表。如果有三个以上的表连接查询，那就需要选择交叉表（intersection table）作为基础表，交叉表是指那个被其他表所引用的表。

3. WHERE 子句规则

Oracle 中 WHERE 子句是从右往左处理的，能过滤掉非常多的数据条件，应该放在 WHERE 的末尾，另外"!="符号比较的列将不使用索引，列经过计算（例如变大写等）不会使用索引（需要建立起函数），ISNULL、IS NOT NULL 优化器也不会使用索引。

- 使用 Exits Not Exits 替代 IN NOT IN。
- 合理使用事务，合理设置事务隔离性。

数据库的数据操作比较消耗数据库资源，尽量使用批量处理，以降低事务操作次数。

- 为常用的查询字段建立索引，永远给每一个表建立主键，并建立外键关联。
- 尽量在应用层使用缓存，如 Redis。

6.4.3　创建一个触发器

【选自 MT 面试题】

试题题面：如何创建一个触发器？

题面解析：本题也是在大型企业的面试中最常问的问题之一，主要考查触发器是如何创建的，代码具体如何书写，应聘者不仅需要知道触发器的原理，还要有一定的代码书写能力。

解析过程：

创建表：

```
create table t_user (
id number(10),
name varchar2(20) not null,
phone_Number varchar2(20),
email_Address varchar2(200) not null,
home_Address varchar2(200) not null,
constraint pk_user primary key (id)
);
```

创建序列：

```
create sequence t_user_id_seq start with 1 increment by 1;
```

查看序列：

```
select * from user_sequences;
```

创建触发器：

```
create or replace trigger t_user_trigger
before insert on t_user
for each row
when(new.id is null)
begin
select t_user_id_seq.nextval into:NEW.ID from dual;
end;
```

查看触发器：

```
select * from user_triggers;
```

第7章

MongoDB 数据库

本章导读

本章带领读者学习 MongoDB 数据库的基础知识以及在面试和笔试过程中常见的问题。前半部分先告诉读者 MongoDB 数据库的重点知识有哪些，后半部分将教会读者应该如何更好地回答面试及笔试中的问题，在本章的最后总结了各大企业的面试和笔试真题，进一步帮助读者掌握 MongoDB 知识。

知识清单

本章要点（已掌握的在方框中打钩）
- [ ] MongoDB 的简介和启动
- [ ] 创建数据库
- [ ] 集合和文档的操作
- [ ] 排序、索引与聚合
- [ ] 备份与还原

7.1　MongoDB 基本操作

本节主要介绍什么是 MongoDB、MongoDB 的连接和创建数据库的方法、集合和文档的操作，通过这些基础知识的讲解，读者能够对 MongoDB 操作有进一步了解，从而为面试及笔试学习做准备。

7.1.1　MongoDB 简介

MongoDB 是一个基于分布式文件存储的数据库。由 C++语言编写。主要是为 Web 应用提供可扩展的高性能数据存储解决方案。

MongoDB 是一个介于关系数据库和非关系数据库之间的产品，是非关系数据库当中功能最丰富的，同时，它还和关系数据库最为相似。它支持的数据结构非常松散，类似于 JSON 的 BSON 格式，因此可以存储比较复杂的数据类型。MongoDB 最大的特点是它支持的查询语言非常强大，其语法有点类似于面向对象的查询语言，几乎可以实现类似关系数据库单表查询的绝大部分功能，而且还支持对数据建立索引。

7.1.2　MongoDB 的启动

完成 MongoDB 的安装和环境配置后，需要测试其配置是否能够正常运行。具体步骤：
右击计算机桌面左下角的"开始"图标，在弹出的快捷菜单中选择"运行"选项，打开"运行"对话框。并在"运行"文本框中输入"cmd"命令进入"命令提示符"界面，然后输入 cd 命令切换到 E:\MongoDB:\bin 目录下，接着执行命令：E:\MongoDB\bin>mongod --dbpath E:\ mongodb\data\db。

输出服务端的相关信息，包括版本、数据库所在路径、监听端口号、数据库大小等等。出现如图 7-1 所示的画面说明 MongoDB 启动成功。

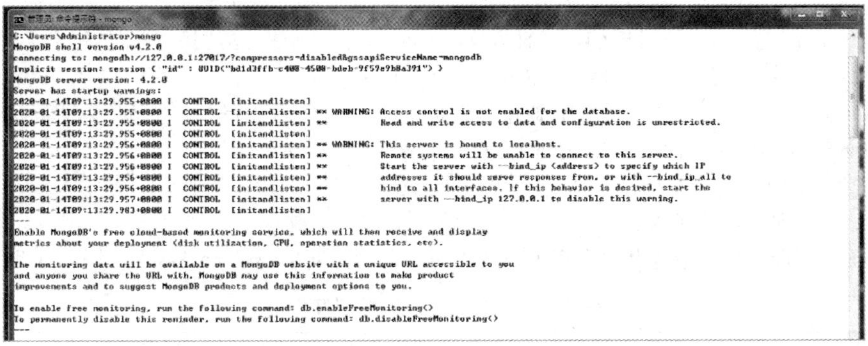

图 7-1　MongoDB 启动成功

接下来在浏览器中输入 http://localhost:27017，如果在浏览器中出现如图 7-2 所示的英文，说明已经成功。

7.1.3　创建数据库

1. 语法

MongoDB 创建数据库的语法格式如下：

图 7-2　在浏览器中检测是否启动成功

```
use DATABASE_NAME
```

如果数据库不存在，则应创建数据库，否则切换到指定数据库。

2. 实例

以下实例创建了数据库 jumuke：

```
>use jumuke
switched to db jumuke
> db
jumuke
>
```

如果你想查看所有数据库，可以使用 show dbs 命令：

```
> show dbs
admin   0.000GB
config  0.000GB
local   0.000GB
>
```

可以看到，刚创建的数据库 jumuke 并不在数据库的列表中，要显示这个数据库，需要向 jumuke 数据库插入一些数据。

```
> db.jumuke.insert({"name":"知识进阶"})
WriteResult({ "nInserted" : 1 })
> show dbs
admin   0.000GB
config  0.000GB
local   0.000GB
jumuke  0.000GB
```

MongoDB 中默认的数据库为 test，如果没有创建新的数据库，集合将存放在 test 数据库中。

☆**注意**☆　在 MongoDB 中，集合只有在内容插入后才会创建！也就是说，创建集合（数据表）后要再插入一个文档（记录），集合才会真正创建。

7.1.4　集合的操作

集合是结构或者概念上相似的文档的容器。

MongoDB 创建集合也是隐式的，在插入文档的时候才会创建。但因为有多重集合类型的存在，所以也提供了创建集合的命令：db.createCollection("users")。

从 MongoDB 内部来讲，集合名字是通过其命名空间的名字来区分的，它包含所属的数据库的名字。

在 MongoDB 中使用 createCollection()方法来创建集合。语法格式如下：

```
db.createCollection(name, options)
```

name：要创建的集合名称。

options：可选参数，指定有关内存大小及索引的选项，其中 options 参数如图表 7-1 所示。

表 7-1　options 参数类型及描述

字　　段	类　　型	描　　述
capped	布尔	（可选）如果为 true，则创建固定集合。固定集合是指有着固定大小的集合，当达到最大值时，它会自动覆盖最早的文档。当该值为 true 时，必须指定 size 参数
autoIndexId	布尔	（可选）如果为 true，自动在_id 字段创建索引。默认为 false
size	数值	（可选）为固定集合指定一个最大值（以字节计）。如果 capped 为 true，也需要指定该字段
max	数值	（可选）指定固定集合中包含文档的最大数量

下面通过一个在 test 数据库中创建 newdb 集合的实例来学习怎么创建集合。

首先打开数据库 test，执行创建集合的命令如下：

```
>use test
switched to db test
>db.createCollection("newdb")
{"ok":1}
>
```

此时 newdb 集合已经创建好了，如果要查看已有集合，可以使用 show collections 或 show tables 命令：

```
>show collections
newdb
```

最后，再介绍一种带有几个关键参数的 createCollection()集合的用法。例如创建一个固定集合 newdb2，整个集合空间大小为 5000000KB，文档最大个数为 1000 个。

```
> db.createCollection("newdb2",{capped : true, autoIndexId : true, size :5000000, max :
1000})
{ "ok" : 1 }
```

学习了如何创建集合，接下来就去学习如何把上面刚创建的集合 newdb2 删除，在 MongoDB 中使用 drop()方法来删除集合。语法格式如下：

```
db.collection.drop()
```

如果成功删除选定集合，则 drop()方法返回 true，否则返回 false。

在数据库 test 中，可以先通过 show collections 命令查看已存在的集合：

```
>use test
switched to db test
>show collections
newdb
newdb2
```

然后执行删除集合 newdb2 命令：

```
>db.newdb2.drop()
true
```

最后通过 show collections 查看数据库 test 中的集合，从结果中可以看出 newdb2 集合已被删除。

```
>show collections
newdb
```

7.1.5　文档的操作

1. 插入文档

MongoDB 使用 insert()或 save()方法向集合中插入文档，语法如下：

```
db.COLLECTION_NAME.insert(document)
```

例如：以下文档可以存储在 MongoDB 下 test 数据库的 MongoDBTest 集合中。

```
{"title" : "MongoDB", "description" : "MongoDB 是一个 NoSQL 数据库", "tags" : "NoSQL" }
```

在上面的例子中，MongoDBTest 是集合名，如果集合不在该数据库中，MongoDB 会自动创建该集合并插入文档。

查看已经插入的文档：

```
>db.MongoDBTest.insert(doc)
WriteResult({ "nInserted" : 1 })
> db.MongoDBTest.find()
{ "_id" :ObjectId("5a6f13e72d0b37669c5d2a78"),
"title" : "MongoDB", "description" : "MongoDB 是一
个 NoSQL 数据库", "tags" : "NoSQL" }
```

doc 是定义的变量，可以以变量的形式插入集合。

2. 查询文档

MongoDB 查询文档使用 find()方法。

find()方法以非结构化的方式来显示所有文档。

MongoDB 查询数据的语法格式如下：

```
db.collection.find(query,projection)
```

参数说明：

query：可选参数，使用查询操作符指定查询条件。

projection：可选参数，使用投影操作符指定返回的键。如果查询时要返回文档中所有键值，只需省略该参数即可（默认省略）。

如果需要格式化读取的数据，可以使用 pretty()方法，语法格式如下：

```
db.collection.find().pretty()
```

pretty()方法以格式化的方式来显示所有文档。

例如：查询 Student 集合中的所有文档，如图 7-3 所示。

除了 find()方法之外，还有一个 findOne()方法，它只返回一个文档。使用 findOne()方法查询结果如图 7-4 所示。

（1）查询 name 是张三的学生。

```
db.Student.find({"name":"张三"}).pretty()
```

输出结果如图 7-5 所示。

（2）查询成绩小于 80 的学生。

```
db.Student.find({"score":{$lt:"80"}}).pretty()
```

图 7-3　查询 Student 集合的文档

图 7-4　使用 findOne()查询

图 7-5　查询 name 是张三的结果图

3. MongoDB AND 条件查询

MongoDB 的 find()方法可以传入多个键（key），每个键（key）以逗号分隔开，等价于常规 SQL 的 AND 条件。

语法格式如下：

```
db.collection.find({key1:value1,key2:value2}).pretty()
```

例如：查询姓名为张三并且课程是 C#程序设计的学生信息。

```
db.Student.find({"name":"张三","subject":"C#程序设计"}).pretty()
```

输出结果如图 7-6 所示。

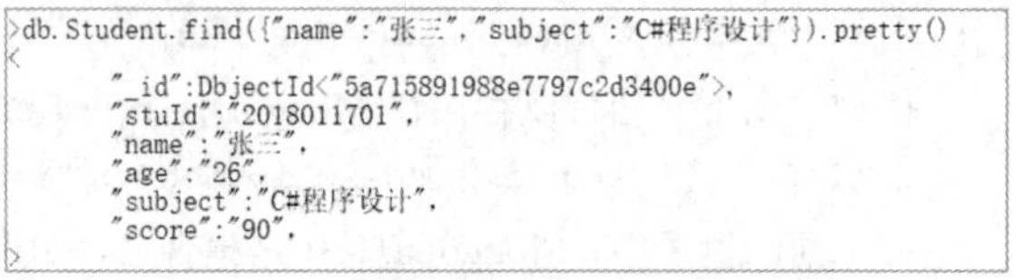

4. 更新文档

MongoDB 使用 update()和 save()方法来更新集合中的文档。接下来让我们详细看一下两个方法的应用及区别。

（1）update()方法。

update()方法用于更新已经存在的文档。语法格式如下：

```
db.Student.find({"name":"张三","subject":"C#程序设计"}).pretty()
{
    "_id":ObjectId("5a715891988e7797c2d3400e"),
    "stuId":"2018011701",
    "name":"张三",
    "age":"26",
    "subject":"C#程序设计",
    "score":"90",
}
```

图 7-6　查询姓名为张三并且课程是
C#程序设计的输出结果

```
db.collection.update(
   <query>,
   <update>,
  {
     upsert:<boolean>,
     multi:<boolean>,
     writeConcern:<document>
  }
)
```

参数说明：

query：update 的查询条件，类似 sql update 查询范围内 where 语句后面的条件。

update：update 的对象和一些更新的操作符（如$set,$inc）等，也可以理解为 sql update 查询范围内 set 语句后面的条件。

upsert：可选参数，这个参数的意思是如果不存在 update 的记录，是否插入新的文档。如果为 true 则插入，默认是 false 不插入。

multi：可选参数，MongoDB 默认是 false，只更新找到的第一条记录。如果这个参数为 true，就把按条件查询出来的多条记录全部更新。

writeConcern：可选参数，抛出异常的级别。

（2）save()方法。

save()方法通过传入的文档来替换已有文档，语法格式如下：

```
db.collection.save(
   <document>,
  {
     writeConcern:<document>
  }
)
```

参数说明：

document：要更新的文档数据。

writeConcern：可选参数，抛出异常的级别。

5. 删除文档

MongoDB 使用 remove()方法来移除集合中的数据。

remove()方法的基本语法格式如下：

```
db.collection.remove(
```

```
  <query>,
  <justOne>
)
```

如果 MongoDB 是 2.6 以后的版本，语法格式如下：

```
db.collection.remove(
  <query>,
  {
    justOne:<boolean>,
    writeConcern:<document>
  }
)
```

参数说明：

query：可选参数，删除文档的条件。

justOne：可选参数，如果设为 true 或 1，则只删除一个文档。

writeConcern：可选参数，抛出异常的级别。

☆**注意**☆　在执行 remove()方法前先执行 find()方法来判断执行的条件是否正确，这是一个比较好的习惯。

7.2　运行与维护

学习完 MongoDB 的基本操作之后，下面针对 MongoDB 的运行与维护进行讲解。

7.2.1　排序、索引与聚合

1. MongoDB 排序

在 MongoDB 中使用 sort()方法对数据进行排序，sort()方法可以使用参数排序的字段，并使用 1 和-1 来指定排序的方式，其中 1 为升序排列，而-1 是降序排列。

sort()方法基本语法如下所示：

```
>db.COLLECTION_NAME.find().sort({KEY:1})
```

skip()、limit()和 sort()三个方法放在一起执行时，执行的顺序是先 sort()方法，然后是 skip()方法，最后是 limit()方法。

2. MongoDB 索引

索引通常能够极大地提高查询的效率，如果没有索引，MongoDB 在读取数据时必须扫描集合中的每个文件并选取那些符合查询条件的记录。

这种扫描集合的查询效率是非常低的，特别是处理大量的数据时，查询可能要花费几十秒甚至几分钟，这对网站的性能是非常致命的。

索引是特殊的数据结构，索引存储在一个易于遍历读取的数据集合中，索引是对数据库表中一列或多列的值进行排序的一种结构。

MongoDB 使用 createIndex()方法来创建索引。

☆**注意**☆　在 3.0.0 版本前，创建索引方法为 db.collection.ensureindex()，之后的版本使用了 db.collection.createIndex()方法，ensureIndex()是 createIndex()的别名，也是可以使用的。

createIndex()方法的基本语法格式：

```
>db.collection.createIndex(keys, options)
```

语法中 key 值是要创建的索引字段，1 为按升序创建索引，如果想按降序来创建索引使用-1 即可。

实例：

```
>db.col.createIndex({"title":1})
```

createIndex 方法中也可以设置使用多个字段创建索引（关系数据库中称作符合索引）。

```
>db.col.createIndex({"title":1,"description":-1})
```

（1）在后台创建索引：

```
db.values.createIndex({open: 1, close: 1}, {background: true})
```

通过在创建索引时设置 background 的值为 true，把创建工作放在后台执行。

（2）其他操作：

查看集合索引：

```
db.col.getIndexes()
```

查看集合索引大小：

```
db.col.totalIndexSize()
```

删除集合所有索引：

```
db.col.dropIndexes()
```

删除集合指定索引：

```
db.col.dropIndex("索引名称")
```

利用 TTL 集合对存储的数据进行失效时间设置：将会在指定的时间段或在指定的时间点过期，MongoDB 独立线程去清除数据。类似于设置定时自动删除任务，可以清除历史记录或日志等，前提条件是设置 Index 的关键字段为日期类型 new Date()。

例如，数据记录中 createDate 为日期类型：

设置时间 180 秒后自动清除。设置在创建记录后，180 秒后被删除。

```
db.col.createIndex({"createDate": 1},{expireAfterSeconds: 180})
```

在记录中设定日期点清除。

设 A 记录在 2019 年 1 月 22 日晚上 11 点删除，A 记录中需添加"ClearUpDate": new Date（'Jan 22,2019 23:00:00'），且 index 中 expireAfterSeconds 设值为 0。

```
db.col.createIndex({"ClearUpDate":   :   new   Date('Jan   22,   2019   23:00:00')},
{expireAfterSeconds: 0})
```

☆**注意**☆   索引关键字段必须是 Date 类型。非立即执行：扫描 Document 过期数据并删除是独立线程执行，默认 60 秒扫描一次，删除也不一定是立即删除成功。单字段索引，混合索引不支持。

3. MongoDB 聚合

MongoDB 中的聚合（aggregate）主要用于处理数据（统计平均值，求和等），并返回计算后的数据结果。有点类似 SQL 语句中的 count(*)。

MongoDB 中聚合的方法使用 aggregate()，aggregate()方法的基本语法格式如下所示：

```
>db.COLLECTION_NAME.aggregate(AGGREGATE_OPERATION)
```

集合中的数据如下所示：

```
{
  _id: ObjectId(7df78ad8902c)
  title: 'MongoDB Overview',
  description: 'MongoDB is no sql database',
  by_user: 'runoob.com',
  url: 'http://www.runoob.com',
  tags: ['mongodb', 'database', 'NoSQL'],
  likes: 100
},
{
  _id: ObjectId(7df78ad8902d)
  title: 'NoSQL Overview',
  description: 'No sql database is very fast',
  by_user: 'runoob.com',
  url: 'http://www.runoob.com',
  tags: ['mongodb', 'database', 'NoSQL'],
```

```
    likes: 10
},
{
    _id: ObjectId(7df78ad8902e)
    title: 'Neo4j Overview',
    description: 'Neo4j is no sql database',
    by_user: 'Neo4j',
    url: 'http://www.neo4j.com',
    tags: ['neo4j', 'database', 'NoSQL'],
    likes: 750
},
```

7.2.2　备份与还原

1. mongodump 备份数据库

常用命令格式：

```
mongodump -h IP --port 端口 -u 用户名 -p 密码 -d 数据库 -o 文件存在路径
```

（1）如果没有用户名，可以去掉-u 和-p；

（2）如果导出本机的数据库，可以去掉-h；

（3）如果是默认端口，可以去掉--port；

（4）如果想导出所有数据库，可以去掉-d。

2. 导出所有数据库

```
[root@localhost mongodb]# mongodump -h 127.0.0.1 -o /home/zhangy/mongodb/
connected to: 127.0.0.1
Tue Dec 3 06:15:55.448 all dbs
Tue Dec 3 06:15:55.449 DATABASE: test  to  /home/zhangy/mongodb/test
Tue Dec 3 06:15:55.449   test.system.indexes to /home/zhangy/mongodb/test/system.indexes.
bson
Tue Dec 3 06:15:55.450    1 objects
Tue Dec 3 06:15:55.450    test.posts to /home/zhangy/mongodb/test/posts.bson
Tue Dec 3 06:15:55.480    0 objects
```

3. 导出指定数据库

```
[root@localhost mongodb]# mongodump -h 192.168.1.108 -d tank -o /home/zhangy/mongodb/
connected to: 192.168.1.108
Tue Dec 3 06:11:41.618 DATABASE: tank   to   /home/zhangy/mongodb/tank
Tue Dec 3 06:11:41.623   tank.system.indexes to /home/zhangy/mongodb/tank/system.
indexes.bson
Tue Dec 3 06:11:41.623    2 objects
Tue Dec 3 06:11:41.623    tank.contact to /home/zhangy/mongodb/tank/contact.
bson
Tue Dec 3 06:11:41.669    2 objects
Tue Dec 3 06:11:41.670    Metadata for tank.contact to /home/zhangy/mongodb/
tank/contact.metadata.json
Tue Dec 3 06:11:41.670    tank.users to /home/zhangy/mongodb/tank/users.bson
Tue Dec 3 06:11:41.685    2 objects
Tue Dec 3 06:11:41.685   Metadata for tank.users to /home/zhangy/mongodb/tank/users.
metadata.json
```

4. mongorestore 还原数据库

（1）常用命令格式：

```
mongorestore -h IP --port 端口 -u 用户名 -p 密码 -d 数据库 --drop 文件存在路径
```

--drop 是先删除所有的记录，然后恢复。

（2）恢复所有数据库到 MongoDB 中：

```
[root@localhost mongodb]# mongorestore /home/zhangy/mongodb/
#这里的路径是所有库的备份路径
```

（3）还原指定的数据库：

```
[root@localhost mongodb]# mongorestore -d tank /home/zhangy/mongodb/tank/
#tank 这个数据库的备份路径
[root@localhost mongodb]# mongorestore -d tank_new /home/zhangy/mongodb/tank/
#将 tank 还原到 tank_new 数据库中
```

7.3 精选面试、笔试题解析

根据前面介绍的 MongoDB 数据库的基础知识，本节总结了一些在面试或笔试过程中经常遇到的问题。通过本节的学习，读者将掌握在面试或笔试过程中回答问题的方法。

7.3.1 为什么使用 MongoDB

试题题面：为什么使用 MongoDB？

题面解析：本题属于对概念类知识的考查，为什么使用 MongoDB，主要说明使用 MongoDB 的好处。

解析过程：

（1）项目需要，公司需要通过从以往的日志记录以及购买信息中挖掘有价值的信息，数据量大、结构复杂；项目的需求决定要解决数据库的高并发读写、海量数据的高效存储和访问以及高可扩展和高可用性等问题。

（2）MongoDB（非结构化数据库）不仅可以处理结构化数据，而且更适合处理非结构化数据（文本、图像、超媒体等信息）。它突破了关系数据库结构定义不易改变而且数据定长的限制，在处理连续信息和非结构化信息中有着关系数据库无法比拟的优势。

（3）MongoDB 的优势：大数据量高性能，易扩展，高可用性，轻松实现了大数据量的存储；完善的 Java API，存储采用 JSON 格式，运行维护很方便，清晰的版本控制，非常活跃的社区。

（4）关系数据库不擅长：大量数据的写入；字段不固定，表结构变更；简单查询需要快速返回结果；MongoDB 在各大互联网公司广泛使用，涉及范围广，使用简单。

7.3.2 MongoDB 介绍

试题题面：MongoDB 的特点和适用场合有哪些？

题面解析：本题属于对概念类知识的考查，在解题的过程中应聘者需要先解释 MongoDB 的概念，然后介绍 MongoDB 具有哪些特点、适用于什么样的场合。

解析过程：

1. MongoDB 介绍

MongoDB 是一个基于分布式文件存储的数据库。由 C++语言编写。旨在为 Web 应用提供可扩展的高性能数据存储解决方案。

MongoDB 是一个介于关系数据库和非关系数据库之间的产品，是非关系数据库当中功能最丰富的，同时，它还和关系数据库最为相似。它支持的数据结构非常松散，类似于 JSON 的 BSON 格式，因此可以存储比较复杂的数据类型。MongoDB 最大的特点是它支持的查询语言非常强大，其语法有点类似于面向对象的查询语言，几乎可以实现类似关系数据库单表查询的绝大部分功能，而且还支持对数据建立索引。

2. MongoDB 特点

它支持的查询语言非常强大，其语法有点类似于面向对象的查询语言，几乎可以实现类似关系数据库单表查询的绝大部分功能，而且还支持对数据建立索引。它是一个面向集合的，模式自由的文档型数据库。

具体特点总结如下：

（1）面向集合存储，易于存储对象类型的数据。

（2）模式自由。

（3）支持动态查询。

（4）支持完全索引，包含内部对象。

（5）支持复制和故障恢复。

（6）使用高效的二进制数据存储，包括大型对象（如视频等）。

（7）自动处理碎片，以支持云计算层次的扩展性。

（8）支持 Python、PHP、Ruby、Java、C、C#、JavaScript、Perl 及 C++语言的驱动程序，社区中也提供了对 Erlang 及.NET 等平台的驱动程序。

（9）文件存储格式为 BSON（一种 JSON 的扩展）。

3. MongoDB 的适用场合

MongoDB 的主要目标是在键/值存储方式（提供了高性能和高度伸缩性）和传统的 RDBMS 系统（具有丰富的功能）之间架起一座桥梁，它集两者的优势于一身。MongoDB 适用于以下场景：

（1）网站数据：MongoDB 非常适合实时的插入、更新与查询，并具备网站实时数据存储所需的复制及高度伸缩性。

（2）缓存：由于性能很高，MongoDB 也适合作为信息基础设施的缓存层。在系统重启之后，由 MongoDB 搭建的持久化缓存层可以避免下层的数据源过载。

（3）大尺寸、低价值的数据：使用传统的关系数据库存储一些数据时可能会比较昂贵，在此之前，很多时候程序员往往会选择传统的文件进行存储。

（4）高伸缩性的场景：MongoDB 非常适合由数十到数百台服务器组成的数据库，MongoDB 的路线图中已经包含对 MapReduce 引擎的内置支持。

（5）用于对象及 JSON 数据的存储：MongoDB 的 BSON 数据格式非常适合文档化格式的存储及查询。

MongoDB 的使用也会有一些限制，例如它不适合用于以下几个地方：

（1）高度事务性的系统：例如，银行或会计系统。传统的关系数据库目前还是更适用于需要大量原子性、复杂事务的应用程序。

（2）传统的商业智能应用：针对特定问题的 BI 数据库会产生高度优化的查询方式。对于此类应用，数据仓库可能是更合适的选择。

7.3.3　MongoDB 由哪几部分构成

试题题面：MongoDB 由哪几部分构成？

题面解析：本题属于对概念类知识的考查，在解题的过程中需要先解释 MongoDB 的概念，然后根据 MongoDB 的概念知识进行延伸，介绍 MongoDB 的结构。

解析过程：

MongoDB 的逻辑结构是一种层次结构。

主要由文档（Document）、集合（Collection）、数据库（Database）这三部分组成的。逻辑结构是面向用户的，用户使用 MongoDB 开发应用程序使用的就是逻辑结构。

（1）MongoDB 的文档（Document），相当于关系数据库中的一行记录。

（2）多个文档组成一个集合（Collection），相当于关系数据库的表。

（3）多个集合（Collection）逻辑上组织在一起，就是数据库（Database）。

（4）一个 MongoDB 实例支持多个数据库（Database）。

7.3.4 MongoDB 常用的命令有哪些

试题题面：MongoDB 常用的命令有哪些？

题面解析：本题主要是针对 MongoDB 常用命令的考查，首先需要知道 MongoDB 中经常用到的增加、删除、修改和查询等操作，然后对 MongoDB 操作的命令进行介绍。

解析过程：

help 查看命令提示：

```
help
db.help();
db.yourColl.help();
```

切换/创建数据库：

```
use raykaeso;
```

当创建一个集合（table）时会自动创建当前数据库。

查询所有数据库：

```
show dbs;
```

删除当前使用数据库：

```
db.dropDatabase();
```

从指定主机上克隆数据库：

```
db.cloneDatabase("127.0.0.1");  将指定机器上的数据库的数据克隆到当前数据库
```

从指定的机器上复制指定数据库数据到某个数据库：

```
db.copyDatabase("mydb", "temp", "127.0.0.1");
```

将本机的 **mydb** 的数据复制到 temp 数据库中。

修复当前数据库：

```
db.repairDatabase();
```

查看当前使用的数据库：

```
db.getName()/db;
```

显示当前 db 状态：

```
db.stats();
```

当前 db 版本：

```
db.version();
```

查看当前 db 的连接服务器机器地址：

```
db.getMongo();
```

查询之前的错误信息和清除：

```
db.getPrevError();
db.resetError();
```

7.3.5 MongoDB 支持哪些数据类型

试题题面：MongoDB 支持哪些数据类型？

题面解析：本题属于对概念类知识的考查，在解题的过程中应聘者需要先解释 MongoDB 的概念，然后根据之前学习的知识，叙述数据类型有哪些，并且解释 MongoDB 支持哪些数据类型。

解析过程：

MongoDB 的单个实例可以容纳多个独立的数据库，每一个都有自己的集合和权限，不同的数据库也放置在不同的文件中。

表 7-2 为 MongoDB 常用的几种数据类型。

表 7-2　MongoDB 数据类型

数 据 类 型	描　　述
String	字符串。存储数据常用的数据类型。在 MongoDB 中，UTF-8 编码的字符串才是合法的
Integer	整型数值。用于存储数值。根据所采用的服务器，可分为 32 位或 64 位
Boolean	布尔值。用于存储布尔值（真/假）
Double	双精度浮点值。用于存储浮点值
Min/Max keys	将一个值与 BSON（二进制的 JSON）元素的最低值和最高值相对比
Array	用于将数组或列表或多个值存储为一个键
Timestamp	时间戳。记录文档修改或添加的具体时间
Object	用于内嵌文档
Null	用于创建空值
Symbol	该数据类型基本上等同于字符串类型，但不同的是，一般采用特殊符号类型的语言
Date	日期时间。用 UNIX 时间格式来存储当前日期或时间。可以指定自己的日期时间：创建 Date 对象，传入年月日信息
Object ID	对象 ID。用于创建文档的 ID（每个文档都有）
Binary Data	二进制数据。用于存储二进制数据
Code	代码类型。用于在文档中存储 JavaScript 代码
Regular expression	正则表达式

7.3.6　MongoDB 有什么特性

试题题面：MongoDB 有什么特性？

题面解析：本题属于在概念的基础上进行了延伸，说明 MongoDB 的设计目标具有哪些特征，然后针对 MongoDB 的特性进行解释说明。

解析过程：

MongoDB 的设计目标是高性能、可扩展、易部署、易使用，存储数据非常方便。其主要特性如下。

1. 文档数据类型

SQL 类型的数据库是正规化的，可以通过主键或者外键的约束保证数据的完整性与唯一性，所以 SQL 类型的数据库常用于对数据完整性较高的系统。MongoDB 在这一方面不如 SQL 类型的数据库，且 MongoDB 没有固定的 Schema，正因为 MongoDB 少了一些这样的约束条件，可以使数据的存储结构更灵活，存储速度更快。

2. 即时查询能力

MongoDB 保留了关系数据库即时查询的能力，保留了索引（底层是基于 B+树）的能力。这一点汲取了关系数据库的优点，相比于同类型的 NoSQL Redis 并没有上述的能力。

3. 复制能力

MongoDB 自身提供了副本集，能将数据分布在多台机器上实现冗余，目的是可以提供自动故障转移、扩展读能力。

4. 速度与持久性

MongoDB 的驱动实现一个写入语义 fire and forget，即通过驱动调用写入时，可以立即得到返回成功的结果（即使是报错），这样让写入的速度更加快，当然会有一定的不安全性，完全依赖于网络。

5. 数据扩展

MongoDB 使用分片技术对数据进行扩展，MongoDB 能自动分片、自动转移分片里面的数据块，让每一个服务器里面存储的数据都是一样大小。

7.3.7　MongoDB 的备份与恢复

试题题面：如何在 MongoDB 中使用数据库进行备份与恢复？

题面解析：本题主要考查在 MongoDB 中使用数据库时如何进行备份，方便下次使用，如何把误删除的数据库进行恢复，下面将针对这种现象进行介绍。

解析过程：

在实际的应用场景中，经常需要对业务数据进行备份，为数据丢失做准备。MongoDB 提供了备份和恢复的功能，分别是 MongoDB 下载目录下的 mongodump.exe 和 mongorestore.exe 文件。对于数据量比较小的场景，使用官方的 mongodump/mongorestore 工具进行全量的备份和恢复就足够了。mongodump 可以连上一个正在服务的 mongod 节点进行逻辑热备份。其主要原理是遍历所有集合，然后将文档一条条读出来，支持并发 dump 多个集合，并且支持归档和压缩，可以输出到一个文件（或标准输出）。同样，mongorestore 则是连上一个正在服务的 mongod 节点进行逻辑恢复。其主要原理是将备份出来的数据再一条条写回到数据库中。

在 mongodump 执行过程中由于数据库还有新的修改，直接运行 dump 出来的结果并不是完整的备份，还需要使用一个--oplog 的选项来将这个过程中的 oplog 也一块 dump 下来（使用 mongorestore 进行恢复时对应要使用--oplogReplay 选项对 oplog 进行重放）。而由于 MongoDB 的 oplog 是一个固定大小的特殊集合，当 oplog 集合达到配置的大小时，旧的 oplog 会被丢掉，为新的 oplog 腾出空间。在使用--oplog 选项进行 dump 时，mongodump 会在 dump 集合数据前获取当时最新的 oplog 时间点，并在集合数据 dump 完毕之后再次检查这个时间点的 oplog 是否还在，如果 dump 过程很长，oplog 空间又不够，oplog 被丢掉就会 dump 失败。因此在 dump 前最好检查一下 oplog 的配置大小以及目前 oplog 的增长情况（可结合业务写入量及 oplog 平均大小进行粗略估计），确保 dump 不会失败。

1. mongodump 备份工具

mongodump 是一种能够在运行时备份的方法，mongodump 对运行的 MongoDB 做查询，然后将所查到的文档写入磁盘。因为 mongodump 是区别于 MongoDB 的客户端，所以在处理其他请求时也没有问题。但是 mongodump 采用的是普通的查询机制，所以产生的备份不一定是服务器数据的实时快照。因为在获取快照后，服务器还会有数据写入，为了保证备份的安全，同样还是可以利用 fsync 锁，使服务器数据暂时写入缓存中。

下面来看看如何使用 mongodump 来备份数据库。

首先启动 mongodump，在 MongoDB 中使用 mongodump 命令来备份 MongoDB 数据。该命令可以导出所有数据到指定目录中。

mongodump 命令可以通过参数指定导出的数据量级转存的服务器。mongodump 命令脚本语法如下：

```
>mongodump -h dbhost -d dbname -o dbdirectory
```

其中，mongodump 的参数与 mongoexport 的参数基本一致，例如：

-h：MongoDB 所在的服务器地址，例如 127.0.0.1，当然也可以指定端口号：127.0.0.1:27017。

-d：需要备份的数据库实例，例如 test。

-o：备份的数据存放位置，例如 F:\data\dump，当然该目录需要提前建立，在备份完成后，系统自动在 dump 目录下建立一个 test 目录，这个目录里面存放该数据库实例的备份数据。

接着把 mydb 数据库中的数据备份到 F 磁盘中，打开命令提示符窗口，进入 MongoDB 安装目录的 bin 目录输入命令：mongodump -d mydb -o F:\，输出结果如图 7-7 所示。

然后就可以去指定的位置找到备份的文件夹了，打开就可以看到数据。

☆**注意**☆　mongodump 备份时的查询会对其他客户端的性能产生影响。

更多的操作可以通过 mongodump –help 来查询。mongodump 命令的可选参数如表 7-3 所示。

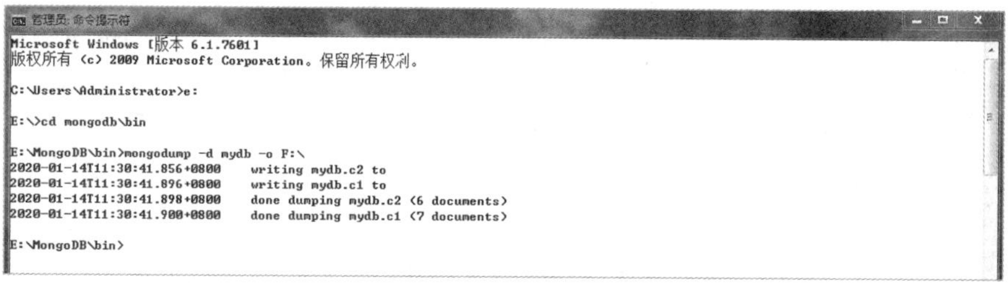

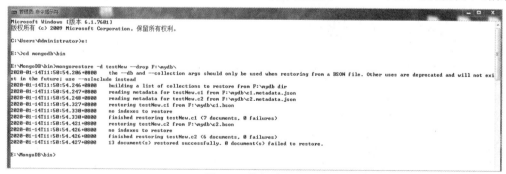

图 7-7　备份数据图

表 7-3　mongodump 命令可选参数

语　法	描　述	实　例
mongodump --host HOST_NAME --port PORT_NUMBER	该命令将备份所有 MongoDB 数据	mongodump --host runoob.com --port 27017
mongodump --dbpath DB_PATH --out BACKUP_DIRECTORY		mongodump --dbpath /data/db/ --out /data/backup/
Mongodump --collection COLLECTION --db DB_NAME	该命令将备份指定数据库的集合	mongodump --collection mycol --db test

2. mongorestore 数据恢复

mongorestore 获取 mongodump 的输出结果，并将备份的数据插入到运行的 MongoDB 实例中。和 mongodump 一样，mongorestore 也是一个独立的客户端。使用 mongorestore 命令脚本语法如下：

```
>mongorestore -h <hostname><:port> -d dbname <path>
```

其中，mongorestore 的参数如下：

--host <:port>, -h <:port>：MongoDB 所在服务器地址，默认为：localhost:27017。

--db, -d：需要恢复的数据库实例，例如 test，当然这个名称也可以和备份时候的不一样，例如 test2。

--drop：恢复的时候，先删除当前数据，然后恢复备份的数据。就是说，恢复后、备份后添加修改的数据都会被删除。

<path>：mongorestore 最后的一个参数，设置备份数据所在位置，例如 c:\data\dump\test。

使用时不能同时指定<path>和--dir 选项，--dir 也可以设置备份目录。

--dir：指定备份的目录，但不能同时指定<path>和--dir 选项。

可以使用该方法，将刚才备份的 newdb 集合放到新的数据库 testNew 中去，结果如图 7-8 所示。

图 7-8　数据恢复图

这时我们去查询数据库数据发现数据存在了，说明数据恢复成功了，如图 7-9 所示。

图 7-9　数据恢复成功图

☆**注意**☆　这两个命令操作的都是 BSON 格式的数据，当数据量很大，超过几百吉字节（GB）时，几乎是不能使用的，因为 BSON 极其占用空间。

3. fsync 和锁

说到 mongodump 备份，就不得不提到 fsync 和锁了。刚刚提到过，使用 mongodump 备份可以不关闭服务器，但是却失去了获取实时数据视图的能力。而 MongoDB 的 fsync 命令能够在 MongoDB 运行时复制数据目录还不会损坏数据。

它的工作原理就是强制命令服务器将所有缓存区写入磁盘，通过上锁阻止对数据库的进一步写入操作，直到释放锁为止。写入锁是让 fsync 在备份时发挥作用的关键。

通过 fsync 和锁让 MongoDB 在运行时，安全有效地使用复制数据目录的方式进行备份。fsync 命令会强制服务器将所有缓冲区内容写入到磁盘，通过上锁，可以阻止数据库的进一步写入。下面来演示它的具体用法：

```
> use admin
switched to db admin
> db.runCommand({"fsync":1,"lock":1})
{
    "info" : "now locked against writes, use db.fsyncUnlock() to unlock",
    "lockCount" : NumberLong(1),
    "seeAlso" : "http://dochub.mongodb.org/core/fsynccommand",
    "ok" : 1
}
>
```

☆**注意**☆　运行 fsync 命令需要在 admin 管理员权限下进行。

通过执行上述命令，缓冲区内数据已经被写入到磁盘数据库文件中，并且数据库此时无法执行写操作（写操作阻塞）。这样，可以很安全地备份数据目录了。备份后，通过下面的调用来解锁：

```
> use admin;
switched to db admin
> db.$cmd.sys.unlock.findOne();
{ "ok" : 1, "info" : "unlock completed" }
> db.currentOp();
{ "inprog" : [ ] }
>
```

在 admin 管理员权限下解锁。通过执行 db.currentOp()来确认解锁是否成功。通过 fsync 和写入锁的使用，可以非常安全地备份实时数据，也不用停止数据库服务。但其弊端就是，在备份期间，数据库的写操作请求会阻塞。

4. 从属备份

上面提到的备份技术已经非常灵活，但默认都是直接在主服务器上进行。而 MongoDB 更推荐备份工作在从服务器上进行。从服务器上的数据基本上和主服务器是实时同步的，并且从服务器不在乎停机或写阻塞，所以可以利用上述三种方式的任意一种在从服务器上进行备份操作。下面来介绍一下两种备份机制：

（1）Master-Slave。

主从复制模式：一台主写入的服务器，多台从备份服务器。从服务器可以实现备份和读扩展，分担主服务器读密集时的压力，充当查询服务器。但是主服务器故障时，只能手动去切换备份服务器接替主服务器工作。这种灵活的方式，使扩展备份或查询服务器相对比较容易，当然查询服务器也不是无限扩展的，因为这些从服务器定期在轮询读取主服务器的更新，当从服务器过多时反而会对主服务器造成过载。

（2）Replica Sets。

副本集模式：具有 Master-Slave 模式所有特点，但是副本集中没有固定的主服务器，当初始化时会通过多个服务器投票选举出一个主服务器。当主服务器发生故障时会再次通过投票选举出新的主服务器，而原先的主服务器恢复后则转为从服务器。Replica Sets 在故障发生时自动切换的机制可以及时保证写入操作。

Master-Slave 和 Replica Sets 备份机制，这两种模式都是基于主服务器的 oplog 来实现所有从服务器的同步。

oplog 记录了增加、修改和删除操作的记录信息（不包含查询的操作），但是 oplog 有大小限制，当超过指定大小，oplog 会清空之前的记录，重新开始记录。

Master-Slave 方式主服务器会产生 oplog.$main 的日志集合。

Replica Sets 方式所有服务器都会产生 oplog.rs 日志集合。

两种机制下，所有从服务器都会去轮询主服务器 oplog 日志，若主服务器的日志较新，就会同步这些新的操作记录。但是这里有个很重要的问题，从服务器由于网络阻塞，死机等原因无法及时同步主服务器 oplog 记录：一种情况主服务器 oplog 不断刷新，这样从服务器永远无法追上主服务器。另外一种情况，刚好主服务器 oplog 超出大小，清空了之前的 oplog，这样从服务器与主服务器数据就可能不一致了。

另外要说明一下 Replica Sets 备份的缺点，当主服务器发生故障时，一台从服务器被投票成为主服务器，但是这台从服务器的 oplog 如果晚于之前的主服务器 oplog 的话，那之前的主服务器恢复后，会回滚自己的 oplog 操作和新的主服务器 oplog 保持一致。由于这个过程是自动切换的，所以在无形之中就导致了部分数据丢失。

7.3.8　比较 MongoDB 和 CouchDB 有什么区别

试题题面：比较 MongoDB 和 CouchDB 有什么区别？

题面解析：本题属于对概念类知识延伸的考查，主要考查 MongoDB 和 CouchDB 两者之间的区别。在解答这类问题时，要明白两者的具体作用是什么，然后通过对比进行解答。

解析过程：

MongoDB 与 CouchDB 很相似，它们都是文档型存储，数据存储格式都是 JSON 型的，都使用 JavaScript 进行操作，都支持 Map/Reduce。但是其实二者有着很多本质的区别。

通过以下几个方面分析 MongoDB 和 CouchDB 两者之间的区别：

1. MVCC

MongoDB 与 CouchDB 的一大区别就是 CouchDB 是一个 MVCC（Multiversion concurrency control）的系统，而 MongoDB 是一个 update-in-place 的系统。这二者的区别就是，MongoDB 进行写操作时都是即时完成写操作，写操作成功就表明数据就写成功了，而 CouchDB 是一个支持多版本控制的系统，此类系统通常支持多个节点写，而系统会检测到多个系统的写操作之间的冲突并以一定的算法规则予以解决。

2. 水平扩展性

在扩展性方面，CouchDB 使用 replication，而 MongoDB 的 replication 仅仅用来增强数据的可靠性，MongoDB 在实现水平扩展性方面使用的是 Sharding。

3. 数据查询操作

这个区别主要体现在用户接口上，MongoDB 与传统的数据库系统类似，支持动态查询，即使在没有建立索引的行上，也能进行任意的查询。而 CouchDB 不同，CouchDB 不支持动态查询，必须为每一个查询模式建立相应的 view，并在此 view 的基础上进行查询。

4. 原子性

这一点上两者比较一致，都支持针对行的原子性修改，但不支持更多的复杂事务操作。

5. 数据可靠性

CouchDB 是一个 crash-only 的系统，你可以在任何时候停掉 CouchDB 并能保证数据的一致性。而 MongoDB 在不正常的停掉后需要运行 repairDatabase()命令来修复数据文件。

6. Map/Reduce

MongoDB 和 CouchDB 都支持 Map/Reduce，不同的是 MongoDB 只有在数据统计操作中会用到，而 CouchDB 在变通查询时也使用 Map/Reduce。

7. 使用 JavaScript

MongoDB 和 CouchDB 都支持 JavaScript，CouchDB 用 JavaScript 来创建 view。MongoDB 使用 JSON 作为普通数据库操作的表达式。当然也可以在操作中包含 JavaScript 语句。MongoDB 还支持服务端的 JavaScript 脚本（running arbitrary JavaScript functions server-side），当然，MongoDB 的 Map/Reduce 函数也是 JavaScript 格式的。

8. REST

CouchDB 是一个 RESTFUL 的数据库，其操作完全按照 HTTP 协议，而 MongoDB 有自己的二进制协议。MongoDB Server 在启动时可以开放一个 HTTP 的接口供状态监控。

9. 性能

此处主要列举了 MongoDB 自己具有高性能的原因：

采用二进制协议，而非 CouchDB REST 的 HTTP 协议，使用 Momary Map 内存映射的做法，collection-oriented，面向集合的存储，同一个 collection 的数据是连续存储的，update-in-place 直接修改，而非使用 MVCC 的机制使用 C++编写。

10. 适用场景

如果你在构建一个 Lotus Notes 型的应用，推荐使用 CouchDB，主要是由于它的 MVCC 机制。另外如果需要 master-master 的架构，需要基于地理位置的数据分布，或者在数据节点可能不在线的情况下，推荐使用 CouchDB。

如果需要高性能的存储服务，那推荐使用 MongoDB，例如用于存储大型网站的用户个人信息，用于构建在其他存储层之上的 Cache 层。

如果你的需求中有大量 update 操作，那么推荐使用 MongoDB。就像在例子 updating real time analytics counters 中的一样，对于那种经常变化的数据，例如浏览量、访问数之类的数据存储。

7.3.9　MongoDB 的存储过程

试题题面：如何在 MongoDB 中实现存储过程？

题面解析：本题属于对概念类知识的考查，在解题的过程中需要先解释存储过程的概念，然后介绍 MongoDB 中如何实现存储过程。

解析过程：

1. MongoDB 存储过程

关系数据库的存储过程是为了完成特定功能的 SQL 语句集，经编译后存储在数据库中，用户通过指定存储过程的名字并给出参数（如果该存储过程带有参数）来执行它。

MongoDB 也有存储过程，但是 MongoDB 是用 JavaScript 来编写的，这正是 MongoDB 的魅力。

2. 保存存储过程

MongoDB 的存储过程存放在 db.system.js 表中，先来看一个简单的例子：

```
function add(x,y){
    return x+y;
}
```

现在将这个存储过程保存到 db.system.js 表中。

（1）创建存储过程代码如下：

```
db.system.js.save({"_id":"myAdd",value:function add(x,y){ return x+y; }});
```

其中，_id 和 value 属性是必须存在的，如果没有_id 这个属性，会导致无法调用。还可以增加其他的属性来描述这个存储过程。例如：

```
db.system.js.save({"_id":"myAdd1",value:function add(x,y){ return x+y; },"discrption": "x
is number ,and y is number"});
```

增加 discrption 来描述这个函数。

（2）查询存储过程：可以使用 find()方法来查询存储过程，和之前 MongoDB 查询文档中描述一样。

查询存储过程代码如下：

```
//直接查询所有的存储过程
db.system.js.find();
{ "_id" : "myAdd", "value" : function __cf__13__f__add(x, y) {
 return x + y;
 }
}
{ "_id" : "myAdd1", "value" : function __cf__14__f__add(x, y) {
 return x + y;
}, "discrption" : "x is number ,and y is number" }
{ "_id" : ObjectId("5343686ba6a21def9951af1c"), "value" : function __cf__15__f__
add(x, y) {
 return x + y;
} }
//查询_id 为 myAdd1 的存储过程
db.system.js.find({"_id":"myAdd1"});
{ "_id" : "myAdd1", "value" : function __cf__16__f__add(x, y) {
 return x + y;
}, "discrption" : "x is number ,and y is number" }
```

3. 执行存储过程

保存好的存储过程是如何执行的呢？这里使用函数 eval；如果对 JS 了解的人肯定知道 eval()函数。在 MongoDB 中使用 db.eval("函数名(参数 1, 参数 2, …)")来执行存储过程（函数名指的是_id）：

执行存储过程代码如下：

```
1db.eval('myAdd (1,2)');
3
```

eval()函数会找到对应的_id 属性执行存储过程。

db.eval()可以将存储过程的逻辑直接调用，而无须事先声明存储过程的逻辑。

执行存储过程代码如下：

```
db.eval(function(){return 3+3;});
6
```

7.3.10 MongoDB 怎样使用 GridFS 来存储文件

试题题面： MongoDB 怎样使用 GridFS 来存储文件？

题面解析： 解答本题前，应聘者要对 MongoDB 的基础知识有一定的了解，然后在基础知识上进行延伸，分析 MongoDB 怎样使用 GridFS 来存储文件。

解析过程：

MongoDB GridFS 是 MongoDB 的文件存储方案，主要用于存储和恢复那些超过 16MB（BSON 文件限制）的文件（如图片、音频等），对大文件有更好的性能。

1. 开始使用命令行工具

MongoDB 有一个内建工具 mongofiles.exe，可以使用它在 GridFS 中上传、下载、查看、搜索和删除文件。

可以通过本身自带的 help 命令来查看帮助文档。在 MongoDB 中 bin 的目录下输入命令 mongofiles--help 便可以查看，如图 7-10 所示。

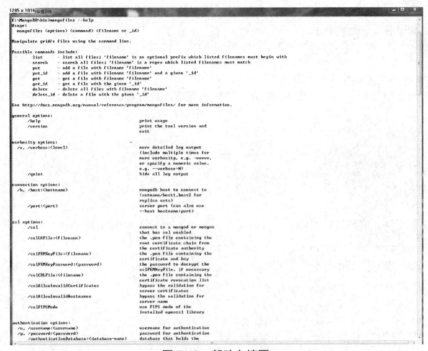

图 7-10 帮助文档图

通过 mongofiles --help 命令可以查看一些 GridFS 的使用方法和参数。例如：

```
mongofiles list              //列出所有文件
mongofiles put xxx.txt       //上传一个文件
mongofiles get xxx.txt       //下载一个文件
Mongofiles search xxx        //会查找所有文件名中包含"xxx"的文件
Mongofiles list xxx          //会查找所有文件名以"xxx"为前缀的文件
```

mongofiles 命令的其他参数说明如下：

-d 指定数据库，默认是 fs，如 Mongofiles list –d testGridfs；

-u -p 指定用户名，密码；

-h 指定主机；

-port 指定主机端口；

-c 指定集合名，默认是 fs；

-t 指定文件的 MIME 类型，默认会忽略。

2. 从 GridFS 中读取文件

使用 GridFS 的 put 命令来存储 mp3 文件。调用 MongoDB 安装目录下 bin 目录中的 mongofiles.exe 工具。

打开命令提示符，进入到 MongoDB 的安装目录下的 bin 目录，首先在数据库中列出所有文件，使用命令如下所示：

```
E:\MongoDB\bin>mongofiles list
2019-10-18T13:51:34.648+0800    connected to: mongodb://localhost/
```

接下来通过 put 命令添加创建的 a.mp3 文件，命令如下所示：

```
>mongofiles.exe -d gridfs put a.mp3
2019-10-18T13:53:25.340+0800    connected to: mongodb://localhost/
added file:a.mp3
```

GridFS 是存储文件的数据名称。如果不存在该数据库，MongoDB 会自动创建。a.mp3 是音频文件名。

使用以下命令来查看数据库中文件的文档：

```
>db.fs.files.find()
```

返回的文档数据如下所示：

```
{
    _id: ObjectId('534a811bf8b4aa4d33fdf94d'),
    filename: "a.mp3",
    chunkSize: 261120,
    uploadDate: new Date(1397391643474), md5: "e4f53379c909f7bed2e9d631e15c1c41",
    length: 10401959
}
```

7.3.11　MongoDB 的主要特点以及适用于哪些场合

试题题面：MongoDB 的主要特点以及适用于哪些场合？

题面解析：这道题主要是考查 MongoDB 的特点及运用场所。MongoDB 的特点应该从各方面进行综合分析，应聘者需要说出 MongoDB 的优点，然后对适用的场合分点进行描述。

解析过程：

1. 优点

（1）高性能、易部署、易使用，存储数据非常方便。

（2）面向集合存储，易存储对象类型的数据。

（3）模式自由。

（4）支持动态查询。

（5）支持完全索引，包含内部对象。

（6）支持查询。

（7）支持复制和故障恢复。

（8）使用高效的二进制数据存储，包括大型对象（例如视频等）。

（9）自动处理碎片，以支持云计算层次的扩展性。

（10）支持 Python、PHP、Ruby、Java、C、C#、JavaScript、Perl 及 C++语言的驱动程序，社区中也提供了对 Erlang 及.NET 等平台的驱动程序。

（11）文件存储格式为 BSON（一种 JSON 的扩展）。

（12）可以通过网络访问。

2. 功能

（1）面向集合的存储：适合存储对象及 JSON 形式的数据。

（2）动态查询：MongoDB 支持丰富的查询表达式。查询指令使用 JSON 形式的标记，可以轻易查询文档中内嵌的对象及数组。

（3）完整的索引支持：包括文档内嵌的对象及数组。MongoDB 的查询优化器会分析查询表达式，并生成一个高效的查询计划。

（4）查询监视：MongoDB 包含一个监视工具用于分析数据库操作的性能。

（5）复制及自动故障转移：MongoDB 数据库支持服务器之间的数据复制，支持主/从模式及服务器之间的相互复制。复制的主要目标是提供冗余及自动故障转移。

（6）高效的传统存储方式：支持二进制数据以及大型对象（例如照片或图片）。

（7）自动分片以支持云级别的伸缩性：自动分片功能支持水平的数据库集群，可动态添加额外的机器。

3. 适用场合

（1）网站数据：MongoDB 非常适合实时的插入，更新与查询，并具备网站实时数据存储所需的复制及高度伸缩性。

（2）缓存：由于性能很高，MongoDB 也适合作为信息基础设施的缓存层。在系统重启之后，由 MongoDB 搭建的持久化缓存层可以避免下层的数据源过载。

（3）大尺寸、低价值的数据：使用传统的关系数据库存储一些数据时可能会比较昂贵，在此之前，很多时候程序员往往会选择传统的文件进行存储。

（4）高伸缩性的场景：MongoDB 非常适合由数十至数百台服务器组成的数据库。MongoDB 的路线图中已经包含对 MapReduce 引擎的内置支持。

（5）用于对象及 JSON 数据的存储：MongoDB 的 BSON 数据格式非常适合文档格式的存储及查询。

7.3.12 MongoDB 中的命名空间是什么意思

试题题面：MongoDB 中的命名空间是什么意思？

题面解析：这道题主要考查 MongoDB 中命名空间的使用以及管理。

解析过程：

MongoDB 内部有预分配空间的机制，每个预分配的文件都用 0 进行填充。数据文件每重新分配一次，它的大小都是上一个数据文件大小的 2 倍，每个数据文件最大 2GB。

MongoDB 每个集合和每个索引都对应一个命名空间，这些命名空间的元数据集中在 16MB 的 *.ns 文件中，平均每个命名占用约 628，即整个数据库的命名空间的上限约为 24000 字节。

如果每个集合有一个索引（例如默认的_id 索引），那么最多可以创建 12000 个集合。如果索引数更多，则可创建的集合数就更少了。同时，如果集合数太多，一些操作也会变慢。

若要建立更多的集合，MongoDB 也是支持的，只需要在启动时加上"--nssize"参数，这样对应数据库的命名空间文件就可以变得更大以便保存更多的命名。这个命名空间文件（.ns 文件）最大可以为 2G。

每个命名空间对应的盘区不一定是连续的。与数据文件增长相同，每个命名空间对应的盘区大小都是随着分配次数不断增长的。目的是为了平衡命名空间浪费的空间与保持一个命名空间数据的连续性。

☆**注意**☆ 需要注意的是命名空间$freelist，这个命名空间用于记录不再使用的盘区（被删除的 Collection 或索引）。每当命名空间需要分配新盘区时，会先查看$freelist 是否有大小合适的盘区可以使用，如果有就回收空闲的磁盘空间。

7.3.13　如何执行事务/加锁

试题题面：如何执行事务/加锁？

题面解析：这道题主要考查 MongoDB 的事务，应聘者明白设计的宗旨及优点即可。

解析过程：

MongoDB 没有使用传统的锁或者复杂的带回滚的事务，因为它设计的宗旨是轻量、快速以及可预估的高性能。可以把它类比成 mysql mylsam 的自动提交模式，通过精简对事务的支持，性能得到了提升，特别是在一个可能会穿过多个服务器的系统里。

7.3.14　MongoDB 和 Redis 有什么区别

试题题面：MongoDB 和 Redis 有什么区别？

题面解析：这道题主要考查 MongoDB 与 Redis 的区别，应聘者需要知道在不同情况下应该选择使用哪种数据库，通过表格能更加直观地对比。

解析过程：

MongoDB 与 Redis 的区别如表 7-4 所示。

表 7-4　MongoDB 与 Redis 的区别

形　　式	MongoDB	Redis
内存管理机制	MongoDB 数据存在内存，由 Linux 系统实现，当内存不够时，只将热点数据放入内存，其他数据存在磁盘	Redis 数据全部存在内存，定期写入磁盘，当内存不够时，可以选择指定的 LRU 算法删除数据
支持的数据结构	MongoDB 数据结构比较单一，但是支持丰富的数据表达、索引	Redis 支持的数据结构丰富，包括 Hash、Set、List 等
性能	MongoDB 依赖内存，TPS 较高	Redis 依赖内存，TPS 非常高。性能上 Redis 优于 MongoDB
可靠性	支持持久化以及复制集，增加可靠性	Redis 依赖快照进行持久化；AOF 增强可靠性；增强可靠性的同时，影响访问性能
数据分析	MongoDB 内置数据分析功能（mapreduce）	Redis 不支持
事务支持情况	只支持单文档事务，需要复杂事务支持的场景暂时不适合	Redis 事务支持比较弱，只能保证事务中的每个操作连续执行
集群	MongoDB 集群技术比较成熟	Redis 从 3.0 版本开始支持集群

7.4　名企真题解析

以上介绍的是企业面试及笔试中常见的问题，既对知识点进行了复习，又对解题方法进行了简单的介绍。下面将针对大型企业的面试、笔试真题进行重点的讲解，以便大家在面试及笔试中能够游刃有余，轻松应对。

7.4.1　MongoDB 的查询优化怎样实现

【选自 WY 笔试题】

试题题面：MongoDB 的查询优化怎样实现？

题面解析：本题主要是对 MongoDB 查询方法的延伸，应聘者需要说明如何进行优化、对优化过程进行解释说明。

解析过程：

1. 找出慢速查询

开启内置的查询分析器，记录读写操作效率：

```
db.setProfilingLevel(n,{m})   //n 的取值可选 0,1,2
```

（1）0 是默认值表示不记录。

（2）1 表示记录慢速操作，如果值为 1，m 赋值单位为 ms，用于定义慢速查询时间的值。

（3）2 表示记录所有的读写操作。例如：

```
db.setProfilingLevel(1,300)
```

2. 查询监控结果

监控结果保存在一个特殊的盖子集合 system.profile 里，这个集合分配了 128KB 的空间，要确保监控分析数据不会消耗太多的系统性资源；盖子集合维护了自然的插入顺序，可以使用$natural 操作符进行排序，如：

```
db.system.profile.find().sort({'$natural':-1}).limit(5)
```

3. 分析慢速查询

找出慢速查询的原因比较棘手，原因可能有多个：应用程序设计不合理、不正确的数据模型、硬件配置问题、缺少索引等。

4. 使用 explain 分析慢速查询

例如：

```
db.orders.find({'price':{'$lt':2000}}).explain('executionStats')
```

explain 的入参可选值为：

（1）queryPlanner 是默认值，表示仅仅展示执行计划信息。

（2）executionStats 表示展示执行计划信息的同时展示被选中的执行计划的执行情况信息。

（3）allPlansExecution 表示展示执行计划信息，并展示被选中的执行计划的执行情况信息，还展示备选的执行计划的执行情况信息。

5. 解读 explain 结果

queryPlanner（执行计划描述）。

winningPlan（被选中的执行计划）。

stage（可选项：COLLSCAN 没有使用索引；IXSCAN 使用了索引）。

rejectedPlans（候选的执行计划）。

executionStats（执行情况描述）。

nReturned（返回的文档个数）。

executionTimeMillis（执行时间为 ms）。

totalKeysExamined（检查的索引键值个数）。

totalDocsExamined（检查的文档个数）。

6. 优化目标 Tips

（1）根据需求建立索引。

（2）每个查询都要使用索引以提高查询效率，winningPlan.stage 必须为 IXSCAN。

7.4.2　MySQL 与 MongoDB 有什么区别

【选自 BD 笔试题】

试题题面：MySQL 与 MongoDB 有什么区别？

题面解析：在进行说明两者之间不同的问题时，应聘者需要知道 MySQL 与 MongoDB 的具体概念和具体的用途，在此基础上进行延伸，从而说明 MySQL 与 MongoDB 两者之间的区别。

解析过程：

MySQL 和 MongoDB 的区别：

MySQL 是关系型（RDB）存储的数据格式为结构化数据的数据库，RDB 中的数据格式都是二维表结构，这样的结构可以便于表与表之间进行连接等操作。在这个二维表结构中，数据由行列组成，一行数据代表一条记录；一列内容，代表了这一行内容的一个属性或者字段。

MongoDB 是非关系数据库，面向无须定义表结构的文档数据，具有非常快的处理速度，通过 BSON 的形式可以保存和查询任何类型的数据。MongoDB 无法进行 JOIN 处理，但是可以通过嵌入（embed）来实现同样的功能。

MySQL 和 MongoDB 两者都是免费开源的数据库。

MySQL 和 MongoDB 有许多基本差别，包括数据的表示（data representation）、查询、关系、事务、Schema 的设计和定义、标准化（normalization）、速度和性能等。通过比较 MySQL 和 MongoDB，实际上是在比较关系型和非关系数据库。

1. 存储规范方面

关系数据库的数据存储为了更高的规范性，把数据分割为最小的关系表以避免重复，获得精简的空间利用。虽然管理起来很清晰，但是单个操作设计到多张表时，数据管理就显得有点麻烦。而 NoSQL 数据存储在平面数据集中，数据经常可能会重复。单个数据库很少被分隔开，而是存储成了一个整体，这样整块数据更加便于读写。

2. 查询方式方面

关系数据库通过结构化查询语言来操作数据库（就是通常说的 SQL）。SQL 支持数据库 CURD 操作的功能，是业界的标准用法。而 NoSQL 查询以块为单元操作数据，使用的是非结构化查询语言，它是没有标准的。关系数据库表中主键的概念对应 NoSQL 中存储文档的 ID。

关系数据库使用预定义优化方式（例如索引）来加快查询操作，而 NoSQL 具有更简单更精确的数据访问模式。

3. 事务方面

关系数据库遵循 ACID 规则（原子性（Atomicity）、一致性（Consistency）、隔离性（Isolation）和持久性（Durability））。而 NoSQL 数据库遵循 BASE 原则（基本可用（Basically Availble）、软/柔性事务（Soft-state）和最终一致性（Eventual Consistency））。

由于关系数据库的数据强一致性，所以对事务的支持很好。关系数据库支持对事务原子性细粒度的控制，并且容易用于回滚事务。而 NoSQL 数据库是在 CAP（一致性、可用性、分区容忍度）中任选两项，因为基于节点的分布式系统中，很难全部满足，所以对事务的支持不是很好，虽然也可以使用事务，但是并不是 NoSQL 的闪光点。

4. 存储扩展方面

这可能是两者之间最大的区别，关系数据库是纵向扩展，也就是说想要提高处理能力，要使用速度更快的计算机。因为数据存储在关系表中，操作的性能瓶颈可能涉及多个表，需要通过提升计算机性能来克服。虽然有很大的扩展空间，但是最终会达到纵向扩展的上限。而 NoSQL 数据库是横向扩展的，它的存储天然就是分布式的，可以通过给资源池添加更多的普通数据库服务器来分担负载。

5. 性能方面

关系数据库为了维护数据的一致性付出了巨大的代价，读写性能比较差。在面对高并发读写时性能非常差，面对海量数据时效率非常低。而 NoSQL 存储的格式都是 key-value 类型的，并且存储在内存中，非常容易存储，而且对于数据的一致性是弱要求。NoSQL 无须 SQL 的解析，提高了读写性能。

7.4.3 MongoDB 的分片

【选自 GG 笔试题】

试题题面 1：对 MongoDB 分片的简介、分片的目的、分片的思想和 MongoDB 的自动分片进行说明。

题面解析：本题主要是针对 MongoDB 的概念进行说明，针对上面的四个问题进行详细的讲解，希望能够对应聘者有帮助。

解析过程：

1. 分片的简介

分片是指将数据拆分，将其分散存在不同机器上的过程，有时也叫分区。将数据分散在不同的机器上，不需要功能强大的大型计算机就可以存储更多的数据，处理更大的负载。

分片是 MongoDB 对数据进行水平扩展的一种方式，通过选择合适的分片将数据均匀地存储在 shard server 集群中。

分片组件由 shard server 集群、config server 和 mongos 进程组成，如图 7-11 所示。

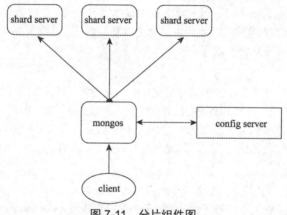

图 7-11　分片组件图

config server 中保存与分片相关的元数据，即有哪些 shard server、有哪些 chunk、chunk 位于哪个 shard server 上等。

mongos 主要负责路由，将客户端的请求转发到对应的 shard server 集群上。

shard server 上存放了真正的数据，shard server 可以是一个 mongod，也可以是一个副本集。

2. 分片的目的

高数据量和吞吐量的数据库应用会对单机的性能造成较大压力，大的查询量会将单机的 CPU 耗尽，大的数据量对单机的存储压力较大，最终会耗尽系统的内存而将压力转移到磁盘 IO 上。

为了解决这些问题，有两个基本的方法：垂直扩展和水平扩展。

（1）垂直扩展：增加更多的 CPU 和存储资源来扩展容量。

（2）水平扩展：将数据集分布在多个服务器上。水平扩展即分片。

3. 分片设计思想

分片为应对高吞吐量与大数据量提供了方法。使用分片减少了每个分片需要处理的请求数，因此，通过水平扩展，集群可以提高自己的存储容量和吞吐量。例如，当插入一条数据时，应用只需要访问存储这条数据的分片。

使用分片减少了每个分片存储的数据。例如，如果数据库里存储 1TB 的数据集，并有 4 个分片，然后每个分片可能仅持有 256GB 的数据。如果有 40 个分片，那么每个切分可能只有 25GB 的数据。

4. MongoDB 的自动分片

"片"是一个独立的 MongoDB 服务（即 mongod 服务进程，在开发测试环境中）或一个副本集（在生产环境中）。将数据分片，其思想就是将一个大的集合拆成一个一个小的部分，然后放置在不同的"片"上。每一个"片"只是负责总数据的一部分。

自动分片就是应用层根本不知道数据已被分片，也全然不会知道具体哪些数据在哪个特定的"片"上。在 MongoDB 中，提供了一个路由服务 mongos，在分片之前需要先运行这个服务，这个路由服务具体知道数据和"片"的关系。应用程序和这个路由服务通信即可，路由服务会将请求转发给特定的"片"，得到响应后，路由会收集响应数据，返回给应用层程序。图 7-12 和图 7-13 分别展示了不使用分片和使用分片用户发送请求的处理路径。

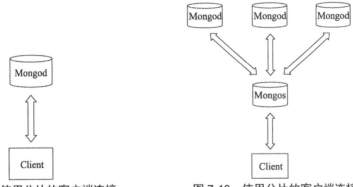

图 7-12　不使用分片的客户端连接　　　　图 7-13　使用分片的客户端连接

当遇到以下的情况时可以给原来的系统改进为分片后的新系统：

（1）机器的磁盘不够用了，数据量太大。

（2）单个 mongod 已经无法满足写数据的性能需要（如果想要增加读性能，较好的方案是采用搭建主从结构，且让从节点可以响应查询请求）。

（3）想将大量的数据放到内存中提高性能，一台机器的内存大小永远有极限（这就是纵向扩展和横向扩展的区别）。

【选自 BD 面试题】

试题题面 2：数据在什么时候才会扩展到多个分片（Shard）里？

题面解析：这道题主要是考查 MongoDB 分片以及数据如何存入分片中，这是一道记忆类的题目，对于这类题目平时要多加记忆。

解析过程：

MongoDB 分片是基于区域（Range）的。所以一个集合（Collection）中的所有的对象都被存放到一个块（chunk）中，默认块的大小是 64MB。当数据容量超过 64MB，才有可能实施一个迁移，只有当存在不止一个块时，才会有多个分片获取数据的选项。

第8章

Redis 数据库

本章导读

本章学习 Redis 数据库，Redis（Remote Dictionary Server，远程字典服务）是一个开源的使用 ANSI C 语言编写、支持网络、可基于内存亦可持久化的日志型、key-value 的数据库，Redis 数据库还提供了多种语言的 API。本章首先学习 Redis 数据库的基础知识，然后再通过讲解面试及笔试题，教会读者解答问题的方法。

知识清单

本章要点（已掌握的在方框中打钩）
- [ ] Redis 字符串和哈希表
- [ ] Redis 列表和集合
- [ ] Redis 安全和性能测试
- [ ] Redis 客户端连接
- [ ] Redis 管道技术和分区

8.1　Redis 基础知识

本节讲 Redis 的基础知识，首先带领读者认识 Redis 数据库，然后将常用的五种数据类型依次进行讲解，读者可以在初步了解的基础上再进行深层次的学习。

8.1.1　认识 Redis

Redis 是一个 key-value 存储系统。和 Memcached 类似，它支持存储的 value 类型相对更多，包括 String（字符串）、List（链表）、Set（集合）、Zset（sorted set --有序集合）和 Hash（哈希类型）。这些数据类型都支持 push/pop、add/remove、取交集、并集和差集以及更丰富的操作，而且这些操作都是原子性的。在此基础上，Redis 支持各种不同方式的排序。与 Memcached 一样，为了保证效率，数据都是缓存在内存中。区别是 Redis 会周期性把更新的数据写入磁盘或者把修改操作写入追加的记录文件，并且在此基础上实现了 master-slave（主从）同步。

Redis 是一个高性能的 key-value 数据库。Redis 的出现，很大程度弥补了 Memcached 这类 key-value 存储的不足，在部分场合可以对关系数据库起到很好的补充作用。Redis 还提供了 Java、C/C++、C#、PHP、JavaScript、Perl、Object-C、Python、Ruby 和 Erlang 等客户端，因此使用很方便。

Redis 支持主从同步。数据可以从主服务器向任意数量的从服务器上同步，从服务器可以是关联其他从服务器的主服务器。这使得 Redis 可以执行单层树复制。存盘可以有意无意地对数据进行写操作。由于完全实现了发布/订阅机制，使得从数据库在任何地方同步树时，可以订阅一个频道并接收主服务器完整的消息发布记录。同步对读取操作的可扩展性和数据冗余很有帮助。

8.1.2 Redis 字符串

字符串是 Redis 中常见的数据结构，它既可以存储文字（如"hello world"），又可以存储数字（如整数 10086 和浮点数 3.14），还可以存储二进制数据（如 10010100）。

Redis 为这几种类型的值分别设置了相应的操作命令，让用户可以针对不同的值做不同的处理。

（1）Redis SET 命令。

Redis SET 命令用于设置给定 key 的值。如果 key 已经存储其他值，SET 就覆盖旧值，且无视类型。

Redis SET 命令基本语法如下：

```
redis 127.0.0.1:6379> SET KEY_NAME VALUE
```

返回值：

在 Redis 2.6.12 以前版本，SET 命令总是返回 OK。

从 Redis 2.6.12 版本开始，SET 在设置操作成功完成时，才返回 OK。

（2）Redis GET 命令。

Redis GET 命令用于获取指定 key 的值。如果 key 不存在，则返回 nil；如果 key 储存的值不是字符串类型，则返回一个错误。

Redis GET 命令基本语法如下：

```
redis 127.0.0.1:6379> GET KEY_NAME
```

（3）Redis GETRANGE 命令。

Redis GETRANGE 命令用于获取存储在指定 key 中字符串的子字符串。字符串的截取范围由 start 和 end 两个偏移量决定（包括 start 和 end 在内）。

Redis GETRANGE 命令基本语法如下：

```
redis 127.0.0.1:6379> GETRANGE KEY_NAME start end
```

返回值：

截取得到的子字符串。

（4）Redis GETSET 命令。

Redis GETSET 命令用于设置指定 key 的值，并返回 key 的旧值。

Redis GETSET 命令基本语法如下：

```
redis 127.0.0.1:6379> GETSET KEY_NAME VALUE
```

返回值：

返回给定 key 的旧值。当 key 没有旧值，即 key 不存在时，返回 nil；当 key 存在但不是字符串类型时，返回一个错误。

（5）Redis GETBIT 命令。

Redis GETBIT 命令用于设置对 key 所储存的字符串的值，获取指定偏移量上的位（bit）。

Redis GETBIT 命令基本语法如下：

```
redis 127.0.0.1:6379> GETBIT KEY_NAME OFFSET
```

返回值：

字符串值指定偏移量上的位（bit）。当偏移量 OFFSET 比字符串值的长度大，或者 key 不存在时，返回 0。

（6）Redis SETBIT 命令。

Redis SETBIT 命令用于对 key 所储存的字符串值，设置或清除指定偏移量上的位（bit）。

Redis SETBIT 命令基本语法如下：

```
redis 127.0.0.1:6379> SETBIT KEY_NAME OFFSET
```

返回值：

指定偏移量原来储存的位。

（7）Redis SETEX 命令。

Redis SETEX 命令为指定的 key 设置值及其过期时间。如果 key 已经存在，SETEX 命令将会替换旧的值。

Redis SETEX 命令基本语法如下：

```
redis 127.0.0.1:6379> SETEX KEY_NAME TIMEOUT VALUE
```

返回值：

设置成功时返回 OK。

（8）Redis SETNX 命令。

Redis SETNX（SET if Not eXists）命令在指定的 key 不存在时，为 key 设置指定的值。

Redis SETNX 命令基本语法如下：

```
redis 127.0.0.1:6379> SETNX KEY_NAME VALUE
```

返回值：

设置成功，返回 1；设置失败，返回 0。

（9）Redis SETRANGE 命令。

Redis SETRANGE 命令用指定的字符串覆盖给定 key 所储存的字符串值，覆盖的位置从偏移量 OFFSET 开始。

Redis SETRANGE 命令基本语法如下：

```
redis 127.0.0.1:6379> SETRANGE KEY_NAME OFFSET VALUE
```

返回值：

被修改后的字符串长度。

（10）Redis STRLEN 命令。

Redis STRLEN 命令用于获取指定 key 所储存的字符串值的长度。当 key 储存的不是字符串值时，返回一个错误。

Redis STRLEN 命令基本语法如下：

```
redis 127.0.0.1:6379> STRLEN KEY_NAME
```

返回值：

字符串值的长度。当 key 不存在时，返回 0。

（11）Redis MSET 命令。

Redis MSET 命令用于同时设置一个或多个 key-value 值对。

Redis MSET 命令基本语法如下：

```
redis 127.0.0.1:6379> MSET key1 value1 key2 value2 … keyN valueN
```

返回值：

总是返回 OK。

（12）Redis MSETNX 命令。

Redis MSETNX 命令用于在所有给定 key 都不存在时，同时设置一个或多个 key-value 值对。

Redis MSETNX 命令基本语法如下：

```
redis 127.0.0.1:6379> MSETNX key1 value1 key2 value2 … keyN valueN
```

返回值：

当所有 key 都成功设置，返回 1；如果所有给定 key 都设置失败（至少有一个 key 已经存在），那么返回 0。

（13）Redis PSETEX 命令。

Redis PSETEX 命令以毫秒为单位设置 key 的生存时间。

Redis PSETEX 命令基本语法如下：

```
redis 127.0.0.1:6379> PSETEX key1 EXPIRY_IN_MILLISECONDS value1
```

返回值：

设置成功时返回 OK。

（14）Redis INCR 命令。

Redis INCR 命令将 key 中储存的数字值增加 1，如果 key 不存在，那么 key 的值会先被初始化为 0，然后再执行 INCR 操作；如果值包含错误的类型，或字符串类型的值不能表示为数字，那么返回一个错误。本操作的值限制在 64 位（bit）有符号数字表示之内。

Redis INCR 命令基本语法如下：

```
redis 127.0.0.1:6379> INCR KEY_NAME
```

返回值：

执行 INCR 命令之后 key 的值。

（15）Redis INCRBY 命令。

Redis INCRBY 命令将 key 中储存的数字加上指定的增量值，如果 key 不存在，那么 key 的值会先被初始化为 0，然后再执行 INCRBY 命令；如果值包含错误的类型，或字符串类型的值不能表示为数字，那么返回一个错误。本操作的值限制在 64 位（bit）有符号数字表示之内。

Redis INCRBY 命令基本语法如下：

```
redis 127.0.0.1:6379> INCRBY KEY_NAME INCR_AMOUNT
```

返回值：

加上指定的增量值之后 key 的值。

（16）Redis INCRBYFLOAT 命令。

Redis INCRBYFLOAT 命令为 key 中所储存的值加上指定的浮点数增量值，如果 key 不存在，那么 INCRBYFLOAT 会先将 key 的值设为 0，再执行加法操作。

Redis INCRBYFLOAT 命令基本语法如下：

```
redis 127.0.0.1:6379> INCRBYFLOAT KEY_NAME INCR_AMOUNT
```

返回值：

执行命令之后 key 的值。

（17）Redis DECR 命令。

Redis DECR 命令将 key 中储存的数字值减 1，如果 key 不存在，那么 key 的值会先被初始化为 0，然后再执行 DECR 操作；如果值包含错误的类型，或字符串类型的值不能表示为数字，那么返回一个错误。本操作的值限制在 64 位（bit）有符号数字表示之内。

Redis DECR 命令基本语法如下：

```
redis 127.0.0.1:6379> DECR KEY_NAME
```

返回值：

执行命令之后 key 的值。

（18）Redis DECRBY 命令。

Redis DECRBY 命令将 key 所储存的值减去指定的减量值，如果 key 不存在，那么 key 的值会先被初始化为 0，然后再执行 DECRBY 操作；如果值包含错误的类型，或字符串类型的值不能表示为数字，那么返回一个错误。本操作的值限制在 64 位（bit）有符号数字表示之内。

Redis DECRBY 命令基本语法如下：

```
redis 127.0.0.1:6379> DECRBY KEY_NAME DECREMENT_AMOUNT
```

返回值：

减去指定减量值之后 key 的值。

（19）Redis APPEND 命令。

Redis APPEND 命令用于为指定的 key 追加值，如果 key 已经存在并且是一个字符串，APPEND 命令将 value 追加到 key 原来的值的末尾；如果 key 不存在，APPEND 就简单地将给定 key 设为 value，就像执行 SET key value 一样。

Redis APPEND 命令基本语法如下：

```
redis 127.0.0.1:6379> APPEND KEY_NAME NEW_VALUE
```

返回值：

追加指定值之后 key 中字符串的长度。

8.1.3　Redis 哈希

Redis Hash 是一个 String 类型的 field 和 value 的映射表，Hash 特别适合用于存储对象。Redis 中每个 Hash 可以存储 $2^{32}-1$ 键值对（40 多亿），下面将对常见的哈希命令进行讲解。

（1）Redis HDEL 命令。

Redis HDEL 命令用于删除哈希表 key 中的一个或多个指定字段，不存在的字段将被忽略。

Redis HDEL 命令基本语法如下：

```
redis 127.0.0.1:6379> HDEL KEY_NAME FIELD1…FIELDN
```

返回值：

被成功删除字段的数量，不包括被忽略的字段。

（2）Redis HEXISTS 命令。

Redis HEXISTS 命令用于查看哈希表的指定字段是否存在。

Redis HEXISTS 命令基本语法如下：

```
redis 127.0.0.1:6379> HEXISTS KEY_NAME FIELD_NAME
```

返回值：

如果哈希表含有给定字段，则返回 1；如果哈希表不含有给定字段，或 key 不存在，返回 0。

（3）Redis HGET 命令。

Redis HGET 命令用于返回哈希表中指定字段的值。

Redis HGET 命令基本语法如下：

```
redis 127.0.0.1:6379> HGET KEY_NAME FIELD_NAME
```

返回值：

返回给定字段的值。如果给定的字段或 key 不存在时，返回 nil。

（4）Redis HGETALL 命令。

Redis HGETALL 命令用于返回哈希表中所有的字段和值。

在返回值里，紧跟每个字段名（field name）之后是字段的值（value），所以返回值的长度是哈希表大小的两倍。

Redis HGETALL 命令基本语法如下：

```
redis 127.0.0.1:6379> HGETALL KEY_NAME
```

返回值：

以列表形式返回哈希表的字段及字段值。若 key 不存在，返回空列表。

（5）Redis HINCRBY 命令。

Redis HINCRBY 命令用于为哈希表中的字段值加上指定增量值，增量也可以为负数，相当于对指定字段进行减法操作。如果哈希表的 key 不存在，一个新的哈希表被创建并执行 HINCRBY 命令；如果指定的字段不存在，那么在执行命令前，字段的值被初始化为 0。

对一个储存字符串值的字段执行 HINCRBY 命令将造成一个错误。本操作的值被限制在 64 位（bit）有符号数字表示之内。

Redis HINCRBY 命令基本语法如下：

```
redis 127.0.0.1:6379> HINCRBY KEY_NAME FIELD_NAME INCR_BY_NUMBER
```

返回值：

执行 HINCRBY 命令之后哈希表中字段的值。

（6）Redis HINCRBYFLOAT 命令。

Redis HINCRBYFLOAT 命令用于为哈希表中的字段值加上指定浮点数增量值。如果指定的字段不存在，那么在执行命令前，字段的值被初始化为 0。

Redis HINCRBYFLOAT 命令基本语法如下：

```
HINCRBYFLOAT key field increment
```

返回值：

执行 HINCRBYFLOAT 命令之后哈希表中字段的值。

（7）Redis HKEYS 命令。

Redis HKEYS 命令用于获取哈希表中的所有域（field）。

Redis HKEYS 命令基本语法如下：

```
redis 127.0.0.1:6379> HKEYS key
```

返回值：

包含哈希表中所有域（field）的列表。当 key 不存在时，返回一个空列表。

（8）Redis HLEN 命令。

Redis HLEN 命令用于获取哈希表中字段的数量。

```
Redis Hlen 命令基本语法如下：
redis 127.0.0.1:6379> HLEN KEY_NAME
```

返回值：

哈希表中字段的数量。当 key 不存在时，返回 0。

（9）Redis HMGET 命令。

Redis HMGET 命令用于返回哈希表中一个或多个给定字段的值。

如果指定的字段不存在于哈希表，那么返回一个 nil 值。

Redis HMGET 命令基本语法如下：

```
redis 127.0.0.1:6379> HMGET KEY_NAME FIELD1…FIELDN
```

返回值：

一个包含多个给定字段关联值的表，表值的排列顺序和指定字段的请求顺序一样。

（10）Redis HMSET 命令。

Redis HMSET 命令用于同时将多个 field-value（字段-值）对设置到哈希表中，此命令会覆盖哈希表中已存在的字段。如果哈希表不存在，会创建一个空哈希表，并执行 HMSET 操作。

Redis HMSET 命令基本语法如下：

```
redis 127.0.0.1:6379> HMSET KEY_NAME FIELD1 VALUE1…FIELDN VALUEN
```

返回值：

如果命令执行成功，返回 OK。

（11）Redis HSET 命令。

Redis HSET 命令用于为哈希表中的字段赋值。如果哈希表不存在，一个新的哈希表被创建并进行 HSET 操作；如果字段已经存在于哈希表中，旧值将被覆盖。

Redis HSET 命令基本语法如下：

```
redis 127.0.0.1:6379> HSET KEY_NAME FIELD VALUE
```

返回值：

如果字段是哈希表中的一个新建字段，并且值设置成功，返回 1；如果哈希表中域字段已经存在且旧值已被新值覆盖，返回 0。

（12）Redis HSETNX 命令。

Redis HSETNX 命令用于为哈希表中不存在的字段赋值。如果哈希表不存在，一个新的哈希表被创建并进行 HSET 操作；如果字段已经存在于哈希表中，操作无效；如果 key 不存在，一个新哈希表被创建并执行 HSETNX 命令。

Redis HSETNX 命令基本语法如下：

```
redis 127.0.0.1:6379> HSETNX KEY_NAME FIELD VALUE
```

返回值：

设置成功，返回 1；如果给定字段已经存在且没有操作被执行，返回 0。

（13）Redis HVALS 命令。

Redis HVALS 命令返回哈希表所有域（field）的值。

Redis HVALS 命令基本语法如下：

```
redis 127.0.0.1:6379> HVALS KEY_NAME FIELD VALUE
```

返回值：

一个包含哈希表中所有域（field）值的列表。当 key 不存在时，返回一个空表。

8.1.4　Redis 列表

Redis 列表是简单的字符串列表，按照插入顺序排序。可以添加一个元素到列表的头部（左边）或者尾部（右边），一个列表最多可以包含 $2^{32}-1$ 个元素（4294967295，每个列表超过 40 亿个元素）。下面展示列表中的常用命令。

（1）Redis BLPOP 命令。

Redis BLPOP 命令移出并获取列表的第一个元素，如果列表中没有元素，则会阻塞列表直到等待超时或发现可弹出元素为止。

Redis BLPOP 命令基本语法如下：

```
redis 127.0.0.1:6379> BLPOP LIST1 LIST2 … LISTN TIMEOUT
```

返回值：

如果列表为空，返回一个 nil；否则，返回一个含有两个元素的列表，第一个元素是被弹出元素所属的 key，第二个元素是被弹出元素的值。

（2）Redis BRPOP 命令。

Redis BRPOP 命令移出并获取列表的最后一个元素，如果列表中没有元素，则会阻塞列表直到等待超时或发现可弹出元素为止。

Redis BRPOP 命令基本语法如下：

```
redis 127.0.0.1:6379> BRPOP LIST1 LIST2 … LISTN TIMEOUT
```

返回值：

假如在指定时间内没有任何元素被弹出，则返回一个 nil 和等待时长；否则，返回一个含有两个元素的列表，第一个元素是被弹出元素所属的 key，第二个元素是被弹出元素的值。

（3）Redis BRPOPLPUSH 命令。

Redis BRPOPLPUSH 命令从列表中取出最后一个元素，并插入到另外一个列表的头部；如果列表没有元素会阻塞列表直到等待超时或发现可弹出元素为止。

Redis BRPOPLPUSH 命令基本语法如下：

```
redis 127.0.0.1:6379> BRPOPLPUSH LIST1 ANOTHER_LIST TIMEOUT
```

返回值：

假如在指定时间内没有任何元素被弹出，则返回一个 nil 和等待时长；否则，返回一个含有两个元素的列表，第一个元素是被弹出元素的值，第二个元素是等待时长。

（4）Redis LINDEX 命令。

Redis LINDEX 命令用于通过索引获取列表中的元素。也可以使用负数下标，-1 表示列表的最后一个元素，-2 表示列表的倒数第二个元素，以此类推。

Redis LINDEX 命令基本语法如下：

```
redis 127.0.0.1:6379> LINDEX KEY_NAME INDEX_POSITION
```

返回值：

列表中下标为指定索引值的元素。如果指定索引值不在列表的区间范围内，则返回 nil。

（5）Redis LINSERT 命令。

Redis LINSERT 命令用于在列表的元素前或者后插入元素。当指定元素不存在于列表中时，不执行任何操作。当列表不存在时，被视为空列表，不执行任何操作。如果 key 不是列表类型，返回一个错误。

Redis LINSERT 命令基本语法如下：

```
LINSERT key BEFORE|AFTER pivot value
```

返回值：

如果命令执行成功，返回插入操作完成之后列表的长度。如果没有找到指定元素，返回-1；如果 key 不存在或为空列表，返回 0。

（6）Redis LLEN 命令。

Redis LLEN 命令用于返回列表的长度。如果列表 key 不存在，则 key 被解释为一个空列表，返回 0；如果 key 不是列表类型，返回一个错误。

Redis LLEN 命令基本语法如下：

```
redis 127.0.0.1:6379> LLEN KEY_NAME
```

返回值：

列表的长度。

（7）Redis LPOP 命令。

Redis LPOP 命令用于移除并返回列表的第一个元素。

Redis LPOP 命令基本语法如下：

```
redis 127.0.0.1:6379> Lpop KEY_NAME
```

返回值：

列表的第一个元素。当列表 key 不存在时，返回 nil。

（8）Redis LPUSH 命令。

Redis LPUSH 命令将一个或多个值插入到列表头部。如果 key 不存在，一个空列表会被创建并执行 LPUSH 操作；当 key 存在但不是列表类型时，返回一个错误。

☆**注意**☆ 在 Redis 2.4 版本以前的 LPUSH 命令，都只接受单个的 value 值。

Redis LPUSH 命令基本语法如下：

```
redis 127.0.0.1:6379> LPUSH KEY_NAME VALUE1…VALUEN
```

返回值：

执行 LPUSH 命令后列表的长度。

（9）Redis LPUSHX 命令。

Redis LPUSHX 将一个值插入到已存在的列表头部，列表不存在时操作无效。

Redis LPUSHX 命令基本语法如下：

```
redis 127.0.0.1:6379> LPUSHX KEY_NAME VALUE1…VALUEN
```

返回值：

LPUSHX 命令执行之后列表的长度。

（10）Redis LRANGE 命令。

Redis LRANGE 返回列表中指定区间内的元素，区间以偏移量 START 和 END 指定。其中 0 表示列表的第一个元素，1 表示列表的第二个元素，以此类推。也可以使用负数下标，-1 表示列表的最后一个元素，-2 表示列表的倒数第二个元素，以此类推。

Redis LRANGE 命令基本语法如下：

```
redis 127.0.0.1:6379> LRANGE KEY_NAME START END
```

返回值：

一个列表，包含指定区间内的元素。

（11）Redis LREM 命令。

Redis LREM 根据参数 COUNT 的值，移除列表中与参数 VALUE 相等的元素。

COUNT 的值可以是以下几种：

COUNT > 0：从表头开始向表尾搜索，移除与 VALUE 相等的元素，数量为 COUNT；

COUNT < 0：从表尾开始向表头搜索，移除与 VALUE 相等的元素，数量为 COUNT 的绝对值；

COUNT = 0：移除表中所有与 VALUE 相等的值。

Redis LREM 命令基本语法如下：

```
redis 127.0.0.1:6379> LREM KEY_NAME COUNT VALUE
```

返回值：

被移除元素的数量。列表不存在时返回 0。

（12）Redis LSET 命令。

Redis LSET 通过索引来设置元素的值。

当索引参数超出范围或对一个空列表进行 LSET 时，返回一个错误。

Redis LSET 命令基本语法如下：

```
redis 127.0.0.1:6379> LSET KEY_NAME INDEX VALUE
```

返回值：

操作成功返回 OK，否则返回错误信息。

（13）Redis LTRIM 命令。

Redis LTRIM 对一个列表进行修剪（Trim），就是说，让列表只保留指定区间内的元素，不在指定区间之内的元素都将被删除。

下标 0 表示列表的第一个元素，1 表示列表的第二个元素，以此类推。也可以使用负数下标，-1 表示列表的最后一个元素，-2 表示列表的倒数第二个元素，以此类推。

Redis LTRIM 命令基本语法如下：

```
redis 127.0.0.1:6379> LTRIM KEY_NAME START STOP
```

返回值：

命令执行成功时，返回 OK。

（14）Redis RPOP 命令。

Redis RPOP 命令用于移除列表的最后一个元素，返回值为移除的元素。

Redis RPOP 命令基本语法如下：

```
redis 127.0.0.1:6379> RPOP KEY_NAME
```

返回值：

被移除的元素，当列表不存在时，返回 nil。

（15）Redis RPOPLPUSH 命令。

Redis RPOPLPUSH 命令用于移除列表的最后一个元素，并将该元素添加到另一个列表并返回。

Redis RPOPLPUSH 命令基本语法如下：

```
redis 127.0.0.1:6379> RPOPLPUSH SOURCE_KEY_NAME DESTINATION_KEY_NAME
```

返回值：

被弹出的元素。

（16）Redis RPUSH 命令。

Redis RPUSH 命令用于将一个或多个值插入到列表的尾部（最右边）。如果列表不存在，一个空列表会被创建并执行 RPUSH 操作。当列表存在但不是列表类型时，返回一个错误。

☆**注意**☆　在 Redis2.4 版本以前的 RPUSH 命令，都只接受单个的 value 值。

Redis RPUSH 命令基本语法如下：

```
redis 127.0.0.1:6379> RPUSH KEY_NAME VALUE1…VALUEN
```

返回值：

执行 Rpush 操作后，列表的长度。

（17）Redis RPUSHX 命令。

Redis RPUSHX 命令用于将一个值插入到已存在的列表尾部（最右边）。如果列表不存在，操作无效。

Redis RPUSHX 命令基本语法如下：

```
redis 127.0.0.1:6379> RPUSHX KEY_NAME VALUE1…VALUEN
```

返回值：

执行 RPUSHX 操作后，列表的长度。

8.1.5　Redis 集合

Redis 的 Set 是 String 类型的无序集合。集合成员是唯一的，这就意味着集合中不能出现重复的数据。Redis 中的集合是通过哈希表实现的，所以添加、删除、查找操作的复杂度都是 O(1)。

集合中最大的成员数为 $2^{32}-1$（4294967295，每个集合可存储 40 多亿个成员）。下面将对集合中常用的操作进行讲解。

（1）Redis SADD 命令。

Redis SADD 命令将一个或多个成员元素加入到集合中，已经存于集合的成员元素将被忽略。假如集合 key 不存在，则创建一个只包含添加的元素作为成员的集合。

当集合 key 不是集合类型时，返回一个错误。

☆**注意**☆　在 Redis 2.4 版本以前，SADD 只接受单个成员值。

Redis SADD 命令基本语法如下：

```
redis 127.0.0.1:6379> SADD KEY_NAME VALUE1…VALUEN
```

返回值：

被添加到集合中的新元素的数量，不包括被忽略的元素。

（2）Redis SCARD 命令。

Redis SCARD 命令返回集合中元素的数量。

Redis SCARD 命令基本语法如下：

```
redis 127.0.0.1:6379> SCARD KEY_NAME
```

返回值：

集合的数量。当集合 key 不存在时，返回 0。

（3）Redis SDIFF 命令。

Redis SDIFF 命令返回给定集合之间的差集，不存在的集合 key 被视为空集。

差集的结果来自前面的 FIRST_KEY，而不是后面的 OTHER_KEY1，也不是整个 FIRST_KEY
OTHER_KEY1..OTHER_KEYN 的差集。

实例：

```
key1 = {a,b,c,d}
key2 = {c}
key3 = {a,c,e}
SDIFF key1 key2 key3 = {b,d}
```

redis SDIFF 命令基本语法如下：

```
redis 127.0.0.1:6379> SDIFF FIRST_KEY OTHER_KEY1…OTHER_KEYN
```

返回值：

包含差集成员的列表。

（4）Redis SDIFFSTORE 命令。

Redis SDIFFSTORE 命令将给定集合之间的差集存储在指定的集合中。如果指定的集合 key 已存
在，则会被覆盖。

Redis SDIFFSTORE 命令基本语法如下：

```
redis 127.0.0.1:6379> SDIFFSTORE DESTINATION_KEY KEY1…KEYN
```

返回值：

返回结果集中的元素数量。

（5）Redis SINTER 命令。

Redis SINTER 命令返回所有给定集合的交集。不存在的集合 key 被视为空集。当给定集合当中
有一个空集时，结果也为空集（根据集合运算定律）。

Redis SINTER 命令基本语法如下：

```
redis 127.0.0.1:6379> SINTER KEY KEY1…KEYN
```

返回值：

交集成员的列表。

（6）Redis SINTERSTORE 命令。

Redis SINTERSTORE 命令将给定集合之间的交集存储在指定的集合中。如果指定的集合已经存
在，则将其覆盖。

Redis SINTERSTORE 命令基本语法如下：

```
redis 127.0.0.1:6379> SINTERSTORE DESTINATION_KEY KEY KEY1…KEYN
```

返回值：

返回存储交集的集合的元素数量。

（7）Redis SISMEMBER 命令。

Redis SISMEMBER 命令判断成员元素是否是集合的成员。

Redis SISMEMBER 命令基本语法如下：

```
redis 127.0.0.1:6379> SISMEMBER KEY VALUE
```

返回值：

如果成员元素是集合的成员，返回 1；如果成员元素不是集合的成员或 key 不存在，返回 0。

（8）Redis SMEMBERS 命令。

Redis SMEMBERS 命令返回集合中的所有的成员，不存在的集合 key 被视为空集合。

Redis SMEMBERS 命令基本语法如下：

```
redis 127.0.0.1:6379> SMEMBERS key
```

返回值：

集合中的所有成员。

（9）Redis SMOVE 命令。

Redis SMOVE 命令将指定成员 member 元素从 source 集合移动到 destination 集合。

SMOVE 是原子性操作，如果 source 集合不存在或不包含指定的 member 元素，则 SMOVE 命令不执行任何操作，仅返回 0；否则，member 元素从 source 集合中被移除，并添加到 destination 集合中去。

当 destination 集合已经包含 member 元素时，SMOVE 命令只是简单地将 source 集合中的 member 元素删除。

当 source 或 destination 不是集合类型时，返回一个错误。

Redis SMOVE 命令基本语法如下：

```
redis 127.0.0.1:6379> SMOVE SOURCE DESTINATION MEMBER
```

返回值：

如果成员元素被成功移除，返回 1；如果成员元素不是 source 集合的成员，并且没有任何操作对 destination 集合执行，那么返回 0。

（10）Redis SPOP 命令。

Redis SPOP 命令用于移除集合中指定 key 的一个或多个随机元素，移除后会返回移除的元素。该命令类似 SRANDMEMBER 命令，但 SPOP 将随机元素从集合中移除并返回，而 SRANDMEMBER 则仅仅返回随机元素，而不对集合进行任何改动。

Redis SPOP 命令基本语法如下：

```
SPOP key [count]
```

返回值：

被移除的随机元素。当集合不存在或是空集时，返回 nil。

（11）Redis SRANDMEMBER 命令。

Redis SRANDMEMBER 命令用于返回集合中的一个随机元素。

从 Redis 2.6 版本开始，SRANDMEMBER 命令接受可选的 count 参数：

如果 count 为正数，且小于集合基数，那么命令返回一个包含 count 个元素的数组，数组中的元素各不相同；如果 count 大于等于集合基数，那么返回整个集合。

如果 count 为负数，那么命令返回一个数组，数组中的元素可能会重复出现多次，而数组的长度为 count 的绝对值。

该操作和 SPOP 相似，但 SPOP 将随机元素从集合中移除并返回，而 SRANDMEMBER 则仅仅返回随机元素，而不对集合进行任何改动。

Redis SRANDMEMBER 命令基本语法如下：

```
redis 127.0.0.1:6379> SRANDMEMBER KEY [count]
```

返回值：

只提供集合 key 参数时，返回一个元素；如果集合为空，返回 nil。如果提供了 count 参数，那么返回一个数组；如果集合为空，返回空数组。

（12）Redis SREM 命令。

Redis SREM 命令用于移除集合中的一个或多个成员元素，不存在的成员元素会被忽略。当 key 不是集合类型，返回一个错误。在 Redis 2.4 版本以前，SREM 只接受单个成员值。

Redis SREM 命令基本语法如下：

```
redis 127.0.0.1:6379> SREM KEY MEMBER1…MEMBERN
```

返回值：

被成功移除的元素的数量，不包括被忽略的元素。

（13）Redis SUNION 命令。

Redis SUNION 命令返回给定集合的并集。不存在的集合 key 被视为空集。

Redis SUNION 命令基本语法如下：

```
redis 127.0.0.1:6379> SUNION KEY KEY1…KEYN
```

返回值：

集合中成员的列表。

（14）Redis SUNIONSTORE 命令。

Redis SUNIONSTORE 命令将给定集合的并集存储在指定的集合 destination 中。如果 destination 已经存在，则将其覆盖。

Redis SUNIONSTORE 命令基本语法如下：

```
redis 127.0.0.1:6379> SUNIONSTORE DESTINATION KEY KEY1…KEYN
```

返回值：

结果集中的元素数量。

（15）Redis SSCAN 命令。

Redis SSCAN 命令用于迭代集合中键的元素。

Redis SSCAN 命令基本语法如下：

```
SSCAN key cursor [MATCH pattern] [COUNT count]
```

返回值：

数组列表。

8.1.6　Redis 有序集合

Redis 有序集合和集合一样也是 String 类型元素的集合，且不允许有重复的成员。不同的是每个元素都会关联一个 double 类型的分数，Redis 正是通过分数来为集合中的成员进行从小到大的排序。

有序集合的成员是唯一的，但分数（score）却可以重复。

集合是通过哈希表实现的，所以添加、删除、查找操作的复杂度都是 O(1)。集合中最大的成员数为 $2^{32}-1$（4294967295，每个集合可存储 40 多亿个成员）。

（1）Redis ZADD 命令。

Redis ZADD 命令用于将一个或多个成员元素及其分数值加入到有序集当中。如果某个成员已经是有序集的成员，那么更新这个成员的分数值，并通过重新插入这个成员元素，来保证该成员在正确的位置上。分数值可以是整数值或双精度浮点数。如果有序集合 key 不存在，则创建一个空的有序集并执行 ZADD 操作。

当 key 存在但不是有序集类型时，返回一个错误。

☆**注意**☆　在 Redis 2.4 版本以前，ZADD 每次只能添加一个元素。

Redis ZADD 命令基本语法如下：

```
redis 127.0.0.1:6379> ZADD KEY_NAME SCORE1 VALUE1…SCOREN VALUEN
```

返回值：

被成功添加的新成员的数量，不包括那些被更新的、已经存在的成员。

（2）Redis ZCARD 命令。

Redis ZCARD 命令用于计算集合中元素的数量。

Redis ZCARD 命令基本语法如下：

```
redis 127.0.0.1:6379> ZCARD KEY_NAME
```

返回值：

当 key 存在且是有序集类型时，返回有序集的基数。当 key 不存在时，返回 0。

（3）Redis ZCOUNT 命令。

Redis ZCOUNT 命令用于计算有序集合中指定分数区间的成员数量。

Redis ZCOUNT 命令基本语法如下：

```
redis 127.0.0.1:6379> ZCOUNT key min max
```

返回值：

分数值在 min 和 max 之间的成员的数量。

（4）Redis ZINCRBY 命令。

Redis ZINCRBY 命令对有序集合中指定成员的分数加上增量 increment，可以通过传递一个负数值 increment 让分数减去相应的值，例如 ZINCRBY key -5 member，就是让 member 的 score 值减去 5。

当 key 不存在或分数不是 key 的成员时，ZINCRBY key increment member 等同于 ZADD key increment member。当 key 不是有序集类型时，返回一个错误。分数值可以是整数值或双精度浮点数。

Redis ZINCRBY 命令基本语法如下：

```
redis 127.0.0.1:6379> ZINCRBY key increment member
```

返回值：

member 成员的新分数值，以字符串形式表示。

（5）Redis ZINTERSTORE 命令。

Redis ZINTERSTORE 命令计算给定的一个或多个有序集的交集，其中给定 key 的数量必须以 numkeys 参数指定，并将该交集（结果集）储存到 destination。

默认情况下，结果集中某个成员的分数值是所有给定集下该成员分数值之和。

Redis ZINTERSTORE 命令基本语法如下：

```
redis 127.0.0.1:6379> ZINTERSTORE destination numkeys key [key …] [WEIGHTS weight
[weight …]] [AGGREGATE SUM|MIN|MAX]
```

返回值：

保存到目标结果集的成员数量。

（6）Redis ZLEXCOUNT 命令。

Redis ZLEXCOUNT 命令在计算有序集合中指定字典区间内成员数量。

Redis ZLEXCOUNT 命令基本语法如下：

```
redis 127.0.0.1:6379> ZLEXCOUNT KEY MIN MAX
```

返回值：

指定区间内的成员数量。

（7）Redis ZRANGE 命令。

Redis ZRANGE 返回有序集中，指定区间内的成员，其中成员的位置按分数值递增（从小到大）来排序，具有相同分数值的成员按字典序（lexicographical order）来排列。如果需要成员按值递减（从大到小）来排列，使用 ZREVRANGE 命令。

下标参数 start 和 stop 都以 0 为底，也就是说，以 0 表示有序集第一个成员，以 1 表示有序集第二个成员，以此类推。

也可以使用负数下标，以-1 表示最后一个成员，-2 表示倒数第二个成员，以此类推。

Redis ZRANGE 命令基本语法如下：

```
redis 127.0.0.1:6379> ZRANGE key start stop [WITHSCORES]
```

返回值：

指定区间内，带有分数值（可选）的有序集成员的列表。

（8）Redis ZRANGEBYLEX 命令。

Redis ZRANGEBYLEX 通过字典区间返回有序集合的成员。

Redis ZRANGEBYLEX 命令基本语法如下：

```
redis 127.0.0.1:6379> ZRANGEBYLEX key min max [LIMIT offset count]
```

返回值：

指定区间内的元素列表。

（9）Redis ZRANGEBYSCORE 命令。

Redis ZRANGEBYSCORE 返回有序集合中指定分数区间的成员列表。有序集成员按分数值递增（从小到大）次序排列，具有相同分数值的成员按字典序来排列（该属性是有序集提供的，不需要额外的计算）。

默认情况下，区间的取值使用闭区间（小于等于或大于等于），也可以通过给参数前增加 "(" 符号来使用可选的开区间（小于或大于）。

举个例子：

```
ZRANGEBYSCORE zset (1 5
```

返回所有符合条件 1 < score <= 5 的成员；

```
ZRANGEBYSCORE zset (5 (10
```

返回所有符合条件 5 < score < 10 的成员。

Redis ZRANGEBYSCORE 命令基本语法如下：

```
redis 127.0.0.1:6379> ZRANGEBYSCORE key min max [WITHSCORES] [LIMIT offset count]
```

返回值：

指定区间内，带有分数值（可选）的有序集成员的列表。

（10）Redis ZRANK 命令。

Redis ZRANK 返回有序集中指定成员的排名。其中有序集成员按分数值递增（从小到大）顺序排列。

Redis ZRANK 命令基本语法如下：

```
redis 127.0.0.1:6379> ZRANK key member
```

返回值：

如果成员是有序集 key 的成员，返回 member 的排名；如果成员不是有序集 key 的成员，返回 nil。

（11）Redis ZREM 命令。

Redis ZREM 命令用于移除有序集中的一个或多个成员，不存在的成员将被忽略。当 key 存在但不是有序集类型时，返回一个错误。

☆**注意**☆　在 Redis 2.4 版本以前，ZREM 每次只能删除一个元素。

Redis ZREM 命令基本语法如下：

```
redis 127.0.0.1:6379> ZREM key member [member …]
```

返回值：

被成功移除的成员的数量，不包括被忽略的成员。

（12）Redis ZREMRANGEBYLEX 命令。

Redis ZREMRANGEBYLEX 命令用于移除有序集合中给定的字典区间的所有成员。

Redis ZREMRANGEBYLEX 命令基本语法如下：

```
redis 127.0.0.1:6379> ZREMRANGEBYLEX key min max
```

返回值：

被成功移除的成员的数量，不包括被忽略的成员。

（13）Redis ZREMRANGEBYRANK 命令。

Redis ZREMRANGEBYRANK 命令基本语法如下：

```
redis 127.0.0.1:6379> ZREMRANGEBYRANK key start stop
```

返回值：

被移除成员的数量。

（14）Redis ZREMRANGEBYSCORE 命令。

Redis ZREMRANGEBYSCORE 命令用于移除有序集中，指定分数（score）区间内的所有成员。

Redis ZREMRANGEBYSCORE 命令基本语法如下：

```
redis 127.0.0.1:6379> ZREMRANGEBYSCORE key min max
```

返回值：

被移除成员的数量。

（15）Redis ZREVRANGE 命令。

Redis ZREVRANGE 命令返回有序集中，指定区间内的成员，其中成员的位置按分数值递减（从大到小）来排列。具有相同分数值的成员按字典序的逆序（reverse lexicographical order）排列。除了成员按分数值递减的次序排列这一点外，ZREVRANGE 命令的其他方面和 ZRANGE 命令一样。

Redis ZREVRANGE 命令基本语法如下：

```
redis 127.0.0.1:6379> ZREVRANGE key start stop [WITHSCORES]
```

返回值：

指定区间内，带有分数值（可选）的有序集成员的列表。

（16）Redis ZREVRANGEBYSCORE 命令。

Redis ZREVRANGEBYSCORE 返回有序集中指定分数区间内的所有的成员。有序集成员按分数值递减（从大到小）的次序排列，具有相同分数值的成员按字典序的逆序（reverse lexicographical order）排列。除了成员按分数值递减的次序排列这一点外，ZREVRANGEBYSCORE 命令的其他方面和 ZRANGEBYSCORE 命令一样。

Redis ZREVRANGEBYSCORE 命令基本语法如下：

```
redis 127.0.0.1:6379> ZREVRANGEBYSCORE key max min [WITHSCORES] [LIMIT offset count]
```

返回值：

指定区间内，带有分数值（可选）的有序集成员的列表。

（17）Redis ZREVRANK 命令。

Redis ZREVRANK 命令返回有序集中成员的排名。其中有序集成员按分数值递减（从大到小）排序，排名以 0 为底，也就是说，分数值最大的成员排名为 0。使用 ZRANK 命令可以获得成员按分数值递增（从小到大）排列的排名。

Redis ZREVRANK 命令基本语法如下：

```
redis 127.0.0.1:6379> ZREVRANK key member
```

返回值：

如果成员是有序集 key 的成员，返回成员的排名；如果成员不是有序集 key 的成员，返回 nil。

（18）Redis ZSCORE 命令。

Redis ZSCORE 命令返回有序集中，成员的分数值。如果成员元素不是有序集 key 的成员，或 key 不存在，返回 nil。

Redis ZSCORE 命令基本语法如下：

```
redis 127.0.0.1:6379> ZSCORE key member
```

返回值：

成员的分数值，以字符串形式表示。

（19）Redis ZUNIONSTORE 命令。

Redis ZUNIONSTORE 命令计算给定的一个或多个有序集的并集，其中给定 key 的数量必须以 numkeys 参数指定，并将该并集（结果集）储存到 destination。

默认情况下，结果集中某个成员的分数值是所有给定集下该成员分数值之和。

Redis ZUNIONSTORE 命令基本语法如下：

```
redis 127.0.0.1:6379> ZUNIONSTORE destination numkeys key [key …] [WEIGHTS weight
[weight …]] [AGGREGATE SUM|MIN|MAX]
```

返回值：

保存到 destination 的结果集的成员数量。

（20）Redis ZSCAN 命令。

Redis ZSCAN 命令用于迭代有序集合中的元素（包括元素成员和元素分值）。

Redis ZSCAN 命令基本语法如下：

```
redis 127.0.0.1:6379> ZSCAN key cursor [MATCH pattern] [COUNT count]
```

返回值：

返回的每个元素都是一个有序集合元素。一个有序集合元素由一个成员（member）和一个分数值（score）组成。

8.2　Redis 高级

前面已经学习过 Redis 的基础数据类型的知识，包括常用的命令以及操作，对 Redis 有了初步的了解。下面将会对 Redis 进行深入学习，了解更多关于 Redis 性能方面的知识。

8.2.1　Redis 安全

通过 Redis 的配置文件设置密码参数，这样客户端连接到 Redis 服务就需要密码验证，可以使 Redis 服务更加安全。

通过以下命令查看是否设置了密码验证：

```
127.0.0.1:6379> CONFIG get requirepass
1) "requirepass"
2) ""
```

默认情况下 requirepass 参数是空的，这就意味着无须通过密码验证就可以连接到 Redis 服务。可以通过以下命令来修改该参数：

```
127.0.0.1:6379> CONFIG set requirepass "runoob"
OK
127.0.0.1:6379> CONFIG get requirepass
1) "requirepass"
2) "runoob"
```

设置密码后，客户端连接 Redis 服务就需要密码验证，否则无法执行命令。

AUTH 命令基本语法格式如下：

```
127.0.0.1:6379> AUTH password
```

实例：

```
127.0.0.1:6379> AUTH "abc"
OK
127.0.0.1:6379> SET mykey "Test data"
OK
127.0.0.1:6379> GET mykey
"Test data"
```

8.2.2　Redis 性能测试

Redis 性能测试是通过同时执行多个命令实现的。

Redis 性能测试的基本命令如下：

```
redis-benchmark [option] [option value]
```

☆**注意**☆　该命令是在 Redis 的目录下执行的，而不是 Redis 客户端的内部指令。

以下实例同时执行 10000 个请求来检测性能：

```
$ redis-benchmark -n 10000 -q
PING_INLINE: 141043.72 requests per second
PING_BULK: 142857.14 requests per second
SET: 141442.72 requests per second
GET: 145348.83 requests per second
INCR: 137362.64 requests per second
LPUSH: 145348.83 requests per second
LPOP: 146198.83 requests per second
SADD: 146198.83 requests per second
SPOP: 149253.73 requests per second
LPUSH (needed to benchmark LRANGE): 148588.42 requests per second
LRANGE_100 (first 100 elements): 58411.21 requests per second
LRANGE_300 (first 300 elements): 21195.42 requests per second
LRANGE_500 (first 450 elements): 14539.11 requests per second
LRANGE_600 (first 600 elements): 10504.20 requests per second
MSET (10 keys): 93283.58 requests per second
```

Redis 性能测试工具可选参数如表 8-1 所示。

表 8-1　可选参数表

序　号	选　项	描　　述	默 认 值
1	-h	指定服务器主机名	127.0.0.1
2	-p	指定服务器端口	6379
3	-s	指定服务器 socket	
4	-c	指定并发连接数	50
5	-n	指定请求数	10000

序　号	选　项	描　述	默　认　值
6	-d	以字节的形式指定 SET/GET 值的数据大小	2
7	-k	1 = keep alive，0 = reconnect	1
8	-r	SET/GET/INCR 使用随机 key，SADD 使用随机值	
9	-p	通过管道传输<numreq>请求	1
10	-q	强制退出 Redis。仅显示 query/sec 值	
11	-csv	以 CSV 格式输出	
12	-l	生成循环，永久执行测试	
13	-t	仅运行以逗号分隔的测试命令列表	
14	-i	Idle 模式。仅打开 N 个 idle 连接并等待	

通过使用多个参数来测试 Redis 性能：

```
$ redis-benchmark -h 127.0.0.1 -p 6379 -t set,lpush -n 10000 -q
SET: 146198.83 requests per second
LPUSH: 145560.41 requests per second
```

以上实例中主机为 127.0.0.1，端口号为 6379，执行的命令为 set,lpush，请求数为 10000，通过-q 参数让结果只显示每秒执行的请求数。

8.2.3　Redis 客户端连接

Redis 通过监听一个 TCP 端口或者 Unix socket 的方式来接收来自客户端的连接，当一个连接建立后，Redis 内部会进行以下操作：

（1）客户端 socket 会被设置为非阻塞模式，因为 Redis 在网络事件处理上采用的是非阻塞多路复用模型。

（2）为这个 socket 设置 TCP_NODELAY 属性，禁用 Nagle 算法。

（3）创建一个可读的文件事件用于监听这个客户端 socket 的数据发送。

在 Redis 2.4 版本中，最大连接数是被直接硬编码在代码里面的，而在 2.6 版本中这个值变成可配置的。

maxclients 的默认值是 10000，也可以在 redis.conf 中对这个值进行修改。

```
config get maxclients
1) "maxclients"
2) "10000"
```

以下实例在服务启动时设置最大连接数为 100000：

```
redis-server --maxclients 100000
```

客户端命令及描述如表 8-2 所示。

表 8-2　客户端命令及描述表

S.N.	命　令	描　述
1	CLIENT LIST	返回连接到 Redis 服务的客户端列表
2	CLIENT SETNAME	设置当前连接的名称
3	CLIENT GETNAME	获取通过 CLIENT SETNAME 命令设置的服务名称
4	CLIENT PAUSE	挂起客户端连接，指定挂起的时间以毫秒计
5	CLIENT KILL	关闭客户端连接

8.2.4　Redis 管道技术

Redis 是一种基于客户端-服务端模型以及请求/响应协议的 TCP 服务。这意味着通常情况下一个请求会遵循以下步骤：

（1）客户端向服务端发送一个查询请求，并监听 Socket 返回，通常是以阻塞模式，等待服务端响应；

（2）服务端处理命令，并将结果返回给客户端。

Redis 管道技术可以在服务端未响应时，客户端可以继续向服务端发送请求，并最终一次性读取所有服务端的响应。查看 Redis 管道，只需要启动 Redis 实例并输入以下命令：

```
$(echo -en "PING\r\n SET runoobkey redis\r\nGET runoobkey\r\nINCR visitor\r\nINCR
visitor\r\nINCR visitor\r\n"; sleep 10) | nc localhost 6379
+PONG
+OK
redis
:1
:2
:3
```

以上实例中通过使用 PING 命令查看 Redis 服务是否可用，之后设置了 runoobkey 的值为 redis，然后获取 runoobkey 的值并使得 visitor 自增 3 次。

在返回的结果中可以看到这些命令一次性向 Redis 服务提交，并最终一次性读取所有服务端的响应。管道技术的优势就是提高了 Redis 服务的性能。

在下面的测试中，将使用 Redis 的 Ruby 客户端，支持管道技术特性，测试管道技术对速度的提升效果。

```ruby
require 'rubygems'
require 'redis'
def bench(descr)
start = Time.now
yield
puts "#{descr} #{Time.now-start} seconds"
end
def without_pipelining
r = Redis.new
10000.times {
  r.ping
}
end
def with_pipelining
r = Redis.new
r.pipelined {
  10000.times {
    r.ping
  }
}
end
bench("without pipelining") {
  without_pipelining
}
bench("with pipelining") {
  with_pipelining
}
```

从处于局域网中的 Mac OS X 系统上执行上面这个简单脚本的数据表明，开启了管道操作后，往返延时已经被改善得相当低了。

```
without pipelining 1.185238 seconds
with pipelining 0.250783 seconds
```

由上面可知，开启管道后，速度效率提升了 5 倍。

8.2.5 Redis 分区

分区是分割数据到多个 Redis 实例的处理过程，因此每个实例只保存 key 的一个子集。分区可以通过利用多台计算机内存的值，允许构造更大的数据库。还可以通过多核和多台计算机，允许扩展计算能力；通过多台计算机和网络适配器，允许扩展网络带宽。

Redis 有两种类型分区。假设有 4 个 Redis 实例 R0，R1，R2，R3 和类似 user:1，user:2 这样的表示用户的多个 key，对既定的 key 有多种不同方式来选择这个 key 存放在哪个实例中。也就是说，有不同的系统来映射某个 key 到某个 Redis 服务。

1. 范围分区

最简单的分区方式是按范围分区，就是映射一定范围的对象到特定的 Redis 实例。

例如，ID 从 0 到 10000 的用户会保存到实例 R0，ID 从 10001 到 20000 的用户会保存到 R1，以此类推。这种方式是可行的，并且在实际中使用，不足之处就是要有一个区间范围到实例的映射表。这个表要被管理，同时还需要各种对象的映射表，通常对 Redis 来说并非是好的方法。

2. 哈希分区

另外一种分区方法是 Hash 分区。这对任何 key 都适用，也无须是 object_name：这种形式，像下面描述的一样简单：

用一个 Hash 函数将 key 转换为一个数字，如使用 crc32 Hash 函数。对 key foobar 执行 crc32(foobar) 会输出类似 93024922 的整数。对这个整数取模，将其转化为 0~3 的数字，就可以将这个整数映射到 4 个 Redis 实例中的一个了。93024922 % 4 = 2，就是说 key foobar 应该被存到 R2 实例中。

☆**注意**☆ 取模操作是取除的余数，通常在多种编程语言中用%操作符实现。

8.3 精选面试、笔试题解析

前面已经对 Redis 数据库的基础知识进行了学习，了解到了基本数据类型、常用命令以及高级操作，下面将带领读者学习如何回答关于 Redis 的面试及笔试题。通过本节的学习，读者将掌握在面试及笔试过程中回答问题的方法。

8.3.1 什么是 Redis

试题题面：什么是 Redis？

题面解析：本题主要是对概念的考查，应聘者需要知道什么是 Redis，重点需要知道 Redis 存储数据的方式以及优势，在面试或笔试中能够回答清楚即可。

解析过程：

Redis 是完全开源免费的，遵守 BSD 协议，同时是一个高性能的 key-value 数据库。Redis 以键值对 key-value 形式存储数据，有以下三个特点：

（1）Redis 支持数据的持久化，可以将内存中的数据保存在磁盘中，重启的时候可以再次加载进行使用。

（2）Redis 不仅仅支持简单的 key-value 类型的数据，同时还提供 List、Set、Zset 和 Hash 等数据结构的存储。

（3）Redis 支持数据的备份，即 master-slave 模式的数据备份。

1. Redis 优势

（1）性能极高。Redis 能读的速度是 110000 次/s，写的速度是 81000 次/s。

（2）丰富的数据类型。Redis 支持二进制案例的 Strings、Lists、Hashes、Sets 及 Ordered Sets 数据类型操作。

（3）原子性。Redis 的所有操作都是原子性的，意思就是要么成功执行要么失败完全不执行。单个操作是原子性的，多个操作也支持事务，即原子性，通过 MULTI 和 EXEC 指令执行。

（4）丰富的特性。Redis 还支持 publish/subscribe、通知、key 过期等特性。

2. Redis 与其他 key-value 存储的不同

（1）Redis 有着更为复杂的数据结构并且提供对它们的原子性操作，这是一个不同于其他数据库的进化路径。Redis 的数据类型都是基于基本数据结构的，同时对程序员透明，无须进行额外的抽象。

（2）Redis 运行在内存中，但是可以持久化到磁盘，所以在对不同数据集进行高速读写时需要权衡内存，因为数据量不能大于硬件内存。在内存数据库方面的另一个优点是，相比在磁盘上相同的复杂的数据结构，在内存中操作起来非常简单，这样 Redis 可以做很多内部复杂性很强的事情。同时，在磁盘格式方面它们是紧凑的以追加的方式产生的，因为它们并不需要进行随机访问。

8.3.2　Redis 的数据类型有哪些

试题题面：Redis 的数据类型有哪些？

题面解析：本题考查 Redis 的数据类型，对于常用的五种数据类型应聘者要熟记，在面试及笔试过程中才能够准确回答。

解析过程：

Redis 支持五种数据类型：String（字符串）、Hash（哈希）、List（列表）、Set（集合）及 Zsetsorted Set（有序集合）。

实际项目中比较常用的是 String 和 Hash，如果是 Redis 的中高级用户，还可以加上下面几种数据结构 HyperLogLog、Geo 和 Pub/Sub。

8.3.3　Redis 的持久化机制是什么，各自的优缺点有哪些

试题题面：Redis 的持久化机制是什么，各自的优缺点有哪些？

题面解析：本题主要是考查 Redis 的两种持久化机制，应聘者需要先对两种机制进行分析解释，然后再说出各自的优缺点，注意回答问题时各方面都要兼顾到，不要有遗漏。

解析过程：

Redis 提供两种持久化机制 RDB 和 AOF 机制。

（1）RDBRedis DataBase 持久化方式。

RDBRedis DataBase 持久化方式是指用数据集快照的方式，半持久化模式记录 Redis 数据库的所有键值对，在某个时间点将数据写入一个临时文件，持久化结束后，用这个临时文件替换上次持久化的文件，达到数据恢复。

优点：

- 只有一个文件 dump.rdb，方便持久化。
- 容灾性好，一个文件可以保存到安全的磁盘。
- 性能最大化，fork 子进程来完成写操作，让主进程继续处理命令，所以是 IO 最大化。使用单独子进程来进行持久化，主进程不会进行任何 IO 操作，保证了 Redis 的高性能。
- 数据集大的时候，比 AOF 的启动效率高。

缺点：

数据安全性低，RDB 是间隔一段时间进行持久化，如果持久化之间 Redis 发生故障，会发生数据丢失。所以这种方式更适合数据要求不严谨的时候。

（2）AOFAppend-only file 持久化方式。

AOFAppend-only file 持久化方式是指所有的命令行记录以 Redis 命令请求协议的格式，完全持久化存储保存为 AOF 文件。

优点：

- 数据安全，AOF 持久化可以配置 appendfsync 属性，有 always，每进行一次命令操作就记录到 AOF 文件中一次。
- 通过 append 模式写文件，即使中途服务器宕机，可以通过 redis-check-aof 工具解决数据一致性问题。
- AOF 机制的 rewrite 模式。AOF 文件没被 rewrite 之前（文件过大时会对命令进行合并重写），可以删除其中的某些命令（例如误操作的 flushall）。

缺点：

- AOF 文件比 RDB 文件大，且恢复速度慢。
- 数据集大的时候，比 RDB 的启动效率低。

8.3.4　Redis 常见性能问题和解决方案

试题题面：Redis 常见性能问题和解决方案有哪些？

题面解析：Redis 常见性能问题是开发过程中不可忽视的一环，应聘者要知道常见的性能问题有哪些，当开发过程中遇到这些问题应该如何处理，在面试及笔试过程中应该从哪几个方面回答。

解析过程：

（1）Master 最好不要写内存快照，如果 Master 写内存快照，save 命令调度 rdbSave 函数，会阻塞主线程的工作，当快照比较大时对性能影响是非常大的，会间断性暂停服务。

（2）如果数据比较重要，某个 Slave 开启 AOF 备份数据，策略设置为每秒同步一次。

（3）为了主从复制的速度和连接的稳定性，Master 和 Slave 最好在同一个局域网。

（4）尽量避免在压力很大的主库上增加从库。

（5）主从复制不要用图状结构，用单向链表结构更为稳定，即 Master <- Slave1<- Slave2 <- Slave3…这样的结构方便解决单点故障问题，实现 Slave 对 Master 的替换。如果 Master 崩溃了，可以立刻启用 Slave1 做 Master，其他不变。

8.3.5　Redis 的回收策略（淘汰策略）

试题题面：Redis 有哪 6 种回收机制？使用策略的规则有哪两点？

题面解析：本题主要是对 6 种回收机制的考查，应聘者能分别说出每种回收机制的内容即可，同时还要知道使用策略的两点规则。

解析过程：

（1）volatile-lru：从已设置过期时间的数据集（server.db[i].expires）中挑选最近最少使用的数据淘汰。

（2）volatile-ttl：从已设置过期时间的数据集（server.db[i].expires）中挑选将要过期的数据淘汰。

（3）volatile-random：从已设置过期时间的数据集（server.db[i].expires）中任意选择数据淘汰。

（4）allkeys-lru：从数据集（server.db[i].dict）中挑选最近最少使用的数据淘汰。

（5）allkeys-random：从数据集（server.db[i].dict）中任意选择数据淘汰。

（6）no-enviction（驱逐）：禁止驱逐数据。

☆**注意**☆　volatile 和 allkeys 规定了是对已设置过期时间的数据集淘汰数据，还是从全部数据集中淘汰数据，后面的 lru、ttl 以及 random 是三种不同的淘汰策略，再加上一种 no-enviction 永不回收的策略。

使用策略规则：

（1）如果数据呈现幂律分布，也就是一部分数据访问频率高，一部分数据访问频率低，则使用 allkeys-lru。

（2）如果数据呈现平等分布，也就是所有的数据访问频率都相同，则使用 allkeys-random。

8.3.6　为什么 Redis 需要把所有数据放到内存中

试题题面：为什么 Redis 需要把所有数据放到内存中？

题面解析：本题是一道理解题，应聘者知道把数据放在内存中的原因即可，阐述其中的原因和优点。

解析过程：

Redis 为了达到最快的读写速度将数据读到内存中，并通过异步的方式将数据写入磁盘。所以 Redis 具有快速和数据持久化的特征。如果不将数据放在内存中，磁盘 I/O 速度会严重影响 Redis 的性能。在内存越来越便宜的今天，Redis 将会越来越受欢迎。如果设置了最大使用的内存，则数据已有记录数达到内存限值后将不能继续插入新值。

8.3.7　Jedis 与 Redisson 对比有什么优缺点

试题题面：Jedis 与 Redisson 对比有什么优缺点？

题面解析：本题是对 Jedis 和 Redisson 的考查，应聘者应该知道它们分别是什么，有什么作用，通过比较，总结出两者之间的优缺点。

解析过程：

Jedis 是 Redis 由 Java 实现的客户端，其 API 提供了比较全面的 Redis 命令的支持。

Redisson 实现了分布式和可扩展的 Java 数据结构，和 Jedis 相比，Redisson 的功能较为简单，不支持字符串操作，不支持排序、事务、管道、分区等 Redis 的特性。

Redisson 的宗旨是促进使用者对 Redis 的关注分离，从而让使用者能够将精力更集中地放在处理业务逻辑上。

8.3.8　说说 Redis 哈希槽的概念

试题题面：说说 Redis 哈希槽的概念？

题面解析：这是一道概念考查题，应聘者知道哈希槽是什么，有什么作用即可。

解析过程：

Redis 集群没有使用一致性的哈希函数，而是引入了哈希槽的概念，Redis 集群有 16384 个哈希槽，每个 key 通过 CRC16 校验后对 16384 取模，来决定放置哪个槽，集群的每个节点负责一部分哈希槽。

8.3.9　怎么理解 Redis 事务

试题题面：怎么理解 Redis 事务？

题面解析：这是一道概念考查题，应聘者需要掌握 Redis 事务的基本概念，并且了解它的作用以及一个事务所经历的几个阶段。

解析过程：

Redis 事务可以一次执行多个命令，并且带有以下三个重要的保证：

- 批量操作在发送 EXEC 命令前被放入队列缓存。
- 收到 EXEC 命令后进入事务执行，事务中任意命令执行失败，其余的命令依然被执行。
- 在事务执行过程中，其他客户端提交的命令请求不会插入到事务执行命令序列中。

一个事务从开始到执行会经历以下三个阶段：

- 开始事务。
- 命令入队。
- 执行事务。

8.3.10 Redis 如何做内存优化

试题题面：Redis 如何做内存优化？

题面解析：这是一道在开发过程中需要经常考虑到的问题，为了将内存进行优化，应该从哪几个方面进行考虑，如何实现，掌握了这道题对应聘者以后的开发工作会有帮助。

解析过程：

尽可能使用散列表（Hashes），散列表（散列表里面存储的数少）使用的内存非常小，所以应该尽可能地将数据模型抽象到一个散列表里面。例如 Web 系统中有一个用户对象，不要为这个用户的名称、姓氏、邮箱、密码设置单独的 key，而是应该把这个用户的所有信息存储到一张散列表里面。

8.3.11 Redis 回收进程是如何工作的

试题题面：Redis 回收进程是如何工作的？

题面解析：本题主要考查 Redis 的回收以及回收工作是如何运行的。

解析过程：

一个客户端运行了新的命令，添加了新的数据。Redis 检查内存使用情况，如果大于 maxmemory 的限制，则根据设定好的策略进行回收。一个新的命令被执行。所以不断地穿越内存限制的边界，通过不断达到边界然后不断地回收回到边界以下。如果一个命令的结果导致大量内存被使用（例如很大的集合的交集保存到一个新的键），不用多久内存限制就会被这个内存使用量超越。

8.3.12 数据存放问题

试题题面：一个 Redis 实例最多能存放多少的 keys？List、Set、Sorted Set 它们最多能存放多少元素？

题面解析：考查 Redis 实例中数据的存放问题，能存储多少数据，怎么存储的，存储过程是否与内存相关，这些应聘者都需要了解到。

解析过程：

理论上 Redis 可以处理多达 2^{32} 的 keys，并且在实际情况中进行了测试，每个实例至少存放了 2 亿 5 千万的 keys。任何 List、Set 和 Sorted Set 都可以存放 2^{32} 个元素。换句话说，Redis 的存储极限是系统中的可用内存值。

8.3.13 使用过 Redis 做异步队列吗，你是怎么用的

试题题面：使用过 Redis 做异步队列吗，你是怎么用的？

题面解析：这道题从 Redis 异步队列开始讲起，层层深入，应聘者要熟悉各种指令的作用以及使用场景，从容应对面试或笔试。

解析过程：

一般使用 List 结构作为队列，Rpush 表示生产消息，Lpop 表示消费消息。当 Lpop 没有消息时，要适当 Sleep 一会儿再重试。如果面试官问可不可以不使用 Sleep 呢？应聘者需要回答 List 还有个指令叫 Blpop，在没有消息时，它会阻塞直到消息到来。如果对方追问能不能生产多次消费呢？应聘者可以回答使用 Pub/Sub 主题订阅者模式，可以实现 1：N 的消息队列。

如果对方追问 Pub/Sub 有什么缺点？

应聘者可以回答在消费者下线的情况下，生产的消息会丢失，得使用专业的消息队列如 RabbitMQ 等。

如果对方追问 Redis 如何实现延时队列？

应聘者可以回答使用 Sortedset，拿时间戳作为 score，消息内容作为 key 调用 ZADD 来生产消息，消费者用 ZRANGEBYSCORE 指令获取 N 秒之前的数据轮询进行处理。

8.3.14 Redis 相比 Memcached 有哪些优势

试题题面：Redis 相比 Memcached 有哪些优势？

题面解析：通过对比，应聘者需要明白两者各自的优点，知道在哪种情况下分别使用哪一个，此问题在面试或笔试中较容易回答，关键是在开发过程中要明白具体的使用。

解析过程：

（1）Memcached 所有的值均是简单的字符串，Redis 作为其替代者，支持更为丰富的数据类。

（2）Redis 的速度比 Memcached 快很多。

（3）Redis 可以持久化其数据。

8.3.15 什么是缓存穿透，如何解决

试题题面：什么是缓存穿透，如何解决？

题面解析：这道题考查缓存知识，当遇到缓存穿透时应聘者应该如何处理。

解析过程：

查询一个一定不存在的数据，缓存中不存在，则会去数据库中查询，数据库中不存在则不会写入缓存，这导致每次查询都会查询数据库，使缓存失去意义。

可以使用空对象，当查询为空时，设置一个特殊的值，和真正合法数据区分开，要有一个较短的过期时间。

使用过滤器，先查缓存，缓存存在 key 则返回；不存在则查询过滤器，过滤器存在则说明不存在值，直接返回空，否则查询数据库。

8.3.16 旧版 Redis 复制过程是怎样的

试题题面：旧版 Redis 复制过程是怎样的？

题面解析：这道题考查旧版 Redis 复制操作，应聘者对于旧版和新版 Redis 都应该有所了解，明白其操作过程。

解析过程：

1. 同步

从服务器向主服务器发送 sync 指令。

主服务器收到 sync 命令，执行 bgsave，生成 RDB 文件，并使用一个缓冲区记录备份开始后执行的所有命令。

主服务器 bgsave 执行完成后，将 RDB 文件发送给从服务器，从服务器接收 RDB 文件并载入。

主服务器将缓冲区中的所有写命令发送给从服务器，从服务器执行命令。

2. 命令传播

主服务器会将自己的写命令同步给从服务器，从服务器执行命令。

8.3.17 Redis 如何实现分布式锁

试题题面：Redis 如何实现分布式锁？

题面解析：这道题考查 Redis 的分布式锁，应聘者要明白分布式锁的实现过程。

解析过程：

分布式锁的实现过程如下：使用 setnx 来争抢锁，再使用 expire 加一个过期时间，防止忘记释放锁。

如果在执行 setnx 之后，expire 之前发生异常，就会导致死锁；因此可以将 setnx 和 expire 合成一条指令。

8.4　名企真题解析

经过以上基础知识以及对面试、笔试过程中常见习题的解析，相信大家已经对 Redis 有了一定的认识，下面总结了大型企业的面试、笔试真题，让读者掌握面试、笔试过程中回答问题的方法。

8.4.1　Redis 最适合什么场景

【选自 AL 笔试题】

试题题面：Redis 最适合什么场景？

题面解析：本题主要考查的是 Redis 的应用场景，Redis 在数据缓存方面发挥了很大优势，在不同的情况下是如何使用的，可以分步表达清楚。

解析过程：

1. **会话缓存**

最常用的一种使用 Redis 的情景是会话缓存（Session Cache）。Redis 缓存会话的优势在于：Redis 提供持久化。当维护一个不是严格要求一致性的缓存时，如果用户的购物车信息全部丢失，大部分人都会不高兴的。幸运的是，随着 Redis 这些年的改进，很容易找到恰当使用 Redis 来缓存会话的文档。甚至广为人知的商业平台 Magento 也提供 Redis 的插件。

2. **全页缓存**

除基本的会话 token 之外，Redis 还提供很简便的全页缓存（FPC）平台。回到一致性问题，即使重启了 Redis 实例，因为有磁盘的持久化，用户也不会看到页面加载速度的下降，这是一个极大改进，类似 PHP 本地的 FPC。再次以 Magento 为例，Magento 提供一个插件来使用 Redis 作为全页缓存后端。此外，对 WordPress 的用户来说，Pantheon 有一个非常好的插件 wp-redis，这个插件能帮助用户以最快的速度加载曾经浏览过的页面。

3. **队列**

Reids 在内存存储引擎领域的一大优点是提供 List 和 Set 操作，这使得 Redis 能作为一个很好的消息队列平台来使用。Redis 作为队列使用的操作，就类似于本地程序语言（例如 Python）对 List 的 Push/Pop 操作。如果你快速在 Google 中搜索"Redis queues"，你马上就能找到大量的开源项目，这些项目的目的就是利用 Redis 创建非常好的后端工具，以满足各种队列需求。例如，Celery 有一个后台就是使用 Redis 作为 broker，你可以从这里去查看。

4. **排行榜/计数器**

Redis 在内存中对数字进行递增或递减的操作实现得非常好。集合（Set）和有序集合（Sorted Set）也使得我们在执行这些操作时变得非常简单，Redis 只是正好提供了这两种数据结构。所以，要从排序集合中获取到排名最靠前的 10 个用户。

5. **发布/订阅**

最后是 Redis 的发布/订阅功能。发布/订阅的使用场景确实非常多，人们在社交网络连接中已经使用，还可作为基于发布/订阅的脚本触发器，甚至用 Redis 的发布/订阅功能来建立聊天系统。

8.4.2　Redis 数据处理

【选自 TB 面试题】

试题题面： MySQL 里有 2000w 个数据，而 Redis 中只能存放 20w 的数据，如何保证 Redis 中的数据都是热点数据？

题面解析： 本题主要考查 Redis 对数据的处理，如何保证存储的数据都是热点数据，会用到哪种方法使非热点数据淘汰，然后添加热点数据。

解析过程：

Redis 内存数据集的大小上升到一定值时，就会施行数据淘汰策略。

Redis 提供 6 种数据淘汰策略：

- volatile-lru：从已设置过期时间的数据集（server.db[i].expires）中挑选最近最少使用的数据淘汰。
- volatile-ttl：从已设置过期时间的数据集（server.db[i].expires）中挑选将要过期的数据淘汰。
- volatile-random：从已设置过期时间的数据集（server.db[i].expires）中任意选择数据淘汰。
- allkeys-lru：从数据集（server.db[i].dict）中挑选最近最少使用的数据淘汰。
- allkeys-random：从数据集（server.db[i].dict）中任意选择数据淘汰。
- no-enviction（驱逐）：禁止驱逐数据。

8.4.3　讲讲 Redis Cluster 的高可用与主备切换原理

【选自 MN 面试题】

试题题面： 讲讲 Redis Cluster 的高可用与主备切换原理。

题面解析： 应聘者回答问题时要知道如何判断节点宕机、如何从节点过滤和选举，还要知道整个流程与哨兵相比优缺点，这是回答此题的关键。

解析过程：

Redis Cluster 的高可用的原理，几乎跟哨兵是类似的。

- 判断节点宕机

如果一个节点认为另外一个节点宕机，那么就是 pfail，主观宕机。如果多个节点都认为另外一个节点宕机了，那么就是 fail，客观宕机，跟哨兵的原理几乎一样：sdown、odown。

在 cluster-node-timeout 内，某个节点一直没有返回 pong，那么就被认为 pfail。如果一个节点认为某个节点 pfail 了，那么会在 gossip ping 消息中，ping 给其他节点，如果超过半数的节点都认为 pfail 了，那么就会变成 fail。

- 从节点过滤

对宕机的 master node，从其所有的 slave node 中，选择一个切换成 master node。检查每个 slave node 与 master node 断开连接的时间，如果超过了 cluster-node-timeout * cluster-slave-validity-factor，那么就没有资格切换成 master。

- 从节点选举

每个从节点，都根据自己对 Master 复制数据的 OFFSET，来设置一个选举时间，OFFSET 越大（复制数据越多）的从节点，选举时间越靠前，优先进行选举。

所有的 Master Node 开始 Slave 选举投票，给要进行选举的 Slave 进行投票，如果大部分 Master Node（N/2 + 1）都投票给了某个从节点，那么选举通过，那个从节点可以切换成 Master。

从节点执行主备切换，从节点切换为主节点。整个流程跟哨兵相比，非常类似，所以说，Redis Cluster 功能强大，直接集成了 Replication 和 Sentinel 的功能。

第9章

PL/SQL 编程

本章导读

本章将带领大家开始学习 PL/SQL 编程基础知识。首先学习 PL/SQL 语言基础，然后介绍如何运用异常、显式游标进行数据库端编程，最后学习利用存储过程在数据库中实现用户业务需求。

知识清单

本章要点（已掌握的在方框中打钩）

- ☐ PL/SQL 基础知识
- ☐ 异常处理
- ☐ 游标
- ☐ 存储过程

9.1　PL/SQL 基础知识

PL/SQL 与其他语言有相似之处，也包括数据类型和控制语句等基础知识。学习本章内容读者要注意书写规范和要求。

9.1.1　PL/SQL 数据类型

1. 标量数据类型

标量数据类型包含单个值，没有内部组件。标量数据库类型包括数字、字符、布尔值和日期时间值四类。表 9-1 为 Oracle 使用的变量类型。

表 9-1　Oracle 变量类型

类　　型	子　　类	说　　明	范　　围
CHAR	Character Nchar	定长字符串 民族语言字符集	0～32767 可选，默认为 1
VARCHAR2	Varchar String NVARCHAR2	可变字符串 民族语言字符集	0～32767
BINARY_INTEGER		带符号整数，为整数计算优化性能	

续表

类　型	子　类	说　明	范　围
NUMBER（P，S）	Dec Double Precision Integer Int Numeric Real Small int	小数，NUMBER 的子类型 高精度实数 整数，NUMBER 的子类型 整数，NUMBER 的子类型 与 NUMBER 等价 整数，比 Integer 小	
LONG		变长字符串	0~2147483647
DATE		日期类型	公元前 4712 年 1 月 1 日至 公元后 4712 年 12 月 31 日
BOOLEAN		布尔类型	true，false，NULL

☆**注意**☆　Oracle 数据库的数据类型和其他语言数据类型的区别为：同样类型的大小不同；增加了布尔类型。

2. LOB 数据类型

Oracle 提供了 LOB（Large Object）数据类型，用于存储大的数据对象，Oracle 目前主要支持 BFILE、BLOB、CLOB 及 NCLOB 类型。

3. 属性类型

属性用于引用变量或数据库列的数据类型以及表示表中一行的记录类型。PL/SQL 支持以下两种属性类型。

（1）%TYPE。

定义一个变量，其数据类型与已经定义的某个数据变量（尤其是表的某一列）的数据类型一致，这时可以使用%TYPE。

%TYPE 属性的优点如下：

- 可以不必知道所引用的数据库中列的数据类型。
- 所引用的数据库中列的数据类型可以实时改变，容易保持一致，不用修改 PL/SQL 程序。

（2）%ROWTYPE。

返回一个记录类型，其数据类型和数据库表的数据结构一致，这时可以使用%ROWTYPE。

%ROWTYPE 属性的优点如下：

- 可以不必知道所引用的数据库中列的个数和数据类型。
- 所引用的数据库中列的个数和数据类型可以实时改变，容易保持一致，不用修改 PL/SOL 程序。

9.1.2　PL/SQL 控制语句

PL/SQL 程序可以通过控制结构来控制命令执行的流程。标准的 SQL 没有流程控制，而 PL/SQL 提供了丰富的流程控制语句。

PL/SQL 控制语句共有三种类型，包括条件控制、循环控制和顺序控制。

1. 条件控制

条件控制用于根据条件执行一系列语句。条件控制包括 IF 语句和 CASE 语句。

1）IF 语句

IF 语句语法如下：

```
IF <布尔表达式> THEN
   PL/SQL 和 SQL 语句
END IF;
--------------------------------------------------------
IF<布尔表达式> THEN
   PL/SQL 和 SQL 语句
ELSE
    其他语句
END IF;
--------------------------------------------------------
IF<布尔表达式> THEN
    PL/SQL 和 SQL 语句
ELSIF<其他布尔表达式>  THEN
    其他语句
ELSE
其他语句
END IF;
```

2）CASE 语句

CASE 语句语法如下：

语法一：

```
CASE 条件表达式
WHEN 条件表达式结果 1 THEN
语句段 1
WHEN 条件表达式结果 2 THEN
语句段 2
…
WHEN 条件表达式结果 n THEN
语句段 n
[ELSE 语句段]
END CASE;
```

语法二：

```
CASE
WHEN 条件表达式 1 THEN
语句段 1
WHEN 条件表达式 2 THEN
语句段 2
…
WHEN 条件表达式 n THEN
语句段 n
[ELSE 语句段]
END CASE;
```

2. 循环控制

循环控制用于重复执行一系列语句。循环控制包括 LOOP 和 EXIT 语句，使用 EXIT 语句可以立即退出循环；使用 EXIT WHEN 语句可以根据条件结束循环。

循环共有三种类型，包括 LOOP 循环、WHILE 循环和 FOR 循环。

1）LOOP 循环

LOOP 循环语法如下：

```
LOOP
要执行的语句
EXIT WHEN<条件语句>          //条件满足,退出循环语句
```

```
END LOOP;
```

2）WHILE 循环

WHILE 循环语法如下：

```
WHILE <布尔表达式> LOOP
要执行的语句
END LOOP;
```

3）FOR 循环

FOR 循环语法如下：

```
FOR 循环计算器 IN [REVERSE] 上限…下限 LOOP
要执行的语句；
END LOOP;
```

3. 顺序控制

顺序控制用于按顺序执行语句。顺序控制包括 GOTO 语句和 NULL 语句。

GOTO 语句一般不推荐使用。最常用的是 NULL 语句。

NULL 语句是一个可执行语句，相当于一个占位符或不执行任何操作的空语句，它可以使某些语句变得有意义，提高程序的可读性，保证其他语句结构的完整性和正确性。

9.2　异常处理

在运行程序时出现的错误叫作异常。发生异常后，语句将停止执行，PL/SQL 引擎立即将控制权转到 PL/SQL 块的异常处理部分。

☆**注意**☆　PL/SQL 编译错误发生在 PL/SQL 程序执行之前，因此不能由 PL/SQL 异常处理部分来处理。

异常情况处理（EXCEPTION）用来处理正常执行过程中未预料的事件。这里介绍两种比较典型的异常，即预定义异常和用户自定义异常。

1. 预定义异常

Oracle 预定义的异常情况大约有 24 个。对这种异常情况的处理，无须在程序中定义，可由 Oracle 自动引发，常见的预定义异常如表 9-2 所示。

表 9-2　常见的 Oracle 预定义异常及说明

异　　常	说　　明
ACCESS_INTO_NULL	在未初始化对象时出现
CASE_NOT_FOUND	CASE 语句中的选项与用户输入的数据不匹配时出现
COLLECTION_IS_NULL	给尚未初始化的表或数组赋值时出现
CURSOR_ ALREADY OPEN	在用户试图重新打开已经打开的游标时出现。在重新打开游标前必须先将其关闭
DUP_VAL_ON_INDEX	在用户试图将重复的值存储在使用唯一索引的数据库列中时出现
INVALID_CURSOR	在执行非法游标运算（如打开一个尚未打开的游标）时出现
INVALID_NUMBER	在将字符串转换为数字时出现
LOGIN_DENIED	在输入的用户名或密码无效时出现
NO_DATA_FOUND	在表中不存在请求的行时出现。此外，当程序引用已经删除的元素时，也会引发 NO DATA FOUND 异常

续表

异　　常	说　　明
STORAGE ERROR	在内存损坏或 PL/SQL 耗尽内存时出现
TOO MANY ROWS	在执行 SELECT INTO 语句后返回多行时出现
VALUE ERROR	在产生大小限制错误时出现
ZERO DIVIDE	以零作为除数时出现

预定义异常处理语法如下：

```
BEGIN
Sequence_of_statements;
EXCEPTION
WHEN <exception_name> THEN
sequence_of_statements;
WHEN OTHERS THEN
sequence_of_statements;
END;
```

OTHERS 处理程序确保不会漏过任何异常，如果没有在前面的异常处理部分显示获取命名的异常，它就可以获取其余的异常。PL/SQL 只能有一个 OTHERS 异常处理程序。可以使用函数 SQL CODE 和 SQL ERRM 来返回错误代码和错误文本信息。

2. 用户自定义异常

程序在执行过程中，出现编程人员认为的非正常情况。对这种异常情况的处理，需要用户在程序中定义，然后显式地在程序中将其引发。用户定义的异常错误通过使用 RAISE 语句来触发。当引用一个异常错误时，控制就转到 EXCEPTION 块异常错误部分，执行错误处理代码。

处理用户异常语法如下：

```
RAISE_APPLICATION_ERROR(error_number,error_message);
```

Error_number 表示用户为异常指定的编码。该编码必须是-20999～-20000 之间的负整数。

Error_message 表示用户为异常指定的消息文本。消息长度可达 2048 字节，是与 Error_number 表示关联的文本。

9.3　游标

在 Oracle 数据库中，游标是一个十分重要的概念。由于首次接触游标的概念，所以要求读者在学习过程中掌握显式游标的特点，才能运用自如。

1. 游标原理

在 Oracle 中，执行一个有 SELECT、INSERT、UPDATE 和 DELETE 语句的 PL/SQL 块时，Oracle 会在内存中为其分配一个缓冲区，将执行结果放在这个缓冲区中，而游标是指向该区的一个指针。游标为应用程序提供了一种对多行数据查询结果集中、每行数据进行单独处理的方法，是设计嵌入式 SQL 语句的应用程序的常用编程方式。游标原理如图 9-1 所示。

2. 游标分类

在 Oracle 中提供了两种游标类型，即静态游标和动态游标。静态游标是在编译时知道明确的 SELECT 语句的游标。静态游标又分为两种类型，即隐式游标和显式游标。本节只介绍静态游标的显式游标。

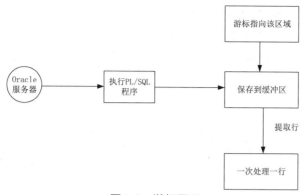

图 9-1　游标原理

显式游标有标准的操作过程。使用显式游标的四个步骤如图 9-2 所示。

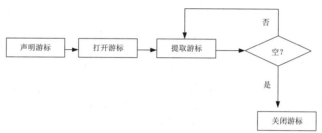

图 9-2　游标步骤

（1）声明游标，语法如下：

```
CURSOR cursor_name [(prrameter [, parameter]…)]
[RETURN return_type] IS select_statement;
```

语法介绍：

cursor_name：游标的名称。

prrameter：用于为游标指定输入参数。在指定数据类型时，不能使用长度约束。

return_type：用于定义游标提取的行的类型。

select_statement：游标定义的查询语句。

（2）打开游标，语法如下：

```
OPEN cursor_name [(parameters)];
```

（3）提取游标，语法如下：

```
FETCH cursor_name INTO variables;
```

语法介绍：

cursor_name：游标的名称。

variables：变量名。

（4）关闭游标，语法如下：

```
CLOSE cursor_name;
```

显式游标属性如下：

（1）%FOUND：只有在 DML 语句影响一行或多行时，%FOUND 属性才返回 true。

（2）%NOTFOUND：%NOTFOUND 属性与%FOUND 属性的作用正好相反。如果 DML 语句没有影响任何行，则%NOTFOUND 属性返回 true。

（3）%ROWCOUNT：%ROWCOUNT 属性返回 DML 语句影响的行数。如果 DML 语句没有影响任何行，则%ROWCOUNT 属性返回 0。

（4）%ISOPEN：%ISOPEN 属性返回游标是否已打开。

1. 使用显式游标删除或更新

使用游标时，如果处理过程中需要删除或更新行，在定义游标时必须使用 SELECT…FOR UPDATE 语句，而在执行 DELETE 和 UPDATE 时使用 WHERE CURRENT OF 子句指定游标的当前行。声明更新游标的语法如下：

```
CURSOR cursor_name IS
Select_statement FOR UPDATE [OF columns];
```

语法介绍：

FOR UPDATE[OF columns]为更新查询，锁定选择的行。

（1）当选择单个表更新查询时，可以省略 OF 子句；

（2）当选择多个表更新查询时，被锁定的行来源于 OF 子句后声明的列所在的表中的行。

在使用 FOR UPDATE 子句声明游标之后，可以使用以下语法更新行。

```
UPDATE table_name
SET column_name = column value
WHERE CURRENT OF cursor_name
```

在语法中多表查询更新时，更新表为锁定行所在的表。

2. 使用循环游标简化游标的读取

使用循环游标可简化显式游标的处理代码。循环游标隐式打开游标，自动从活动集获取行，然后在处理完所有行时关闭游标。循环游标自动创建%ROWTYPE 类型的变量并将此变量用作记录索引。

其语法如下：

```
FOR record_index IN cursor_name
LOOP
Executable_statements
END LOOP;
```

语法介绍：

record_index 是 PL/SOL 声明的记录变量。此变量的属性声明为%ROWTYPE 类型，作用域在 FOR 循环之内，即在 FOR 循环之外不能访问此变量。

循环游标特性如下：

（1）在从游标中提取了所有记录之后自动终止。

（2）提取和处理游标中的每一条记录。

（3）如果在提取记录之后%NOTFOUND 属性返回 true 则终止循环。

（4）如果未返回行则不进入循环。

NO_DATA_FOUND 和%NOTFOUND 的区别如下：

（1）SELECT…INTO 语句返回 0 条和多条记录时触发 NO_DATA_FOUND。

（2）当 UPDATE 或 DELETE 语句的 WHERE 子句未找到时，触发%NOTFOUND。

（3）在提取循环中用%NOTFOUND 或%FOUND 来确定循环的退出条件，而不用 NO_DATA_FOUND。

9.4　存储过程

PL/SQL 的存储过程包括子程序、使用方法以及存储过程的规则等。本节属于对 PL/SQL 语言的综合运用，读者不仅需要牢记许多知识点，而且还要掌握知识点之间如何协调运用。

9.4.1 子程序

子程序是已命名的 PL/SQL 块，它们存储在数据库中，可以为它们指定参数，也可以从任何数据库客户端和应用程序中调用它们。子程序包括存储过程和函数，使用存储过程可以执行一系列的操作；使用函数不仅可以执行操作而且可以像应用程序中的方法一样返回值。

与匿名的 PL/SQL 块一样，子程序具有声明部分、可执行部分、异常处理部分。

1. 声明部分

声明部分包括类型、游标、常量、变量、异常和嵌套子程序的声明。这些项是局部的，退出子程序后将不复存在。

2. 可执行部分

可执行部分包括赋值、控制执行过程及操纵 Oracle 数据的语句。

3. 异常处理部分

异常处理部分包括异常处理程序，负责处理执行存储过程中出现的异常。

子程序的优点如下：

（1）模块化：通过子程序，可以将程序分解为可管理的、明确的逻辑模块。

（2）可重用性：子程序在创建并执行后，就可以在任意数目的应用程序中使用。

（3）可维护性：子程序可以简化维护操作，如果一个子程序受到影响则只需修改该子程序的定义。

（4）安全性：用户可以设置权限，使得访问数据的唯一方式就是通过用户提供的存储过程和函数。这不仅可以让数据更加安全，而且可以保证它的正确性。

9.4.2 存储过程的用法

存储过程是执行某些操作的子程序，是执行特定任务的模块。从根本上讲，存储过程就是命名的 PL/SQL 程序块，它可以被赋予参数并存储在数据库中，然后由一个应用程序或其他 PL/SQL 调用。

下面介绍存储过程的基本用法：

（1）创建存储过程。

（2）调用存储过程，用命令在 SQL 提示符下调用；在 PL/SQL 块中调用。

（3）存储过程的参数模式。

（4）存储过程的访问权限。

（5）删除存储过程。

1. 创建存储过程

语法如下：

```
CREATE [OR REPLACE) PROCEDURE procedure name
[(parameter_list))
{IS | AS}
(local_declarations)
BEGIN
executable_statements
[EXCEPTION]
[exception_handlers)
END [procedure name];
```

语法介绍：

（1）procedure name：存储过程的名称。

（2）parameter_list：参数列表，可选。

（3）local_declarations：局部声明，可选。

（4）executable_statements：可执行语句。

（5）exception_handlers：异常处理程序，可选。

（6）OR REPLACE：可选。

如果不包含 OR REPLACE 语句，则表示仅仅新建一个存储过程，如果系统存在该存储过程则会报错；如果包含 OR REPLACE 语句，则表示如果系统中没有此存储过程则新建，有就用现在的替换原来的存储过程。

2. 调用存储过程

存储过程建立完成后，通过授权，就可以被调用了。

（1）用命令调用。

用命令在 SQL 提示符下调用，使用 EXECUTE 语句来执行过程。

执行存储过程，其语法如下：

```
EXEC [UTE] procedure_name (parameters list);
```

语法介绍：

EXECUTE：执行命令，可以缩写为 EXEC。

procedure_name：过程的名称。

parameters list：参数的列表。

参数的传递方式可分为以下三种：

- 按位置传递参数。

例如：

```
EXEC add_employee(1111,'MARY,2000,MANAGERI,10)
```

- 按名称传递参数。按名称传递参数即在调用时按名称对应。名称的对应关系是最重要的，次序不重要。

例如：

```
EXEC add_employee(dno=>10,name=>'MARY',salary=>2000,eno=>1112,job=>'MANAGER');
```

其中，dho、name、salary、eno 为存储过程声明中的参数名称，次序可以任意排列。

- 按混合方式传递参数。

```
EXEC add employee(1113, dno=>10, name=>"MARY,salary=>2000, job=>'MANAGER)
```

其中，雇员编号为 1113，后面的部门编号按照名称传递参数，后续都要按照名称传递参数，不可以按照位置传递。

（2）在 PL/SQL 块中调用。

在 PL/SQL 块中调用存储过程。

```
--用 PL/SQL 按位置调用添加员工存储过程
BEGIN
--按位置传递参数
Add_employee(2111,'MARY,2000,'MANAGER',10);
--按名字传递参数
add_emp oyee(dno=>10,name=>MARY,salary=>2000,eno=>2112,job=>'MANAGER');
--混合方式传递参数
Add_employee(3111,dno=>10,name=>'MARY',salary=>2000,job=>'MANAGER')
END
```

☆**注意**☆　在 PL/SQL 块中调用存储过程时不需要写 EXEC 命令，直接写存储过程名称即可，EXEC 是命令行中调用存储过程的命令。

3. 存储过程的参数模式

调用程序是通过参数向被调用的存储过程传递值的。

参数传递的模式有三种：IN、OUT 和 IN OUT，即输入参数、输出参数和输入/输出参数。

（1）IN 模式只能将实参传递给形参，进入函数内部，但只能读不能写，函数返回时实参的值不变。

（2）OUT 模式会忽略调用时的实参值（或者说该形参的初始值总是 NULL），但在函数内部可以被读或写，函数返回时形参的值会赋给实参。

（3）IN OUT 具有前两种模式的特性，即调用时，实参的值总是传递给形参；结束时，形参的值传递给实参。

语法如下：

```
Parameter_name [IN | OUT | IN OUT] datatype
[{: DEFAULT} expression]
```

IN 模式是默认参数传递模式。如果未指定参数的模式，则认为该参数是 IN 参数。而对于 OUT 和 IN OUT 参数，必须明确指定 OUT 和 IN OUT。

在返回到调用环境之前，必须先给 OUT 或 IN OUT 参数赋值。可以在参数列表中为 IN 参数赋予一个默认值，但不能为 OUT、IN OUT 参数赋予默认值。

4. 存储过程的访问权限

存储过程创建之后，只有创建该存储过程的用户和管理员才有权调用它。其他用户如果要调用该存储过程，需要得到存储过程的 EXECUTE 权限。例如：

```
--A_oe 执行 employee 权限
GRANT EXECUTE ON add_employee TO A_oe;
--撤销权限
REVOKE EXECUTE ON add_employee FROM A_oe;
```

5. 删除存储过程

存储过程可以使用 DROP PROCEDURE 语句来删除，其语法如下：

```
DROP PROCEDURE procedure_name;
```

其中，procedure_name 是存储过程的名称。

9.4.3　存储过程的规则

编写存储过程遵循的规则如下：

（1）存储过程中不可以直接使用 DDL 语句，可以通过动态 SQL 实现。但不建议频繁地使用 DDL 语句。

（2）存储过程必须有相应的出错处理功能。

（3）存储过程中变量在引用表字段时，需使用%type 和%rowtype 类型。

（4）-1999～-1 的异常为 Oracle 定义的异常代码。

（5）必须在存储过程中做异常捕获，并将异常信息通过 os_Msg 变量输出。

（6）存储过程必须包含两个输出参数，即 on_Flag（number）和 os_Msg（varchar2），两者分别用于标识过程的执行状态及过程提示信息（包括异常情况下的异常信息）。

其中，on_Flag 有三种值情况：

- 0 表示过程执行成功，但无提示信息。
- 大于 0 表示过程执行成功，但有提示信息。
- 小于 0 表示过程执行失败，且有提示信息。

（7）"WHEN OTHERS"必须放置在异常处理代码的最后面，作为默认处理器处理没有显式处理的异常。

9.5 精选笔试、面试题解析

根据 PL/SQL 基础知识，本节总结了一些在面试、笔试过程中经常遇到的问题。通过学习，读者将掌握在面试、笔试过程中回答问题的方法。

9.5.1 如何书写显式游标

试题题面：如何书写显式游标？

题面解析：本题考查应聘者对游标的掌握程度。应聘者需要把关于游标的知识点总结一下，然后再回答问题。

解析过程：

在 PL/SQL 块中执行 SELECT、INSERT、DELETE 和 UPDATE 语句时，Oracle 会在内存中为其分配上下文区（Context Area），即缓冲区。游标是指向该区的一个指针，或是命名一个工作区（Work Area），或是一种结构化数据类型。

在每个用户会话中，可以同时打开多个游标，其数量由数据库初始化参数文件中的 OPEN_CURSORS 参数定义。

对于不同的 SQL 语句，游标的使用情况如表 9-3 所示。

表 9-3　游标与 SQL

SQL	游　标
非查询语句	隐式
结果是单行查询语句	显式或隐式
结果是多行查询语句	显式

（1）显式游标具体代码如下：

```
DECLARE
--1.声明游标,有参数没有返回值
CURSOR c4(dept_id NUMBER, j_id VARCHAR2)
IS
SELECT first_name f_name, hire_date FROM employees
WHERE department_id = dept_id AND job_id = j_id;
--基于游标定义记录变量,比声明记录类型变量要方便,不容易出错
v_emp_record c4%ROWTYPE;
BEGIN
--2.打开游标,传递参数值
OPEN c4(90,'AD_VP');
LOOP
--3.提取游标 fetch into
FETCH c4 INTO v_emp_record;
IF c4%FOUND THEN
DBMS_OUTPUT.PUT_LINE(v_emp_record.f_name||'的雇佣日期是'
||v_emp_record.hire_date);
ELSE
DBMS_OUTPUT.PUT_LINE('已经处理完结果集');
EXIT;
END IF;
END LOOP;
--4.关闭游标
CLOSE c4;
```

```
END;
退出 LOOP 或者用：
EXIT WHEN c4%NOTFOUND;
```

（2）游标属性。

Cursor_name%FOUND：布尔型属性，当最近一次提取游标操作 FETCH 成功则为 true，否则为 false。

Cursor_name%NOTFOUND：布尔型属性，与%FOUND 相反。

Cursor_name%ISOPEN：布尔型属性，当游标已打开时返回 true。

Cursor_name%ROWCOUNT：数字型属性，返回已从游标中读取的记录数。

9.5.2　存储过程在编写时有哪些规则

试题题面：存储过程在编写时有哪些规则？

题面解析：本题不仅考查关于存储过程的知识点，而且还考查存储过程的使用规则，应聘者需要把该问题所涉及的知识全方面的了解，这样回答问题就会变得更加容易。

解析过程：

编写存储过程需遵循如下规则：

（1）存储过程中不可以直接使用 DDL 语句，可以通过动态 SQL 实现。但不建议频繁使用 DDL 语句。

（2）存储过程必须有相应的出错处理功能。

（3）存储过程中变量在引用表字段时，需使用%type 和%rowtype 类型。

（4）-1 999～-1 的异常为 Oracle 定义的异常代码。

（5）必须在存储过程中做异常捕获，并将异常信息通过 os_Msg 变量输出。

（6）存储过程必须包含两个输出参数，即 on_Flag（number）和 os_Msg（varchar2），两者分别用于标识过程的执行状态及过程提示信息（包括异常情况下的异常信息）。

其中，on_Flag 有三种值情况：

- 0 表示过程执行成功但无提示信息。
- 大于 0 表示过程执行成功但有提示信息。
- 小于 0 表示过程执行失败且有提示信息。

（7）"WHEN OTHERS"必须放置在异常处理代码的最后面，作为默认处理器处理没有显式处理的异常。

9.5.3　Oracle 和 PL/SQL 的区别

试题题面：Oracle 和 PL/SQL 的区别有哪些？

题面解析：本题主要考查 Oracle 和 PL/SQL，所以应聘者需要知道什么是 Oracle，而且还要了解 PL/SQL，并且能够正确地对两者进行区分。

解析过程：

Oracle Database，又名 Oracle RDBMS，简称 Oracle，是甲骨文公司的一款关系数据库管理系统。到目前仍在数据库市场上占有主要份额。

1. Oracle 数据特点

（1）完整的数据管理功能：数据的大量性、数据保存的持久性、数据的共享性、数据的可靠性。

（2）完备关系的产品：信息准则，关系型 DBMS 的所有信息都应在逻辑上用一种方法，即表中的值显示地表示。

（3）保证访问的准则：视图更新准则，只要形成视图的表中的数据变化，相应的视图中的数据同时变化。

2. PL/SQL

PL/SQL 是 Oracle 对 SQL 的一种扩展，基本每一种数据库都会对 SQL 进行扩展，Oracle 对 SQL 的扩展就叫作 PL/SQL。

（1）SQL 是操作所有关系数据库的规则。

（2）SQL 是第四代语言。

（3）SQL 是一种结构化查询语言。

（4）SQL 只需发出合法合理的命令，就有对应的结果显示。

3. PL/SQL 和 Oracle

（1）Oracle 是数据库，有客户端和服务器。

（2）PL/SQL Developer 是第三方工具，服务于 Oracle，类似的工具还有 Toad、sqlplus、sql developer 等。

（3）安装 PL/SQL Developer 和 Oracle 没什么关系，如果没有 Oracle 客户端，安装 PL/SQL Developer 也没有什么用。

SQL*Plus 是 Oracle 自带的数据库管理客户端，可以编辑 SQL 语句执行，是命令行模式。

PL/SQL 有两种。一种是工具 PL/SQL Developer 和 SQL*Plus 一样是数据库管理客户端，是一种可视化界面，也可以使用命令行编辑 SQL。

另外一种是 PL/SQL 语言，是 Oracle 中的块结构语言，类似存储过程，是一种过程化的语言。把 SQL 语言和编程高级语言相融合，和 Java 类似。既可以在 SQL*Plus 上开发 PL/SQL 语言，也可以在 PL/SQL Developer 上开发 PL/SQL 语言。

☆**注意**☆ PL/SQL 与 Oracle 数据类型的区别：①同样的类型大小不同；②增加了布尔类型。

9.5.4 自定义异常

试题题面：编写程序，用以接收用户输入的员工编号、公司和部门代码。如果部门代码为"10"且工资低于 10000 元，则更新员工的工资为 10000 元；如果工资高于 10000 元，则显示消息"工资不低于 10000 元"。如果部门代码不为"10"则不显示。

题面解析：根据员工编号、部门编号和工资情况判断是否符合条件。如果不符合，属于不符合业务规则的范畴，而不是 Oracle 所制定的规则。利用用户自定义异常技术实现不符合规则的消息显示。

解析过程：

代码实现如下：

```
DECLARE
  v_sal employee.sal%TYPE;
  v_deptno employee.deptno%TYPE;
  e_comm_is_null EXCEPTION; --定义异常类型变量
BEGIN
    SELECT sal,deptno INTO v_sal,v_deptno
      FROM employee
     WHERE empno=7788;
     IF v_deptno=20 THEN
       IF v_sal<10000 THEN
         UPDATE employee
           SET sal=10000
         WHERE empno=7788;
```

```
        ELSE
           RAISE e_comm_is_null;
        END IF;
        END IF;
EXCEPTION
  WHEN NO_DATA_FOUND THEN
     dbms_output.put_line('雇员不存在! 错误为:'||SQLCODE||SQLERRM);
     WHEN e_comm_is_null THEN
     dbms_output.put_line('工资不低于10000元');
     WHEN others THEN
     dbms_output.put_line('出现其他异常');
END;
```

9.5.5　NO_DATA_FOUND 和%NOTFOUND 的区别是什么

试题题面：NO_DATA_FOUND 和%NOTFOUND 的区别是什么？

题面解析：本题经常出现在面试中，面试官提问该问题主要是想考查应聘者对 NO_DATE_FOUND 和%NOTFOUND 的熟悉程度，只有掌握了基础知识，才能在以后的工作中应用自如。

解析过程：

（1）SELECT…INTO 语句返回 0 条和多条记录时触发 NO_DATA_FOUND。

（2）当 UPDATE 或 DELETE 语句的 WHERE 子句未找到时触发%NOTFOUND。

（3）在提取循环中要用%NOTFOUND 或%FOUND 来确定循环的退出条件，不要使用 NO_DATA_FOUND。

9.5.6　几种异常的区别

试题题面：比较几种异常之间的区别？

题面解析：本题属于面试的常见的问题之一，主要考查应聘者关于异常知识点的掌握程度，在回答问题之前应聘者需要了解什么是异常、异常之间的区别再回答问题。

解析过程：

有三种异常类型：

（1）预定义（Predefined）异常。

Oracle 预定义的异常情况大约有 24 个。对这种异常情况的处理，无须在程序中定义，由 Oracle 自动将其引发。

（2）非预定义（Non Predefined）异常。

非预定义异常即其他标准的 Oracle 异常。对这种异常情况的处理，需要用户在程序中定义，然后由 Oracle 自动将其引发。

（3）用户定义（User_define）异常。

程序执行过程中，出现编程人员认为的非正常情况。对这种异常情况的处理，需要用户在程序中定义，然后显式地在程序中将其引发。

异常处理通常在 PL/SQL 结构的后半部，结构为：

```
EXCEPTION
WHEN 异常 1 名字 THEN 处理方法;
WHEN 异常 2 名字 THEN 处理方法;
WHEN OTHERS THEN 处理方法;
```

1. 预定义的异常处理

部分 Oracle 预定义的异常错误，如本章中表 9-2 所示。

异常情况的处理，只需在 PL/SQL 块的异常处理部分，直接引用相应的异常情况名，并对其完成相应的异常错误处理即可。

2. 非预定义的异常处理

对于这类异常情况的处理，首先必须对非定义的 Oracle 错误进行定义。步骤如下：

（1）在 PL/SQL 块的定义部分定义异常情况：

```
<异常情况> EXCEPTION;
```

（2）将定义好的异常情况，与标准的 Oracle 错误联系起来，使用 EXCEPTION_INIT 语句：

```
PRAGMA EXCEPTION_INIT(<异常情况>, <错误代码>);
```

（3）在 PL/SQL 块的异常情况处理部分对异常情况做出相应的处理。

3. 用户自定义的异常处理

用户定义的异常错误是通过使用 RAISE 语句来触发的。当引发一个异常错误时，控制就转向到 EXCEPTION 块异常错误部分，执行错误处理代码。

对于这类异常情况的处理，步骤如下：

（1）在 PL/SQL 块的定义部分定义异常情况：

```
<异常情况> EXCEPTION;
```

（2）RAISE <异常情况>；

（3）在 PL/SQL 块的异常情况处理部分对异常情况做出相应的处理。

调用 DBMS_STANDARD（Oracle 提供的包）包所定义的 RAISE_APPLICATION_ERROR 过程，可以重新定义异常错误消息，它为应用程序提供了一种与 Oracle 交互的方法。

RAISE_APPLICATION_ERROR 的语法如下：

```
RAISE_APPLICATION_ERROR(error_number,error_message,[keep_errors] );
```

语法介绍：

（1）error_number：从 -20 000 到 -20 999 之间的参数；

（2）error_message：相应的提示信息（<2048 字节）；

（3）keep_errors：可选，如果 keep_errors=true，则新错误将被添加到已经引发的错误列表中。如果 keep_errors=false（默认），则新错误将替换当前的错误列表。

9.5.7 PL/SQL 控制语句有哪些

试题题面：PL/SQL 控制语句有哪些？

题面解析：本题主要考查 PL/SQL 控制语句，应聘者需要把关于控制语句的知识点总结一下，然后回答该问题。

解析过程：

1. LOOP 循环

LOOP 循环可以使用 LOOP-END 构造最简单的循环，声明语法如下：

```
LOOP
executable statement(s)
END LOOP;
```

executable statement(s)位置放置的是要进行循环的语句块，循环从 LOOP 语句进入，如果没有显示就退出程序的执行流程将反复地执行 executable statement 语句块。

2. EXIT 退出循环

EXIT 语句会强迫循环无条件终止，因此当遇到 EXIT 语句时，循环会立即终止，并将控制权交给循环下面的语句，EXIT 使用语法如下：

```
LOOP
statement 1;
statement 2;
IF condition THEN
EXIT;
END IF;
END LOOP;
statement 3;
```

在 LOOP 语句内部使用 IF-THEN 语法判断 condition 条件是否成立，如果成立，则执行 EXIT 退出循环，此时程序执行流程就会跳转到 statement 3 语句中。

3. EXIT WHEN 退出循环

PL/SQL 提供了 EXIT WHEN 语句来终止一个循环，该语句与 EXIT 的不同之处在于可以在 WHEN 关键字的后面指定一个循环执行的条件，通常是比较表达式或者是一个函数或变量，当返回值为 true 时，循环立即终止并跳转到循环体外的下一个语句块，其声明语法如下：

```
LOOP
statement 1;
statement 2;
EXIT WHEN condition;
END LOOP;
statement 3;
```

EXIT WHEN 的使用效果与 EXIT 的使用效果完全相同，只是使用 WHEN 子句可以不用再写 IF-THEN 这样的语法，使代码更加简洁易懂。

4. CONTINUE 继续执行循环

CONTINUE 与 EXIT 类似，CONTINUE 也会中断当前循环的执行，但是 CONTINUE 不会立即退出循环，而是将循环执行跳转到语句的开头开始执行下一次循环，CONTINUE 允许跳过部分循环执行的代码重新开始另一次循环。

CONTINUE 与 EXIT 相似，CONTINUE 也具有一个相似的 CONTINUE WHEN 子句，使用 CONTINUE WHEN 子句可以在 WHEN 关键字后面指定要进行跳转的条件，可以使用 CONTINUE WHEN 子句简化 CONTINUE 语句的实现。

每当程序执行到 CONTINUE WHEN 语句时，WHEN 中的条件将被重新计数，如果结果不为 true，CONTINUE WHEN 将不做任何事，程序的执行继续进行，否则循环中断，跳转到循环体开头重新执行。

5. WHILE-LOOP 循环

简单的 WHILE-LOOP 循环有一个特色，即无论循环退出条件是否满足，总是先进入 LOOP 循环体，执行代码，直到遇上 EXIT 或 EXIT WHEN 子句才判断并退出循环，这使得循环体中的代码至少有机会被执行一次，这种类型的循环也称为出口值守循环。

而 WHILE-LOOP 循环在执行循环体中的代码之前先判断一个条件，如果条件一开始就为假，那么就不执行代码，这种循环成为入口值守循环。

WHILE-LOOP 循环的声明语法如下：

```
WHILE entry_condition LOOP
[counter_management_statements;]
repeating_statements;
END LOOP;
```

可以看到 WHILE 循环内部包含了一个 LOOP 循环，但是在 WHILE 关键字后面需要先指定循环得以进入的条件。

WHILE 循环中的条件会在每一次循环时被重新计算，如果条件不为 true，则继续执行循环体代码，如果条件为 false 或 NULL，则退出循环。

6. FOR-LOOP 循环

PL/SQL 的 FOR-LOOP 循环分为如下两类：

数字 FOR 循环：在已知的循环次数内进行循环操作。

游标 FOR 循环：用来循环游标结果集。

数字 FOR 循环与 LOOP 和 WHILE-LOOP 循环最大的不同在于，在循环开始前已经知道了循环的次数，因此称为数字 FOR 循环。

（1）基本循环结构。

FOR 循环的声明语法如下所示：

```
FOR loop index IN [ REVERSE ] lowest number .. highest number
LOOP
executable statement(s)
END LOOP;
```

循环以 FOR 开头，loop index 是循环计数器，IN 表示循环将在数字范围内进行循环，可选择 REVERSE 表示反向由高到低循环，lowest number，highest number 表示数字的低位和数字的高位。

如果循环的上界和下界一致，循环将仅执行一次。

（2）使用 REVERSE 关键字。

默认情况下，循环计数是从低到高进行的，当使用了 REVERSE 后，循环过程将按由高到低的顺序进行，在每个循环后，循环计数器递减。

（3）使用上下边界值。

循环边界值除可以为数字外，还可以是任意的变量、表达式，只要它们是可以赋值的数字，否则 PL/SQL 会引起预定义的 VALUE_ERROR 异常。

在 FOR-LOOP 循环中，依然可以使用 EXIT、EXIT WHEN 和 CONTINUE、CONTINUE WHEN 语句来及时中断或跳转循环，用法与简单 LOOP 循环的使用相似。

9.5.8 SGA 主要有哪些部分，主要作用是什么

试题题面：SGA 主要有哪些部分，主要作用是什么？

题面解析：本题是对 SGA 知识点的考查，在回答该问题时，应聘者需要阐述自己对 SGA 的理解，另外，还要解释关于 SGA 主要有哪些部分以及作用。

解析过程：

SGA 主要由数据高速缓冲区（Database Buffer Cache）、共享池（Shared Pool）、重做日志缓冲区（Redo Log Cache）、大型池（Large Pool）、Java 池（Java Pool）、流池（Streams Pool）和其他结构（例如固定 SGA、锁管理等）组成。

（1）Database Buffer Cache：由 ServerProcess 从磁盘读入的数据放在这块内存中。修改数据时，也在这块区域中，同时保存数据库被修改前（前镜像）和修改后（后镜像）的拷贝。

数据高速缓冲可分为三类：Free Buffer、Dirty Buffer 和 Pinned Buffer（正在被用户使用）。

按用途可分为：Keep Buffer Pool、Recycle Buffer Pool 和 Default Buffer Pool。

（2）共享池（Shared Pool）：对 OLTP 系统来说尤其重要，存放 PL/SQL 代码、SQL 语句以及数据字典信息。可分为 Library Cache 和 Dictionary Cache 两个区域。

（3）重做日志缓冲区（Redo Log Cache）：用来保存 Redo 记录，采用循环方式工作，一旦 LGWR 进程把日志写到磁盘，LGWR 就可以覆盖这块内容。

（4）大型池（Large Pool）最主要用途就是供 RMAN 备份和共享连接模式。

（5）Java 池（Java Pool）用于支持 JAVA 虚拟机（JVM）。

（6）流池（Streams Pool）支持流。

9.5.9　RMAN 是什么，有什么特点

试题题面：RMAN 是什么，有什么特点？

题面解析：本题主要考查应聘者对 RMAN 的熟练程度，知道 RMAN 是什么以及它们的使用范围、区别和特点。

解析过程：

RMAN（RecoveryManager）是 DBA 的一个重要工具，主要用于备份、还原和恢复 Oracle 数据库。RMAN 可以用来备份和恢复数据库文件、归档日志、控制文件、系统参数文件，也可以用来执行完全或不完全的数据库恢复。

RMAN 有三种不同的用户接口：COMMANDLINE 方式、GUI 方式和 API 方式。

RMAN 具有如下特点：

（1）功能类似物理备份，但比物理备份强大 N 倍。

（2）可以在 PL/SQL 块水平上实现增量。

（3）可以把备份的输出打包成备份集，也可以按固定大小分割备份集。

（4）备份与恢复的过程可以自动管理。

（5）可以使用脚本（存在 Recoverycatalog 中）。

（6）可以做坏块监测。

9.5.10　求 1～100 的素数

试题题面：求 1～100 的素数。

题面解析：本题属于实践考查题，面试或笔试过程中能够使用代码书写出 1～100 的素数。

解析过程：

```
Declare
fag boolean:=true;
begin
for i in 1..100 loop
for j in 2..i-1 loop
if mod(i,j)=0 then
fag:=false;
end if;
end loop;
if fag then
dbms_output.put_line(i);
end if;
fag:=true;
end loop;
end;
```

9.5.11　使用代码解决员工薪资

试题题面：对所有员工，如果该员工职位是 MANAGER，并且在 DALLAS 工作那么就给他薪金加 15%；如果该员工职位是 CLERK，并且在 NEWYORK 工作那么就给他薪金扣除 5%；其他情况不作处理。

题面解析：本题属于实践考查题，主要解决员工的薪资问题。首先通过 SQL 语句对员工的职位以及部门进行查询，然后判断该员工的职位是 MANAGER 或 CLERK、部门是 DALLAS 或 NEWYORK，根据相应的部门以及职位信息进行薪资的增加或扣除。

解析过程：

```
Declare
```

```
cursor c1 is select * from emp;
c1rec c1%rowtype;
v_loc varchar2(20);
begin
for c1rec in c1 loop
select loc into v_loc from dept where deptno = c1rec.deptno;
if c1rec.job = 'MANAGER' and v_loc = 'DALLAS' then
update emp set sal = sal * 1.15 where empno = c1rec.empno;
elseif c1rec.job='CLERK' and v_loc = 'NEW YORK' then
update emp set sal = sal * 0.95 where empno = c1rec.empno;
else
null;
end if;
end loop;
end;
```

9.5.12 员工工资排序

试题题面：根据员工在各自部门中的工资高低排出在部门中的名次（允许并列）。

题面解析：本题也属于实践考查题。通过 SQL 语句中的 order by 对员工的薪资进行排序，再通过 PL/SQL 块列出员工的工号、部门以及薪资等信息，并把这些信息写入创建的临时表中，最后按照员工薪资的高低进行排序。

解析过程：

```
1. 一条 SQL 语句
select deptno,ename,sal,(select count(*) + 1
from emp where deptno = a.deptno
and sal > a.sal) as ord
from emp a
order by deptno,sal desc;
2. PL/SQL 块
declare
cursor cc is
select * from dept;
ccrec cc%rowtype;
cursor ck(no number) is
select * from emp where deptno = no order by sal desc;
ckrec ck%rowtype;
i number;
j number;
v_sal number:=-1;
begin
for ccrec in cc loop
i := 0;
for ckrec in ck(ccrec.deptno) loop
i := i + 1;
--写入临时表
if ckrec.sal = v_sal then
null;
else
j:=i;
end if;
--显示
DBMS_OUTPUT.put_line(ccrec.deptno||chr(9)||ccrec.ename||chr(9)||ckrec.sal||chr(9)
||j);
v_sal := ckrec.sal;
end loop;
end loop;
end;
```

9.5.13　PL/SQL 程序编写（1）

试题题面：编写一个 PL/SQL，对所有的"销售员"（SALESMAN）增加工资 500。

题面解析：本题属于实践考查题，主要考查 PL/SQL 程序的编写过程，通过对本问题的解答，可以让读者掌握 PL/SQL 程序编写的方法。

解析过程：

```
DECLARE
CURSOR c1 IS
SELECT * FROM emp WHERE job=&acute;SALESMAN&acute; FOR UPDATE OF sal;
BEGIN
FOR i IN c1
LOOP
UPDATE emp SET sal=NVL(sal,0)+500 WHERE CURRENT OF c1;
END LOOP;
END;
/
```

9.5.14　PL/SQL 程序编写（2）

试题题面：编写一个 PL/SQL，以提升两个资格最老的"职员"为"高级职员"（工作时间越长，优先级越高）。

题面解析：本题也属于实践考查题，同样考查读者对 PL/SQL 程序编写的掌握程度，通过对本问题的解答，可以让读者进一步掌握 PL/SQL 程序编写的方法。

解析过程：

```
DECLARE
CURSOR c1 IS
SELECT * FROM emp WHERE job=&acute;CLERK&acute; ORDER BY hiredate FOR UPDATE OF job;
--升序排列,工龄长的在前面
BEGIN
FOR i IN c1
LOOP
EXIT WHEN c1%ROWCOUNT>2;
DBMS_OUTPUT.PUT_LINE(i.ename);
UPDATE emp SET job=&acute;HIGHCLERK&acute; WHERE CURRENT OF c1;
END LOOP;
END;
/
```

9.5.15　创建一个序列，第一次从 5 循环到 10，以后再从 0 开始循环

试题题面：创建一个序列，第一次从 5 循环到 10，以后再从 0 开始循环？

题面解析：本题主要考查数据库中如何创建序列，以及如何对序列进行排序。

解析过程：

```
create sequence test_seq
start with 5
increment by 1
maxvalue 10
minvalue 0
cycle
nocache
```

9.5.16 检查薪水范围

试题题面：编写一个函数以检查所指定雇员的薪水是否在有效范围内。

题面解析：本题属于实践考查题，即考查如何编写一个函数，用以检查所指定雇员的薪水在有效范围内。

解析过程：

```
不同职位的薪水范围为:
Designation Raise
Clerk 1500-2500
Salesman 2501-3500
Analyst 3501-4500
Others 4501 and above.
如果薪水在此范围内,则显示消息"Salary is OK",否则,更新薪水为该范围内的最小值
CREATE OR REPLACE FUNCTION Sal_Level(no emp.empno%TYPE) RETURN CHAR AS
vjob emp.job%TYPE;
vsal emp.sal%TYPE;
vmesg CHAR(50);
BEGIN
SELECT job,sal INTO vjob,vsal FROM emp WHERE empno=no;
IF vjob=´CLERK´ THEN
IF vsal>=1500 AND vsal<=2500 THEN
vmesg:=´Salary is OK.´;
ELSE
vsal:=1500;
vmesg:=´Have updated your salary to ´||TO_CHAR(vsal);
END IF;
ELSEIF vjob=´SALESMAN´ THEN
IF vsal>=2501 AND vsal<=3500 THEN
vmesg:=´Salary is OK.´;
ELSE
vsal:=2501;
vmesg:=´Have updated your salary to ´||TO_CHAR(vsal);
END IF;
ELSEIF vjob=´ANALYST´ THEN
IF vsal>=3501 AND vsal<=4500 THEN
vmesg:=´Salary is OK.´;
ELSE
vsal:=3501;
vmesg:=´Have updated your salary to ´||TO_CHAR(vsal);
END IF;
ELSE
IF vsal>=4501 THEN
vmesg:=´Salary is OK.´;
ELSE
vsal:=4501;
vmesg:=´Have updated your salary to ´||TO_CHAR(vsal);
END IF;
END IF;
UPDATE emp SET sal=vsal WHERE empno=no;
RETURN vmesg;
END;
/
DECLARE
vmesg CHAR(50);
vempno emp.empno%TYPE;
BEGIN
vempno:=&empno;
```

```
vmesg:=Sal_Level(vempno);
DBMS_OUTPUT.PUT_LINE(vmesg);
END;
/
--SELECT empno,ename,sal,comm,hiredate FROM emp WHERE empno=:no;
```

9.5.17　调薪

试题题面：编写一个给特殊雇员加薪 10%的过程，这之后，检查如果已经聘用该雇员超过 60 个月，则给他额外加薪 3000 元。

题面解析：本题属于实践考查题，也是实际生活中经常遇到的问题。首先通过 SQL 语句对员工的信息进行查询，然后判断该员工在职的时间是否满 60 个月，如果超过 60 个月，则把该员工的薪资增加 3000 元，最后使用 UPDATE 语句更新数据库中保存的数据。

解析过程：

```
CREATE OR REPLACE PROCEDURE Raise_Sal(no IN NUMBER) AS
vhiredate DATE;
vsal emp.sal%TYPE;
BEGIN
SELECT hiredate,sal INTO vhiredate,vsal FROM emp WHERE empno=no;
IF MONTHS_BETWEEN(SYSDATE,vhiredate)>60 THEN
vsal:=NVL(vsal,0)*1.1+3000;
ELSE
vsal:=NVL(vsal,0)*1.1;
END IF;
UPDATE emp SET sal=vsal WHERE empno=no;
END;
/
VARIABLE no NUMBER
BEGIN
:no:=7369;
END;
/
```

9.5.18　显示 EMP 中的第四条记录

试题题面：如何显示 EMP 中的第四条记录？

题面解析：本题也属于实践考查题，主要考查在数据库中如何显示指定的记录，通过对本问题的解答，可以让读者学会显示 EMP 中的第四条记录的方法。

解析过程：

```
DECLARE
CURSOR c1 IS SELECT * FROM emp;
BEGIN
FOR i IN c1
LOOP
IF c1%ROWCOUNT=4 THEN
DBMS_OUTPUT.PUT_LINE(i. EMPNO || &acute; &acute; ||i.ENAME || &acute; &acute; || i.JOB
|| &acute; &acute; || i.MGR
   || &acute; &acute; || i.HIREDATE || &acute; &acute; || i.SAL || &acute; &acute; ||
i.COMM || &acute; &acute; || i.DEPTNO);
   EXIT;
   END IF;
   END LOOP;
   END;
   /
```

9.6　名企真题解析

接下来，总结了一些各大企业往年的面试及笔试真题，读者可以根据以下题目来做参考，看自己是否已经掌握了基本的知识点。

9.6.1　使用预定义异常完善员工查询信息

【选自 BD 笔试题】

试题题面： 公司通过员工（employee）表查询员工记录，接收员工编号并检索员工姓名。姓名存储在 v_ename 变量中，类型为 VARCHAR2(4)。

题面解析： 根据编号查询姓名可能查询结果为空会引发 NO_DATA_FOUND 异常；也有可能查到姓名，但长度超过变量长度，引发异常 VALUE_ERROR，然后进行异常处理。

解析过程：

代码实现如下：

```
DECLARE
    v_empno VARCHAR2(10):=7788;
    v_ename VARCHAR2(4);
BEGIN
    SELECT ename INTO v_ename FROM employee WHERE empno=v_empno;
    dbms_output.put_line(v_ename);
EXCEPTION
    WHEN NO_DATA_FOUND THEN
        dbms_output.put_line('雇员不存在! 错误为:'||SQLCODE||SQLERRM);
    WHEN VALUE_ERROR THEN
        dbms_output.put_line('名称长度超过变量长度');
    WHEN others THEN
        dbms_output.put_line('出现其他异常');
END;
```

9.6.2　存储过程

【选自 GG 笔试题】

试题题面： 根据输入的员工编号，解雇相应的员工；创建输出参数为薪水集合的存储过程，调用并显示所有员工的薪水。

题面解析： 使用创建存储过程的语法，游标作为输出参数，再用异常处理增强程序健壮性，这时需要有返回执行状态 on_Flag 及过程提示信息 os_Msg。

解析过程：

具体代码如下：

```
CREATE OR REPLACE PROCEDURE fire_employee(
    --输入参数,雇员编号
    eno employee.empno%type,
    --执行状态
    on_Flag OUT number,
    --提示信息
    os_Msg OUT VARCHAR2
)
IS
    e1 EXCEPTION; --定义异常类型变量
BEGIN
```

```
  DELETE
     FROM employee
   WHERE empno=eno;
   IF SQL%NOTFOUND THEN
     RAISE e1;
   ELSE
     on_Flag:=1;
     os_Msg:='成功';
   END IF;
EXCEPTION
   WHEN e1 THEN
     on_Flag:=-1;
     os_Msg:='该雇员不存在。';
   WHEN OTHERS THEN
     on_Flag:=SQLCODE;
     os_Msg:=SQLERRM;
END;

DECLARE
  v_no employee.empno%TYPE;
  on_Flag number(1);          --执行状态
  os_Msg VARCHAR2(200);       --提示信息
BEGIN
  v_no:=7788;
  fire_employee(v_no,on_flag,os_Msg);
  dbms_output.put_line(on_flag);
  dbms_output.put_line(os_Msg);
END;

--调用get_sals存储过程,显示员工薪水
CREATE OR REPLACE PROCEDURE get_sals(
  cur_salary OUT SYS_REFCURSOR,
  on_Flag OUT number,          --执行状态
  os_Msg OUT VARCHAR2          --提示信息
)
AS
BEGIN
  OPEN cur_salary FOR
    SELECT empno,sal FROM employee;
  on_Flag:=1;
  os_Msg:='成功';
EXCEPTION
  WHEN OTHERS THEN
    on_Flag:=-1;
    os_Msg:='其他错误,与管理员联系。';
END;

DECLARE
  v_empno  employee.empno%type;
  v_sal employee.sal%type;
  emp_salary SYS_REFCURSOR;
  on_Flag number(1);           --执行状态
  os_Msg VARCHAR2(200);        --提示信息
BEGIN
  get_sals(emp_salary,on_Flag,os_Msg);
  IF on_flag=1 THEN
    LOOP
       FETCH emp_salary INTO v_empno, v_sal;
```

```
      EXIT WHEN emp_salary%notfound;
      DBMS_OUTPUT.PUT_LINE(v_empno||'的薪水是' ||v_sal);
  END LOOP;
ELSE
  dbms_output.put_line(os_Msg);
END IF;
IF emp_salary%ISOPEN THEN
  CLOSE emp_salary;
END IF;
END;
```

9.6.3 PL/SQL 中表分区的类型有哪些

【选自 GG 笔试题】

试题题面：PL/SQL 中表分区的类型有哪些？

题面解析：本题也是主要考查 PL/SQL 编程的基础知识，应聘者需要掌握 PL/SQL 中表分区的类型都有哪些，才能够快速准确地回答出该问题。

解析过程：

表分区有四种类型：范围分区、散列分区、列表分区和复合分区。

1. 范围分区

范围分区是根据数据库表中某一字段的值的范围来划分分区。

数据中有空值，Oracle 机制会自动将其规划到 maxvalue 的分区中。

2. 散列分区

根据字段 Hash 值进行均匀分布，尽可能地实现各分区所散列的数据相等。

散列分区即为哈希分区，Oracle 采用哈希表技术分区，具体分区由 Oracle 决定，也可能搜索不到这个数据了。

3. 列表分区

列表分区明确指定了根据某字段的某个具体值进行分区，而不是像范围分区那样根据字段的值范围来划分的。

4. 复合分区

根据范围分区后，每个分区内的数据再散列地分布在几个表空间中，这样就可以使用复合分区。复合分区是先使用范围分区，然后在每个分区中再使用散列分区的分区方法。

例如：将 part_date 的记录按时间分区，然后每个分区中的数据分三个子分区，将数据散列地存储在三个指定的表空间中。

第10章

SQL 语句面试、笔试题

本章导读

本章主要向读者展示一些数据库的 SQL 语句面试、笔试题，主要包括 MySQL 数据库的 SQL 语句面试、笔试题，SQL Server 的 SQL 语句面试、笔试题，Oracle 的 SQL 语句面试、笔试题以及 MongoDB 的 SQL 语句面试、笔试题。通过对这些 SQL 语句的学习，将会提高读者对数据库的掌握能力，加深对数据库的理解。

知识清单

本章要点（已掌握的在方框中打钩）
- [ ] MySQL 的 SQL 语句面试、笔试题
- [ ] SQL Server 的 SQL 语句面试、笔试题
- [ ] Oracle 的 SQL 语句面试、笔试题
- [ ] MongoDB 的 SQL 语句面试、笔试题

10.1 MySQL 的 SQL 语句面试、笔试题

MySQL 是关系数据库的典型代表，读者要掌握表与表之间的关系以及 SQL 语句的书写。通过下面的面试、笔试题对 MySQL 进行学习了解，本节中的面试、笔试题均是以表 10-1 和表 10-2 为基础。

表 10-1　student 表

字 段 名	字段描述	数 据 类 型	主 键	外 键	非 空	唯 一	自 增
Id	学号	INT(10)	是	否	是	是	是
Name	姓名	VARCHAR(20)	否	否	是	否	否
Sex	性别	VARCHAR(4)	否	否	否	否	否
Birth	出生年份	YEAR	否	否	否	否	否
Department	院系	VARCHAR(20)	否	否	是	否	否
Address	家庭住址	VARCHAR(50)	否	否	否	否	否

表 10-2　score 表

字 段 名	字段描述	数 据 类 型	主 键	外 键	非 空	唯 一	自 增
Id	编号	INT(10)	是	否	是	是	是
Stu_id	学号	INT(10)	否	否	是	否	否
C_name	课程名	VARCHAR(20)	否	否	否	否	否
Grade	分数	INT(10)	否	否	否	否	否

10.1.1　创建 student 表和 score 表

试题题面：如何创建 student 表和 score 表？

题面解析：本题主要考查应聘者创建数据表语句的书写，应聘者需要注意的是其中数据类型的选取，语法的格式，本题不是特别难，注意细节处理。

解析过程：

创建 student 表：

```
CREATE TABLE student (
id INT(10) NOT NULL UNIQUE PRIMARY KEY,
name VARCHAR(20) NOT NULL,
sex VARCHAR(4),
birth YEAR,
department VARCHAR(20),
address VARCHAR(50)
);
```

创建 score 表：

```
CREATE TABLE score (
id INT(10) NOT NULL UNIQUE PRIMARY KEY AUTO_INCREMENT,
stu_id INT(10) NOT NULL,
c_name VARCHAR(20),
grade INT(10)
);
```

10.1.2　为 student 表和 score 表增加记录

试题题面：如何为 student 表和 score 表增加记录？

题面解析：本题主要考查 INSERT 语句的使用，如何向表中插入数据，每一项数据对应准确，没有语法错误。

解析过程：

向 student 表插入记录的 INSERT 语句如下：

```
INSERT INTO student VALUES(901,'张老大','男',1985,'计算机系','北京市海淀区');
INSERT INTO student VALUES(902,'张老二','男',1986,'中文系','北京市昌平区');
INSERT INTO student VALUES(903,'张三','女',1990,'中文系','湖南省永州市');
INSERT INTO student VALUES(904,'李四','男',1990,'英语系','辽宁省阜新市');
INSERT INTO student VALUES(905,'王五','女',1991,'英语系','福建省厦门市');
INSERT INTO student VALUES(906,'王六','男',1988,'计算机系','湖南省衡阳市');
```

向 score 表插入记录的 INSERT 语句如下：

```
INSERT INTO score VALUES(NULL,901,'计算机',98);
INSERT INTO score VALUES(NULL,901,'英语',80);
INSERT INTO score VALUES(NULL,902,'计算机',65);
INSERT INTO score VALUES(NULL,902,'中文',88);
```

```
INSERT INTO score VALUES(NULL,903,'中文',95);
INSERT INTO score VALUES(NULL,904,'计算机',70);
INSERT INTO score VALUES(NULL,904,'英语',92);
INSERT INTO score VALUES(NULL,905,'英语',94);
INSERT INTO score VALUES(NULL,906,'计算机',90);
INSERT INTO score VALUES(NULL,906,'英语',85);
```

10.1.3　查询 student 表的所有记录

试题题面：如何查询 student 表的所有记录？

题面解析：本题主要考查 SELECT 语句的使用，如何将表中的数据进行展示。

解析过程：

```
mysql>SELECT * FROM student;
+-----+-----+-------+-------+------------+------------+
| id  |name | sex   | birth | department | address    |
+-----+-----+-------+-------+------------+------------+
| 901 | 张老大| 男   | 1985  | 计算机系   | 北京市海淀区 |
| 902 | 张老二| 男   | 1986  | 中文系     | 北京市昌平区 |
| 903 | 张三  | 女    | 1990  | 中文系     | 湖南省永州市 |
| 904 | 李四  | 男    | 1990  | 英语系     | 辽宁省阜新市 |
| 905 | 王五  | 女    | 1991  | 英语系     | 福建省厦门市 |
| 906 | 王六  | 男    | 1988  | 计算机系   | 湖南省衡阳市 |
+-----+-----+-------+-------+------------+------------+
```

10.1.4　查询 student 表的第 2 条到第 4 条记录

试题题面：如何查询 student 表的第 2 条到第 4 条记录？

题面解析：本题主要考查 SELECT 语句的使用，加上限定条件如何书写，LIMIT 如何使用。

解析过程：

```
mysql> SELECT * FROM student LIMIT 1,3;
+-----+-----+-------+-------+------------+------------+
| id  | name| sex   | birth | department | address    |
+-----+-----+-------+-------+------------+------------+
| 902 | 张老二| 男   | 1986  | 中文系     | 北京市昌平区 |
| 903 | 张三  | 女    | 1990  | 中文系     | 湖南省永州市 |
| 904 | 李四  | 男    | 1990  | 英语系     | 辽宁省阜新市 |
+-----+-----+-------+-------+------------+------------+
```

10.1.5　查询多个字段

试题题面：如何从 student 表查询所有学生的学号（id）、姓名（name）和院系（department）的信息？

题面解析：本题主要考查 SELECT 语句如何查询多个字段。

解析过程：

```
mysql> SELECT id,name,department FROM student;
+-----+-----+------------+
| id  | name| department |
+-----+-----+------------+
| 901 | 张老大| 计算机系   |
| 902 | 张老二| 中文系     |
| 903 | 张三  | 中文系     |
| 904 | 李四  | 英语系     |
```

```
| 905 |  王五  |  英语系       |
| 906 |  王六  |  计算机系     |
+----- +----- +-----------+
```

10.1.6 从 student 表中查询计算机系和英语系学生的信息

试题题面：如何从 student 表查询计算机系和英语系学生的信息？
题面解析：本题主要考查 SELECT 语句配合 WHERE 子句的使用。
解析过程：

```
mysql> SELECT * FROM student WHERE department IN ('计算机系','英语系');
+----- +----- +----- +------- +----------- +----------- +
| id  | name | sex  | birth | department | address    |
+----- +----- +----- +------- +----------- +----------- +
| 901 | 张老大| 男   | 1985  | 计算机系    | 北京市海淀区 |
| 904 | 李四 | 男   | 1990  | 英语系      | 辽宁省阜新市 |
| 905 | 王五 | 女   | 1991  | 英语系      | 福建省厦门市 |
| 906 | 王六 | 男   | 1988  | 计算机系    | 湖南省衡阳市 |
+----- +----- +----- +------- +----------- +----------- +
```

10.1.7 从 student 表中查询年龄 18～22 岁的学生信息

试题题面：如何从 student 表中查询年龄 18～22 岁的学生信息？
题面解析：本题主要考查 SELECT 语句配合 WHERE、AS 子句的高级使用。
解析过程：

```
mysql> SELECT id,name,sex,2013-birth AS age,department,address
    -> FROM student
    -> WHERE 2013-birth BETWEEN 18 AND 22;
+----- +----- +----- +------- +----------- +----------- +
| id  | name | sex  | age   | department | address    |
+----- +----- +----- +------- +----------- +----------- +
| 905 | 王五 | 女   | 22    | 英语系      | 福建省厦门市 |
+----- +----- +----- +------- +----------- +----------- +
mysql> SELECT id,name,sex,2013-birth AS age,department,address
    -> FROM student
    -> WHERE 2013-birth>=18 AND 2013-birth<=22;
+----- +----- +----- +------- +----------- +----------- +
| id  | name | sex  | age   | department | address    |
+----- +----- +----- +------- +----------- +----------- +
| 905 | 王五 | 女   | 22    | 英语系      | 福建省厦门市 |
+----- +----- +----- +------- +----------- +----------- +
```

10.1.8 用连接的方式查询所有学生的信息和考试信息

试题题面：如何用连接的方式查询所有学生的信息和考试信息？
题面解析：在数据库中，本题主要考查 SELECT 查询语句使用。
解析过程：

```
mysql> SELECT student.id,name,sex,birth,department,address,c_name,grade
    -> FROM student,score
    -> WHERE student.id=score.stu_id;
+----- +----- +------- +------- +----------- +----------- +------- +------- +
| id  | name | sex   | birth | department | address    | c_name | grade |
+----- +----- +------- +------- +----------- +----------- +------- +------- +
| 901 | 张老大| 男    | 1985  | 计算机系    | 北京市海淀区 | 计算机  | 98    |
| 901 | 张老大| 男    | 1985  | 计算机系    | 北京市海淀区 | 英语    | 80    |
```

902	张老二	男	1986	中文系	北京市昌平区	计算机	65
902	张老二	男	1986	中文系	北京市昌平区	中文	88
903	张三	女	1990	中文系	湖南省永州市	中文	95
904	李四	男	1990	英语系	辽宁省阜新市	计算机	70
904	李四	男	1990	英语系	辽宁省阜新市	英语	92
905	王五	女	1991	英语系	福建省厦门市	英语	94
906	王六	男	1988	计算机系	湖南省衡阳市	计算机	90
906	王六	男	1988	计算机系	湖南省衡阳市	英语	85

10.2　SQL Server 的 SQL 语句面试、笔试题

SQL Server 是 Microsoft 公司推出的关系数据库管理系统，具有使用方便、可伸缩性好与相关软件集成程度高等优点，经常被广泛地使用。接下来将会通过具体的实例，对如何操作 SQL Server 的 SQL 语句进行讲解。

10.2.1　查出表中所有的 id 记录

试题题面： 一个表中的 id 有多个记录，查出所有的 id 记录并显示共有多少条记录数。

题面解析： 本题主要考查 select 查询语句配合内置函数的使用。

解析过程：

```
select id,Count(*) from table_name group by id having count(*)>1
```

10.2.2　表 A 和表 B 换值

试题题面： 有两个表 A 和 B，均有 key 和 value 两个字段，如果 B 的 key 字段也存在 A 中，就把 B 的 value 换为 A 中对应的 value。

题面解析： 本题主要是考查如何更改表中的数据，其中使用到了 update 语句，应聘者对于复杂语句的书写一定要思路清晰，不要混淆。

解析过程：

```
update B b set b.value=(select max(a.value) from A a where b.key=a.key)
where exists(select 1 from A c where b.key=c.key)
UPDATE A a,(select a.'key',b.'value' from A INNER JOIN B on a.'key'=b.'key') b
SET a.'value' = b.'value' WHERE a.'key' = b.'key'
```

10.2.3　SQL Server 中的外连接查询

试题题面： 什么是 SQL Server 中的外连接查询？

题面解析： 本题主要是考查 SQL Server 中外连接的分类以及具体概念，应聘者还要牢记在书写语句时的注意事项。

解析过程：

外连接分为：左（外）连接、右（外）连接和全连接。

（1）左（外）连接（left (outer) join），左（外）连接是以左表为主表，右表为辅表，返回左表中的所有行，如果左表中的行在右表中没有匹配行，那么结果中右表的列返回空值。如果左表与右表的数据关系是一对多的关系，那么查询结果中，左表可能会有重复数据。

（2）右（外）连接（right (outer) join），右（外）连接和左（外）连接正好相反，右（外）连

接是以右表为主表，左表为辅表，返回右表中的所有行，如果右表中的行在左表中没有匹配行，那么结果中左表的列返回空值。如果右表与左表的数据关系是一对多的关系，那么查询结果中，右表可能有重复数据。

（3）全连接（full join），全连接就是把左表和右表的数据全部都查询出来，如果左表的行在右表中没有匹配行，那么结果中右表的列返回空值，如果右表的行在左表中没有匹配行，那么结果中左表的列返回空值。

10.2.4　行列互换

试题题面：如何实现行列互换？

题面解析：本题主要考查行列互换是用哪个关键字来实现的，应聘者掌握这两个关键字之后，多加练习就能够掌握，还要记得语句是如何书写的。

解析过程：

1．行列转换

首先创建学生成绩表并添加学生成绩信息。

```
/*创建学生成绩表*/
CREATE TABLE StuScore
(
    StuName VARCHAR(20),    --姓名
    Subject VARCHAR(20),    --科目
    Score INT               --成绩
);
/*添加学生成绩信息*/
INSERT INTO StuScore  VALUES('张三','语文',60);
INSERT INTO StuScore  VALUES('张三','数学',80);
INSERT INTO StuScore  VALUES('张三','英语',70);
INSERT INTO StuScore  VALUES('李四','语文',50);
INSERT INTO StuScore  VALUES('李四','数学',90);
INSERT INTO StuScore  VALUES('李四','英语',60);
INSERT INTO StuScore  VALUES('王五','语文',80);
INSERT INTO StuScore  VALUES('王五','数学',40);
```

接下来使用 Case WHEN 实现行转列。

```
/*使用 Case WHEN 实现行转列*/
SELECT StuName AS '姓名',
    MAX(CASE Subject WHEN '语文' THEN Score ELSE 0 END) AS '语文',
    MAX(CASE Subject WHEN '数学' THEN Score ELSE 0 END) AS '数学',
    MAX(CASE Subject WHEN '英语' THEN Score ELSE 0 END) AS '英语',
    SUM(Score) AS '总分',
    AVG(Score) AS '平均分'
FROM StuScore
GROUP BY StuName
```

以上代码执行结果如表 10-3 所示。

表 10-3　学生成绩表

	姓　　名	语　　文	数　　学	英　　语	总　　分	平　均　分
1	李四	50	90	60	200	66
2	王五	80	40	0	120	60
3	张三	60	80	70	210	70

2. 列行转换

创建学生成绩表 2 并添加学生成绩信息。

```
/*创建学生成绩表2*/
CREATE TABLE StuScore2
(
    StuName VARCHAR(20),     --姓名
    Chinese INT,             --语文成绩
    Mathematical INT,        --数学成绩
    English INT              --英语成绩
);
/*添加学生成绩信息*/
INSERT INTO StuScore2 VALUES('张三',60,80,70);
INSERT INTO StuScore2 VALUES('李四',50,90,60);
INSERT INTO StuScore2 VALUES('王五',80,40,50);
```

使用 UNION 实现列转行。

```
/*使用UNION实现列转行*/
SELECT * FROM (
    SELECT StuName AS '姓名', '语文' AS '科目', Chinese AS '成绩' FROM StuScore2
    UNION ALL
    SELECT StuName AS '姓名', '数学' AS '科目', Mathematical AS '成绩' FROM StuScore2
    UNION ALL
    SELECT StuName AS '姓名', '英语' AS '科目', English AS '成绩' FROM StuScore2
) T
```

以上代码执行结果如表 10-4 所示。

表 10-4　学生成绩表 2

	姓　　名	科　　目	成　　绩
1	张三	语文	60
2	李四	语文	50
3	王五	语文	80
4	张三	数学	80
5	李四	数学	90
6	王五	数学	40
7	张三	英语	70
8	李四	英语	60
9	王五	英语	50

还可以使用 UNPIVOT 实现列转行：

```
/*使用UNPIVOT实现列转行*/
SELECT *
FROM StuScore2
UNPIVOT(Score FOR Subject IN(Chinese,Mathematical,English)) T
```

以上代码执行结果如表 10-5 所示。

表 10-5　使用 UNPIVOT 转换之后的学生成绩表 2

	StuName	Score	Subject
1	张三	60	Chinese
2	张三	80	Mathematical
3	张三	70	English

	StuName	Score	Subject
4	李四	50	Chinese
5	李四	90	Mathematical
6	李四	60	English
7	王五	80	Chinese
8	王五	40	Mathematical
9	王五	50	English

10.2.5　删除重复记录

试题题面：如何在 SQL Server 中删除重复记录？

题面解析：本题主要考查在 SQL Server 中如何删除重复的记录，其方法分为有主键的情况和没有主键的情况，应聘者应该分别进行分析。

解析过程：

1. 有主键的情况

（1）具有唯一性的字段 id（唯一主键）。

```
delete 用户表
where id not in
(
    select max(id) from 用户表 group by col1,col2,col3…
)
```

group by 子句后跟的字段就是用来判断重复的条件，如果只有 col1，那么只要 col1 字段内容相同即表示记录相同。

（2）具有联合主键。

假设 col1+','+col2+','…col5 为联合主键

（找出相同记录）

```
select * from 用户表 where col1+','+col2+','…col5 in
(
    select max(col1+','+col2+','…col5) from 用户表
    group by col1,col2,col3,col4
    having count(*)>1
)
```

或者：

```
select * from 用户表 where exists (select 1 from 用户表 x where 用户表 col1 = x.col1 and
用户表 col2= x.col2 group by x.col1,x.col2 having count(*) >1)
```

（3）判断所有的字段。

```
select * into #aa from 用户表 group by id1,id2,…
delete 用户表
insert into 用户表 select * from #aa
```

2. 没有主键的情况

（1）用临时表实现。

```
select identity(int,1,1) as id,* into #temp from 用户表
delete #temp
where id not in
(
```

```
    select max(id) from # group by col1,col2,col3…
)
delete 用户表 ta
inset into ta(…) select … from #temp
```

（2）改变表结构（加一个唯一字段）来实现。

```
alter 用户表 add newfield int identity(1,1)
delete 用户表
where newfield not in
(
    select min(newfield) from 用户表 group by 除 newfield 外的所有字段
)
alter 用户表 drop column newfield
```

10.2.6　SQL Server 中的锁

试题题面：什么是 SQL Server 中的锁？数据库中锁有哪几件？

题面解析：本题主要考查在 SQL Server 中锁的概念，在数据库中锁可以分为哪几种。本题将针对这些问题进行讲解。

解析过程：

在多用户都使用事务同时访问同一个数据资源的情况下，就会造成以下几种数据错误。

（1）更新丢失：多个用户同时对一个数据资源进行更新，必定会产生被覆盖的数据，造成数据读写异常。

（2）不可重复读：如果一个用户在一个事务中多次读取一条数据，而另外一个用户则同时更新这条数据，造成第一个用户多次读取数据不一致。

（3）脏读：第一个事务读取第二个事务正在更新的数据表，如果第二个事务还没有更新完成，那么第一个事务读取的数据将是一半为更新过的，一半还没更新过的数据，这样的数据毫无意义。

（4）幻读：第一个事务读取一个结果集后，第二个事务对这个结果集进行增删操作，然而第一个事务中再次对这个结果集进行查询时，数据发现丢失或新增。

然而锁定就是为解决这些问题所生的，它的存在使得一个事务对它自己的数据块进行操作时，而另外一个事务则不能插足这些数据块，这就是锁定。

锁定从数据库系统的角度大致可以分为 6 种：

（1）共享锁（S）：还可以叫它读锁。可以并发读取数据，但不能修改数据。也就是说当数据资源上存在共享锁时，所有的事务都不能对这个资源进行修改，直到数据读取完成，共享锁释放。

（2）排它锁（X）：还可以叫它独占锁、写锁。就是如果你对数据资源进行增、删、改操作时，不允许其他任何事务操作这块资源，直到排它锁被释放，防止同时对同一资源进行多重操作。

（3）更新锁（U）：防止出现死锁的锁模式，两个事务对一个数据资源进行先读取再修改的情况下，使用共享锁和排它锁有时会出现死锁现象，而使用更新锁，则可以避免死锁的出现。资源的更新锁一次只能分配给一个事务，如果需要对资源进行修改，更新锁会成为排他锁，否则变为共享锁。

（4）意向锁：SQL Server 需要在层次结构中的底层资源上（如行，列）获取共享锁、排它锁和更新锁。例如，表级放置了意向共享锁，就表示事务要对表的页或行上使用共享锁。在表的某一行上放置意向锁，可以防止其他事务获取其他不兼容的锁。意向锁可以提高性能，因为数据引擎不需要检测资源的每一列每一行，就能判断是否可以获取到该资源的兼容锁。意向锁包括三种类型，即意向共享锁（IS）、意向排他锁（IX）和意向排他共享锁（SIX）。

（5）架构锁：防止修改表结构时，并发访问的锁。

（6）大容量更新锁：允许多个线程将大容量数据并发地插入到同一个表中，在加载的同时，不允许其他进程访问该表。

10.3 Oracle 的 SQL 语句面试、笔试题

本节主要介绍 Oracle 的 SQL 语句面试、笔试题，从而帮助进一步学习 Oracle 的 SQL 语句的基础知识，另外可以解决在实际操作中经常会遇到的一些问题。

10.3.1 从数据库中随机取 10 条数据

试题题面：如何从数据库中随机取 10 条数据？

题面解析：本题是比较常见的一种数据库查找的方式，比较简单，下面将介绍随机从数据库中取 10 条的数据，希望读者能够掌握这类方法，在以后的面试或笔试中灵活运用。

解析过程：

```
SELECT * FROM (
    SELECT * FROM T_USER ORDER BY DBMS_RANDOM.RANDOM()
) WHERE Rownum = 10
;
```

10.3.2 表 a 的数据遍历赋值插入表 b 中

试题题面：在 Oracle 中写出一条 SQL 语句，查出表 a 的数据，并遍历赋值插入到另一个表 b 中的实现方案。

题面解析：本题在 Oracle 的 SQL 语句中是比较常见的。主要是在 Oracle 中写出一条 SQL 语句，查出表 a 的数据，并遍历赋值插入到另一个表 b 中的实现方案。

解析过程：

Oracle 查出表 a 的数据，并遍历赋值插入到另一个表 b 中，b 表在 insert 前验证是否已经存在，不存在则新增，存在则不做处理。

```
DECLARE n_count        NUMBER;
 n_temp        NUMBER;
 n_did         NUMBER;
 v_sqltext     VARCHAR2 (200);
 TYPE refcur IS REF CURSOR;
 cur_dpinfo   refcur;
BEGIN
 v_sqltext := ' SELECT distinct did FROM t_prise'; -- 拼接 sql 语句,查出所有不同的 did
  OPEN cur_dpinfo FOR v_sqltext;
  FETCH cur_dpinfo INTO n_did;
  WHILE (cur_dpinfo%FOUND)
  LOOP
    BEGIN
     SELECT COUNT (1)
     INTO n_count
     FROM t_param a
      WHERE a.paramname = 'testparam1' and did = n_did; -- 检索指定 did 的数据存不存在
      IF n_count = 0   -- 不存在则新增指定的 did 的参数
        THEN
       insert into t_param(id,paramname,paramvalue,did)
       values((select max(id+1) id from t_param),'testparam1','1',n_did);
        END IF;
    END;
     FETCH cur_dpinfo INTO n_did;
    END LOOP;
    CLOSE cur_dpinfo;
```

```
END;
/
```

10.3.3　SQL 语句查询学生姓名

试题题面：用一条 SQL 语句查询出每门课的成绩都大于 80 分的学生姓名。

题面解析：本题是 Oracle 的 SQL 中比较常见的一种问题类型，首先要建立一个数据库，在数据库中查找结果，本题中查找的是每门课的成绩都大于 80 分的学生姓名。这类问题在面试和笔试中是非常常见的，希望读者认真对待。

解析过程：

用一条 SQL 语句查询出每门课的成绩都大于 80 分的学生姓名，建立一个包含姓名、课程和分数的数据库，如下所示：

```
name kecheng fenshu
王一  语文 81
王一  数学 75
李二  语文 76
李二  数学 90
张三  语文 81
张三  数学 100
张三  英语 90
```

查找分数大于等于 80 的学生姓名：

```
select distinct name from table where name not in (select distinct name from table
where fenshu>=80);
```

查找分数小于 80 的学生姓名：

```
select name from table group by name having min(fenshu)<80;
```

查找课程数大于等于 3 门，并且分数大于等于 80 分数学生的姓名：

```
select name from table group by name having count(kecheng)>=3 and min(fenshu)>=80;
```

10.3.4　SQL 语句按要求查找

试题题面：如何在已有数据库中按要求查找？

题面解析：本题只针对数据库的知识进行延伸，主要说明在已有的数据库中按要求进行查找，将根据下面的两种情况进行讲解。

解析过程：

（1）将下面的表格：

```
year month amount
1991 1 1.1
1991 2 1.2
1991 3 1.3
1991 4 1.4
1992 1 2.1
1992 2 2.2
1992 3 2.3
1992 4 2.4
```

改写成这样一个结果：

```
year m1 m2 m3 m4
1991 1.1 1.2 1.3 1.4
1992 2.1 2.2 2.3 2.4
```

使用 SQL 语句如下：

```
select year,
(select amount from aaa m where month=1 and m.year=aaa.year) as m1,
(select amount from aaa m where month=2 and m.year=aaa.year) as m2,
(select amount from aaa m where month=3 and m.year=aaa.year) as m3,
(select amount from aaa m where month=4 and m.year=aaa.year) as m4
from aaa group by year
```

（2）表中内容如下：

```
2005-05-09 胜
2005-05-09 胜
2005-05-09 负
2005-05-09 负
2005-05-10 胜
2005-05-10 负
2005-05-10 负
```

如果要生成下列结果，该如何写 SQL 语句？

```
年-月-日 胜 负
2005-05-09 2 2
2005-05-10 1 2
```

答案 1：

```
select year,
(select count(losu) from taba a where a.losu='胜' and a.year=taba.year ) as 胜,
(select count(losu) from taba a where a.losu='负' and a.year=taba.year ) as 负
from taba group by year;
```

答案 2：

```
select year,
sum(case when losu='胜' then 1 else 0 end ) as 胜,
sum(case when losu='负' then 1 else 0 end ) as 负
from taba group by year ;
```

10.3.5 Oracle 的表和视图

试题题面：什么是 Oracle 的表和视图？

题面解析：本题在 Oracle 的 SQL 语句中是经常见到的一类问题，在解决这类问题的时候，应该说明和理解表和视图的概念，然后根据两者之间的关系，分别说明两者的区别与联系。

解析过程：

1. 什么是表

表是作为 Oracle 数据库存储数据的一种数据结构，就相当于在 Java 中使用集合 List，或者数组存储的数据一样，表是一种二维结构，有行，有列，把相同类型的数据归为一列，例如每个人都有姓名，就把姓名归为一列，年龄归为一列，而行对应着每个人的数据，例如第一行是小红的姓名和年龄，第二行是小强的姓名和年龄。通过创建表然后向表中插入数据，最终实现对信息的存储。

2. 什么是视图

（1）为什么要使用视图？

例如，公司员工信息表上都有自己的薪资情况，财务再根据数据库里的薪资情况给每个人发放工资，所以工资这一栏是非常重要的，为了保证运转条理性，一般不能让数据库管理员看到这一栏的，毕竟管理员也是员工，对于这些敏感的信息，可能他看不到对大家都好。那么就衍生了该如何解决这个问题呢，有的人会说创建一个新的员工表，里面没有员工工资一栏，但是这个方法可是非常不明智的，因为当我们把原来的数据修改之后岂不是还要再新表上还要做一次修改，而且在新表上做了修改还要更新到主表，中间就会出现很多问题，此时利用视图则是最合理的一个方法。

视图是从已存在表上抽出逻辑相关的数据集合，其本身和表的区别不大，都是对数据的一种存储，只不过可以在已有表的基础上抽取一部分想要的数据。

（2）修改视图之后会更新到基本表中吗？

这个是肯定的，视图的意义就是对基本表中的数据进行一部分提取后再提供给其他人操作的，如果不能更新基本表，那和新建一个表就毫无区别了，同时对于基本表中数据的改变也能立马更新视图。

3. 区别

（1）视图是已经编译好的 SQL 语句，而表不是。

（2）视图没有实际的物理记录，而表有。

（3）表是内容，视图是窗口。

（4）表占用物理空间而视图不占用物理空间，视图只是逻辑概念的存在，表可以及时对它进行修改，但视图只能由创建的语句来修改。

（5）表是内模式，视图是外模式。

（6）视图是查看数据表的一种方法，可以查询数据表中某些字段构成的数据，只是一些 SQL 语句的集合。从安全的角度说，视图可以不给用户接触数据表，从而不知道表结构。

（7）表属于全局模式中的表，是实表；视图属于局部模式的表，是虚表。

（8）视图的建立和删除只影响视图本身，不影响对应的基本表。

10.3.6　Oracle 的异常处理

试题题面：什么是 Oracle 的异常处理？

题面解析：本题在 Oracle 的 SQL 语句中是经常见到的一类问题，首先应聘者需要知道在 Oracle 中什么是异常处理，异常处理包括哪几个方面，然后依据异常处理的几个方面进行解释。

解析过程：

在 Oracle 中，异常处理是用来处理正常执行过程中没有预料到的事件，包括程序块的异常处理、预定义的错误和自定义的错误。

Oracle 将异常处理分为预定义异常、非预定义异常和自定义异常三种情况。

PL/SQL 中关于异常的处理：程序在正常运行过程中发生的未预料的事件；为了提高代码的健壮性，使用异常处理部分可以有效地解决程序正常执行过程中可能出现的错误，使程序正常运行；

PL/SQL 中异常的定义格式：

```
declare
 begin
  exception
 end;
```

1. 预定义异常：由系统自定义的异常

常用系统预定义异常，如表 10-6 所示。

表 10-6　预定义异常处理

错　误　号	异常错误信息名称	说　　明
ORA-00001	DUP_VAL_ON_INDEX	试图破坏一个唯一性限制
ORA-00051	TIMEOUT_ON_RESOURCE	在等待资源时发生超时
ORA-01001	INVALID_CURSOR	试图使用一个无效的游标

错 误 号	异常错误信息名称	说　　明
ORA-01012	NOT_LOGGED_ON	没有连接到 Oracle
ORA-01017	LOGIN_DENIED	无效的用户名及口令
ORA-01403	NO_DATA_FOUND	select into 语句没有找到数据
ORA-01422	TOO_MANY_ROWS	select into 返回多行
ORA-01410	SYS_INVALID_ROWID	从字符中向 rowid 转换发生错误
ORA-01476	ZERO_DIVIDE	将某个数字除以 0 时，会发生该异常
ORA-01722	INVALID_NUMBER	给数字值赋予非数字值时，该异常就会发生，这个异常也会发生在批读取时 LIMIT 子句返回非正数
ORA-06510	CURSOR_ALREADY_OPEN	游标已经被 OPEN，如果再次尝试打开该游标时，会出现该异常
ORA-06500	STORAGE_ERROR	当内存不够分配 SGA 的足够配额或者是被破坏时，引发该异常
ORA-06501	PROGRAM_ERROR	当 Oracle 还未正式捕获的错误发生时常会发生异常，这是因为数据库大量的 Object 功能而发生

预定义异常的处理方式：

```
begin
    exception
    when ZERO_DIVIDE then
    dbms_output.put_line('除数不能为零');
end;
```

2. 非预定义异常：处理与预定义异常无关的其他异常

定义异常：<异常情况>exception；将定义好的异常情况与标准的 Oracle 错误联系起来：pragma exception_init（<异常情况>，<错误代码>），在 PL/SQL 块的异常情况处理部分对异常情况做出相应的处理。

例如：

删除部门信息表中的部门号；

（1）获得异常代号和异常内容：

```
begin
    exception
    when others then
    dbms_output.put_line(sqlcode||' '||sqlerrm);
end;
```

（2）定义异常并将异常与标准的 Oracle 错误联系起来：

```
declare
e_fk exception;
pragma exception_init(e_fk,-2292);
```

（3）在 PL/SQL 块处理异常：

```
exception
when e_fk then
```

3. 自定义异常：用户自定义的

在某个特定事件发生时向应用程序的用户发出警告信息，而事件本身不会抛出 Oracle 内部异常；用户自定义的异常错误是通过显式使用 RAISE 语句触发。错误引发时，控制就会转向 exception 块异常错误部分执行错误处理的代码；

例如：

输入员工号，涨 100 元工资，对于错误的员工号进行自定义异常的定义：

```
declare e_no exception;
begin
update 语句;
if sql%notfound then
raise e_no;
else
commit;
exception
when e_no then
执行语句;
end;
```

在 Oracle 中，抛出异常分别通过 PL/SQL 运行引擎、使用 RAISE 语句和调用 RAISE-APPLICATION-ERROR 存储过程。

当数据库或 PL/SQL 在运行时发生错误，此时的异常处理可以通过 PL/SQL 运行时的引擎自动抛出异常，这个无须过度关注。第二种是通过 RAISE 语句抛出异常。显示抛出异常是程序员处理声明异常的习惯用法，但是 RAISE 不限于声明后的异常，它可以抛出任何异常。

第三种抛出异常的方法是通过 RAISE-APPLICATION-ERROR 语句，RAISE-APPLICATION-ERROR 是一个内建函数，它用于抛出一个异常并给异常赋予一个错误号以及错误信息，它将应用程序专有的错误从服务器端转达到客户端应用程序。

10.3.7　Oracle 的分区表

试题题面：什么是 Oracle 的分区表？

题面解析：本题在 Oracle 的 SQL 问题中是经常见到的一类问题，首先应聘者需要知道在 Oracle 中什么是分区表、分区表的具体作用是什么、优点有什么和有什么样的操作方法。将通过这几个方面对分区表进行介绍。

解析过程：

从以下几个方面来整理关于分区表的概念及操作：

1. 分区表的概念

当表中的数据量不断增大时，查询数据的速度就会变慢，应用程序的性能就会下降，这时就应该考虑对表进行分区。表进行分区后，逻辑上表仍然是一张完整的表，只是将表中的数据在物理上存放到多个表空间（物理文件上），这样查询数据时，不至于每次都扫描整张表。

2. 分区表的具体作用

Oracle 的分区表功能通过改善可管理性、性能和可用性，从而为各式应用程序带来了极大的好处。通常，分区可以使某些查询以及维护操作的性能大大提高。此外，分区还可以极大简化常见的管理任务，分区是构建千兆字节数据系统或超高可用性系统的关键工具。

分区功能能够将表、索引或索引组织表进一步细分为段，这些数据库对象的段叫作分区。每个分区有自己的名称，还可以选择自己的存储特性。从数据库管理员的角度来看，一个分区后的对象具有多个段，这些段既可进行集体管理，也可单独管理，这就使数据库管理员在管理分区后的对象时有相当大的灵活性。但是，从应用程序的角度来看，分区后的表和非分区的表完全相同，使用 SQL DML 命令访问分区后的表时，无须任何修改。

3. 分区表的优点

（1）改善查询性能：对分区对象的查询可以仅搜索自己关心的分区，提高检索速度。

（2）增强可用性：如果表的某个分区出现故障，表在其他分区的数据仍然可用。

（3）维护方便：如果表的某个分区出现故障，需要修复数据，只修复该分区即可。

（4）均衡 I/O：可以把不同的分区映射到磁盘以平衡 I/O，改善整个系统性能。

4．分区表的几种类型及操作方法

1）范围分区

范围分区将数据基于范围映射到每一个分区，这个范围是创建分区时指定的分区键决定的。这种分区方式是最为常用的，并且分区键常采用日期格式。当使用范围分区时，需要考虑以下几个规则：

（1）每一个分区都必须有一个 VALUES LESS THEN 子句，它指定了一个不包括在该分区中的上限值。分区键的任何值等于或者大于这个上限值的记录都会被加入到下一个高一些的分区中。

（2）所有分区，除了第一个，都会有一个隐式的下限值，这个值就是此分区的前一个分区的上限值。

（3）在最高的分区中，MAXVALUE 被定义。MAXVALUE 代表了一个不确定的值。这个值高于其他分区中的任何分区键的值，也可以理解为高于任何分区中指定的 VALUES LESS THEN 的值，同时包括空值。

例如：

假设有一个 CUSTOMER 表，表中有数据 200000 行，将此表通过 CUSTOMER_ID 进行分区，每个分区存储 100000 行，将每个分区保存到单独的表空间中，这样数据文件就可以跨越多个物理磁盘。下面是创建表和分区的代码，如下：

```
CREATE TABLE CUSTOMER
(
    CUSTOMER_ID NUMBER NOT NULL PRIMARY KEY,
    FIRST_NAME VARCHAR2(30) NOT NULL,
    LAST_NAME VARCHAR2(30) NOT NULL,
    PHONEVARCHAR2(15) NOT NULL,
    EMAILVARCHAR2(80),
    STATUS CHAR(1)
)
PARTITION BY RANGE (CUSTOMER_ID)
(
    PARTITION CUS_PART1 VALUES LESS THAN (100000) TABLESPACE CUS_TS01,
    PARTITION CUS_PART2 VALUES LESS THAN (200000) TABLESPACE CUS_TS02
)
```

按时间划分：

```
CREATE TABLE ORDER_ACTIVITIES
(
    ORDER_ID NUMBER(7) NOT NULL,
    ORDER_DATE DATE,
    TOTAL_AMOUNT NUMBER,
    CUSTOTMER_ID NUMBER(7),
    PAID CHAR(1)
)
PARTITION BY RANGE (ORDER_DATE)
(
    PARTITION ORD_ACT_PART01 VALUES LESS THAN (TO_DATE('01- MAY -2003','DD-MON-YYYY'))
TABLESPACEORD_TS01,
    PARTITION ORD_ACT_PART02 VALUES LESS THAN (TO_DATE('01-JUN-2003','DD-MON-YYYY'))
TABLESPACE ORD_TS02,
    PARTITION ORD_ACT_PART02 VALUES LESS THAN (TO_DATE('01-JUL-2003','DD-MON-YYYY'))
TABLESPACE ORD_TS03
)
```

2）散列分区

这类分区是在列值上使用散列算法以确定将行放入哪个分区中。当列的值没有合适的条件时，建议使用散列分区。

散列分区为通过指定分区编号来均匀分布数据的一种分区类型，因为通过在 I/O 设备上进行散列分区，使得这些分区大小一致。

例如：

```
CREATE TABLE HASH_TABLE
 (
    COL NUMBER(8),
    INF VARCHAR2(100)
)
PARTITION BY HASH (COL)
 (
    PARTITION PART01 TABLESPACE HASH_TS01,
    PARTITION PART02 TABLESPACE HASH_TS02,
    PARTITION PART03 TABLESPACE HASH_TS03
)
```

简写：

```
CREATE TABLE emp
 (
    empno NUMBER (4),
    ename VARCHAR2 (30),
    sal NUMBER
)
PARTITION BY HASH (empno) PARTITIONS 8
STORE IN (emp1,emp2,emp3,emp4,emp5,emp6,emp7,emp8);
```

HASH 分区最主要的机制是根据 HASH 算法来计算具体某条记录应该插入到哪个分区中，HASH 算法中最重要的是 HASH 函数，Oracle 中如果要使用 HASH 分区，只需指定分区的数量即可。建议分区的数量采用 2 的 n 次方，这样可以使得各个分区间数据分布更加均匀。

5. 重命名表分区

（1）将 P21 更改为 P2：

```
ALTER TABLE SALES RENAME PARTITION P21 TO P2;
```

（2）跨分区查询：

```
select sum( ) from
(select count() cn from t_table_SS PARTITION (P200709_1)
union all
select count(*) cn from t_table_SS PARTITION (P200709_2)
);
```

（3）查询表上有多少分区：

```
SELECT * FROM useR_TAB_PARTITIONS WHERE TABLE_NAME='tableName'
```

（4）查询索引信息：

```
select object_name,object_type,tablespace_name,sum(value)
from v$segment_statistics
where statistic_name IN ('physical reads','physical write','logical reads')and
object_type='INDEX'
group by object_name,object_type,tablespace_name
order by 4 desc
```

（5）显示数据库所有分区表的信息：

```
select * from DBA_PART_TABLES
```

（6）显示当前用户可访问的所有分区表信息：

```
select * from ALL_PART_TABLES
```

（7）显示当前用户所有分区表的信息：

```
select * from USER_PART_TABLES
```

（8）显示表分区信息，显示数据库所有分区表的详细分区信息：

```
select * from DBA_TAB_PARTITIONS
```

（9）删除一个表的数据：

```
truncate table table_name;
```

（10）删除分区表一个分区的数据：

```
alter table table_name truncate partition p5;
```

10.4　MongoDB 的 SQL 语句面试、笔试题

本章最后一小节讲解 MongoDB 的 SQL 语句面试、笔试题，主要解决在实际操作中经常会遇到的问题，从而帮助读者应对在面试和笔试中遇到的问题。

10.4.1　MongoDB 的存储过程

试题题面：MongoDB 的存储过程是怎样的？

题面解析：本题属于对概念类知识的考查，应聘者在解题的过程中需要先解释存储过程的概念，然后介绍如何保存存储过程，最后再分析如何执行存储过程。

解析过程：

1. MongoDB 存储过程

关系数据库的存储过程是为了完成特定功能的 SQL 语句集，经编译后存储在数据库中，用户通过指定存储过程的名字并给出参数（如果该存储过程带有参数）来执行它。

MongoDB 也有存储过程，但是 MongoDB 是用 JavaScript 来编写的，这正是 MongoDB 的特点。

2. 保存存储过程

MongoDB 的存储过程是存放在 db.system.js 表中，先来看一个简单的例子：

```
function add(x,y){
    return x+y;
}
```

现在将这个存储过程保存到 db.system.js 的表中：

（1）创建存储过程代码如下：

```
db.system.js.save({"_id":"myAdd",value:function add(x,y){ return x+y; }});
```

其中，_id 和 value 属性是必须的，如果没有_id 这个属性，会导致以后无法调用。还可以增加其他的属性来描述这个存储过程。例如：

```
db.system.js.save({"_id":"myAdd1",value:function add(x,y){ return x+y; },"discrption":
"x is number ,and y is number"});
```

增加了 discrption 来描述这个函数。

（2）查询存储过程：可以使用 find()方法来查询存储过程，和之前 MongoDB 查询文档中的描述一样，例如，查询存储过程代码如下：

```
//直接查询所有的存储过程
db.system.js.find();
{ "_id" : "myAdd", "value" : function __cf__13__f__add(x, y) {
  return x + y;
  }
}
{ "_id" : "myAdd1", "value" : function __cf__14__f__add(x, y) {
  return x + y;
```

```
}, "discrption" : "x is number ,and y is number" }
{ "_id" : ObjectId("5343686ba6a21def9951af1c"), "value" : function __cf__15__f__
add(x, y) {
  return x + y;
} }
//查询_id 为 myAdd1 的存储过程
db.system.js.find({"_id":"myAdd1"});
{ "_id" : "myAdd1", "value" : function __cf__16__f__add(x, y) {
  return x + y;
}, "discrption" : "x is number ,and y is number" }
```

3．执行存储过程

保存好的存储是如何执行的呢？这里使用函数 eval；如果对 JS 了解的人肯定知道 eval 函数。该函数用来执行一段字符串（通俗地进行描述），在 MongoDB 中使用 db.eval("函数名(参数 1，参数 2…)")，来执行存储过程（函数名找的是_id）：

执行存储过程代码如下：

```
1db.eval('myAdd(1,2)');
3
```

eval 函数会找到对应_id 属性执行存储过程。

db.eval()是一个比较奇怪的东西，可以将存储过程的逻辑直接在里面调用，而无须事先声明存储过程的逻辑。

执行存储过程代码如下：

```
db.eval(function(){return 3+3;});
6
```

10.4.2　MongoDB 中关于查询的语句

试题题面：MongoDB 中关于查询的语句有哪些？

题面解析：本题是针对 MongoDB 数据库中 SQL 语句的知识延伸，在 MongoDB 中需要查询指定的语句，下面将讲解在 MongoDB 中关于查询的语句。

解析过程：

MongoDB 支持的查询语言非常强大，下面介绍一些 MongoDB 的高级查询语法。

1．条件操作符查询

条件操作符，就是"<" "<=" ">" ">="这些符号，相应的查询语法如下：

```
db.collection.find({"key":{$gt:value}});      //大于 key>value
db.collection.find({"key":{$gte:value}});     //大于等于 key>=value
db.collection.find({"key":{$lt:value}});      //小于 key<value
db.collection.find({"key":{$lte:value}});     //小于等于 key<=value
```

上面的 collection 是一个集合名。key 是要查询的字段，value 是比较的范围。

2．$all 匹配所有的值

这个操作与 SQL 语句的 in 类似，但是 in 只需要满足范围之一的值就可以，但是$all 必须满足所有的值。例如：

```
db.collection.find({age:{$all:[20,21]}});
```

可以查询出来 {age:[20,21,22]}但是查询不出来{age:[20,22,23]}，即一定要有 20 和 21。

3．$in 查询包含的值

$in 与$all 不一样，查询的值在$in 给出的范围之内就都可以查出来。例如：

```
db.collection.find({age:{$in:[20,21]}});
```

可以查询出来{age:[20,21,22]}和{age:[20,22,23]}以及{age:[21,22,23]}，即只需要有 20 或者 21 其中之一的都可以。

4. $exists 判断字段是否存在

可以使用$exists 判断某一字段是否存在，例如，查询存在 age 字段的记录：

```
db.collection.find({age:{$exists:true}});
```

查询不存在 age 字段的记录：

```
db.collection.find({age:{$exists:false}});
```

5. null 值的处理

null 值处理需要注意的是，不仅仅可以查询出来某一字段值为 null 的记录，还可以查出来不存在某一字段的记录。例如：

```
db.collection.find({age:null});
```

可以查询出来 age 为 null 的记录以及没有 age 字段的记录。如果只需去查询存在 age 字段并且 age 字段的值为 null 的记录，需要配合 exists 操作，例如：

```
db.collection.find({age:{"$in":[null],"$exists":true}});
```

6. $mod 取模运算

这个操作可以进行模运算。例如，查询 age 取模 5 等于 3 的记录：

```
db.collection.find({age:{$mod:[5,3]}});
```

7. $ne 不等于操作

可以查询不等于某一字段的数据，例如，查询 age 不等于 20 的记录：

```
db.collection.find({age:{$ne:20}});
```

8. $nin 不包含操作

这个与$in 相反，查询不包含某一字段的记录，例如查询 age 不等于 20，21，22 的记录：

```
db.collection.find({age:{$nin:[20,21,22]}});
```

9. count 查询记录条数

这个可以用来知道查询到记录的条数，例如查询 age 等于 20 的记录数目：

```
db.collection.find({age:20}).count();
```

10. 排序

用 sort()函数排序，例如按照 age 升序排列：

```
db.collection.find().sort({age:1});
```

类似 asc。

按照 age 降序排列：

```
db.collection.find().sort({age:-1});
```

类似 desc。同时也可以在 find 里面添加查询条件。

11. skip 和 limit 语句

这个是用来跳过几条记录然后查询指定数目的记录，例如，跳过 3 条记录查询其余记录的最前面 5 条。

```
db.collection.find().skip(3).limit(5);
```

find()里面可以加条件，这个类似 SQL：

```
select * from collection limit(3,5)
```

12. JavaScript 查询和$where 查询

例如，查询 age 大于 20 的记录，可以分别使用如下方式：

```
db.collection.find({age:{$gt:20}});
```

以上是条件操作符方式。

```
db.collection.find({$where:"this.age > 3"});
```

以上是$where方式。

```
db.collection.find("this.age > 3");
```

以上是内部对象查询。

```
func=function(){return this.age > 3;} db.collection.find(func)
```

以上是 JavaScript 方式。这几种方式都是一样的效果。

13. 存储过程

MongoDB 也可以有存储过程。例如，一个简单的 SQL 存储过程函数为：

```
function addNum(x,y){ return x+y;}
```

现在要将这个函数转化成 MongoDB 的存储过程。MongoDB 的存储过程是保存在 db.system.js 表中的，因此可以写成如下形式：

```
db.system.js.save({_id:"addNum",value:function(x,y){return x+y;}});
```

这样就创建了一个存储过程。可以对存储过程进行查看、修改和删除操作。例如，查看所有的存储过程：

```
db.system.js.find()
```

其余修改和删除类似对记录的查询操作。

调用创建好的存储过程，需要用到 db.eval()，例如调用刚刚创建的 addNum：

```
db.eval("addNum(30,12)");
```

就可以得出答案是 42。

同时，可以直接使用 db.eval 来创建存储过程并且直接调用，例如：

```
db.eval(function(){return 30+12;});
```

可以直接得出 42，这样可以知道使用 db.eval 可以直接进行算数运算，非常方便。

还有就是，存储过程可以处理数据库内部的操作，例如：

```
db.system.js.save({_id:"getCount",value:function(){return
db.collection.find({age:20}).count();}});
```

可以将 db.collection 中 age 为 20 的记录数目保存在 getCount 这个存储过程中，例如：

```
db.eval("getCount()");
```

10.4.3　根据要求删除索引

试题题面：如何根据指定条件删除索引？

题面解析：本题在数据库的面试题中比较常见，主要就是针对索引的问题进行解答，这样能够对数据库的问题解释得全面。在解答这个问题时，应聘者要明白索引的概念，然后针对指定条件删除相应的索引。

解析过程：

1. 索引

使用索引可快速访问数据库表中的特定信息。索引是对数据库表中一列或多列的值进行排序的一种结构，例如，employee 表的姓名（name）列。如果要按姓查找特定职员，与必须搜索表中的所有行相比，索引会帮助更快地获得该信息。

2. 索引的优点

不需要做全表扫描，只需要扫描索引，索引只存储了这个表的数据的小部分，这小部分可以帮我们实现快速查询，因此扫描时只扫描这一小部分即可，如果将这小部分装载入内存中，速度会更快。

（1）大大减少了服务器需要扫描的数据量。

（2）索引可以帮助服务器避免排序或使用临时表。

（3）索引可以将随机 I/O 转换为顺序 I/O。

不需要的索引，可以将其删除。删除索引时，可以删除集合中的某一索引，也可以删除全部索引。

3. 删除指定的索引 dropIndex()

```
db.COLLECTION_NAME.dropIndex("INDEX-NAME")
```

例如，删除集合 sites 中名为"name_1_domain_-1"的索引：

```
> db.sites.dropIndex("name_1_domain_-1")
{ "nIndexesWas" : 2, "ok" : 1 }
```

4. 删除所有索引 dropIndexes()

```
db.COLLECTION_NAME.dropIndexes()
```

例如，删除集合 sites 中所有的索引：

```
> db.sites.dropIndexes()
{
    "nIndexesWas" : 1,
    "msg" : "non-_id indexes dropped for collection",
    "ok" : 1
}
```

10.4.4　MongoDB 中添加、删除和修改命令的使用

试题题面：如何在 MongoDB 中使用添加、删除和修改命令？

题面解析：本题在数据库安全的面试题中比较常见，主要针对在 MongoDB 数据库中相关命令的操作的考查，应聘者要掌握在 MongoDB 数据库的 SQL 语中添加、删除、修改命令的使用方法。

解析过程：

1. 数据库操作

（1）显示所有数据库。

```
showdbs
```

显示所有数据库（默认有 3 个：admin，local，test）。admin 和 local 会显示出来，test 没有数据所以不显示。

（2）打开/创建数据库。

```
use 数据库名
```

例如：

```
use tb_user
```

自动创建一个 tb_user 数据库，但显示时不会出现，因为它里面没有集合和文档。

数据库存在则打开，不存在则创建。

（3）显示当前数据库

```
db
```

2. 文档（数据）操作

（1）添加。

```
db.集合名.save({数据},…)
```



```
db.集合名.insert({数据},…)
```

例 1：添加一条文档。

```
db.tb_user.insert({ _id : 1,  name: "李小龙",  age: 20 })
```

说明：_id 为默认主键，不写也会自动添加。

例 2：添加多条文档。

```
db.tb_user.insert([{
_id : 2,
name :"李大龙",
age :18
}, {
_id : 3,
name :"李分赴",
age :16
}]);
```

（2）删除。

```
db.集合名.remove({删除条件})
```

例 1：删除学号为 1 的文档。

```
db.tb_user.remove({_id :1})
```

例 2：删除性别为男且住址为长沙市的信息。

```
db.tb_user.remove({ $and : [{sex :"男"},{address :"长沙市"}]  })
```

例 3：删除年龄等于 19 岁的信息。

```
db.tb_user.remove({"age":19})
```

（3）修改。

```
db.集合名.update({条件},{$set:{新数据}})
```

例 1：修改 ID 为 3 的人的姓名。

```
db.tb_user.update( {"_id":3},{$set:{"name":"金大大"}} )
```

例 2：把年龄在 40 岁以下的姓名修改成张三。

```
db.tb_user.update({"age":{$lte:40}}, {$set:{"name":"张三"}}, {multi:true})
```

☆**注意**☆　{multi:true}用于修改多个信息。

例 3：将 ID 为 3 的人年龄增加 10。

```
db.tb_user.update({"_id":3}, {$set: {$inc:{"age":10}} })
```

3. and 操作符

```
db.集合名.find({$and:[{条件 1},{条件 2}…]})
```

例 1：查询年龄在 20 到 30 岁之间人的全部信息。

```
db.tb_user.find( {$and : [ {"age":{$gt:20}}, {"age":{$lt:30}} ] } )
```

例 2：查询年龄等于 20 岁和年龄等于 22 岁的全部信息。

```
db.tb_user.find( {age: 20, age: 22} );
```

4. or 操作符

```
db.集合名.find({$or:[{条件 1},{条件 2}…]})
```

例 1：查询年龄等于 22 或等于 25 岁的全部信息。

```
db.tb_user.find( { $or : [{age: 22}, {age: 25}] } );
```

5. 模糊查询

```
db.集合名.find({"field_name":/value/})  -
```

或

```
db.集合名.find({"field_name":{$regex:/value.*/}})
```

例1：查询姓名中包含"张"的文档。

```
SQL: select * from tablewhere uname like '%张%'
db.table.find( {"uname" : /.*张.*/} )
```

或

```
db.table.find( {"uname" : {$regex: /.*张.*/}} )
```

或

```
db.table.find( {"uname" : /张.*/} )
```

或

```
db.table.find( {"uname" : /张/} )
```

6. 排序 sort()

```
db.collection.find().sort(条件)
```

☆**注意**☆　条件值为 1 表示升序，−1 表示降序。

例1：按年龄进行升序排列。

```
db.tb_user.find().sort( {"age" :1} )
```

7. 统计 count()

```
db.集合名.count(<query>)
```

或

```
db.集合名.find(<query>).count()
```

10.4.5　MongoDB 的查询优化是怎样实现的

试题题面：MongoDB 的查询优化是怎样实现的？

题面解析：本题主要是对 MongoDB 查询优化知识点的延伸，主要说明如何进行优化、分析优化过程进行解释说明。

解析过程：

1. 找出慢速查询

开启内置的查询分析器，记录读写操作效率：

```
db.setProfilingLevel(n,{m})  //n 的取值可选 0,1,2;
```

（1）0 是默认值表示不记录。

（2）1 表示记录慢速操作，如果值为 1，m 赋值单位为 ms，用于定义慢速查询时间的阈值。

（3）2 表示记录所有的读写操作。例如：

```
db.setProfilingLevel(1,300)
```

2. 查询监控结果

监控结果保存在一个特殊的盖子集合 system.profile 里，这个集合分配了 128KB 的空间，要确保监控分析数据不会消耗太多的系统性资源；盖子集合维护了自然的插入顺序，可以使用$natural 操作符进行排序，如：

```
db.system.profile.find().sort({'$natural':-1}).limit(5)
```

3. 分析慢速查询

找出慢速查询的原因比较棘手，原因可能有多个：应用程序设计不合理、不正确的数据模型、硬件配置问题，缺少索引等。

4. 使用 explain 分析慢速查询

例如：

```
db.orders.find({'price':{'$lt':2000}}).explain('executionStats')
```

explain 的入参可选值为：

（1）"queryPlanner"是默认值，表示仅仅展示执行计划信息。

（2）"executionStats"表示展示执行计划信息同时展示被选中的执行计划的执行情况信息。

（3）"allPlansExecution"表示展示执行计划信息，并展示被选中的执行计划的执行情况信息，还展示备选的执行计划的执行情况信息。

5. 解读 explain 结果

queryPlanner（执行计划描述）。

winningPlan（被选中的执行计划）。

stage（可选项：COLLSCAN 没有使用索引；IXSCAN 使用了索引）。

rejectedPlans（候选的执行计划）。

executionStats（执行情况描述）。

nReturned（返回的文档个数）。

executionTimeMillis（执行时间 ms）。

totalKeysExamined（检查的索引键值个数）。

totalDocsExamined（检查的文档个数）。

6. 优化目标 Tips

（1）根据需求建立索引；

（2）每个查询都要使用索引以提高查询效率，winningPlan.stage 必须为 IXSCAN。

10.4.6　MongoDB 的命名空间

试题题面： MongoDB 中的命名空间是什么意思?

题面解析： 本题主要是对 MongoDB 命名空间的延伸，主要说明 MongoDB 的命名空间在数据库中代表着什么作用。

解析过程：

MongoDB 存储 BSON 对象在丛集（collection）中。数据库名字和丛集名字以句点连接起来叫作名字空间（namespace）。

一个集合命名空间又有多个数据域（extent），集合命名空间里存储着集合的元数据，例如集合名称，集合的第一个数据域和最后一个数据域的位置等。而一个数据域由若干条文档（document）组成，每个数据域都有一个头部，记录着第一条文档和最后一条文档的位置，以及该数据域的一些元数据。

extent 和 document 之间通过双向链表连接。索引的存储数据结构是 B 树，索引命名空间存储着对 B 树的根节点的指针。

第 11 章

数据库的安全性

本章导读

数据库的安全性是指保护数据库中的数据，防止不合法的使用所造成的数据泄露，或者具有合法权限的用户进行非法更改的操作。

安全性问题存在于所有的计算机系统，当然也包括数据库系统。由于在数据库系统中存放着较多的数据信息，而且许多信息还可以由用户共享使用，因此安全性是数据库系统中尤为重要的问题之一。另一方面，数据库的安全性和计算机系统的安全性，包括操作系统、网络系统的安全性是紧密联系、相互支持的。

知识清单

本章要点（已掌握的在方框中打钩）
- [ ] 用户标识与鉴别
- [ ] 存取控制
- [ ] 视图机制
- [ ] 审计技术
- [ ] 数据加密

11.1 安全机制

数据库系统的安全保护措施是否有效是数据库系统主要的性能指标之一。数据库系统常用的安全控制方法包括用户标识与鉴别、存取控制、视图机制、审计技术和数据加密。

11.1.1 用户标识与鉴别

用户标识与鉴别是系统提供的安全保护措施之一。用户标识与鉴别主要是指：

（1）系统提供一定的方法使用户标识自己的姓名和身份。

（2）系统内部保存着所有合法用户的标识。

（3）每次用户要求进入系统与数据库进行连接时，系统会核查用户所提供的身份标识是否合法。

（4）通过鉴别的合法用户才能进入系统，与数据库建立连接。

用户标识比较容易被盗用，因此当用户进入系统时，系统要求用户提供用户标识（用户名）和口令（password）。

口令一般由字母和数字组成，口令长度在 5～16 个字符。用户输入的口令保存在系统的表中。

☆**注意**☆　用户在输入口令时，系统不会显示输入的口令，以防止被他人盗窃；只有当输入的用户名和口令全部正确时才能成为合法用户；为了防止非法用户重复猜测合法用户的口令，同时考虑到用户可能也会输入错误口令，因此用户名和口令可以重复输入，但重复的次数不能超过规定的次数，如规定 3 次或 5 次。

为了防止口令在网络上被窃取，提供了以下两种方法：

（1）使用一种不可逆的加密方法对口令进行加密，系统登记加密后的用户口令。当用户口令经过网络传送时，使用相同的方法进行加密。系统在接收到用户口令时，不需要解密，只需与保存在系统中加密后的指令进行比较就可以了，从而完成用户身份的认证。

（2）询问-应答系统提供了另一种方法。数据库系统向用户发送一个询问字符串，用户使用口令加密该字符串返回数据库系统。数据库系统使用同样的口令解密，并与原字符串进行比较，鉴别合法用户。

另外，公钥系统可以用于询问-应答系统的加密。数据库系统使用公钥加密一个字符串，并发送给用户。用户使用他（她）的私钥解密，并将结果返回数据库系统，然后由数据库系统检查这个应答是否正确。

随着技术的进步，更多的方法已经用于用户身份认证：

（1）使用动态产生的新口令登录数据库管理系统。在每次登录数据库管理系统时，都要求用户通过系统产生的短信验证码或新口令登录。

（2）利用只有用户具有的物品鉴别用户。可以使用磁卡或 IC 卡等作为用户身份的凭证，但必须有相应的读卡设备。

（3）利用用户的个人特征鉴别用户，如指纹、视网膜、声波和人脸等都是用户的个人特征。

11.1.2　存取控制

存取控制是数据库系统最重要的安全措施，其主要是通过授权从而使有资格的用户获取访问数据库的权限，而未被授权的用户不能访问。在数据库管理系统中，存取控制机制可以实现对授权和权限的检查。

存取控制又分为自主存取控制和强制存取控制。

1. 自主存取控制

在自主存取控制中主要是通过授权来实现各种操作，因此又被称为授权。SQL 语句也适用于自主存取权限，一般通过 GRANT 语句和 REVOKE 语句实现授权与回收授权。

用户权限由存取控制的数据库对象和操作类型组成。不同数据库对象上的操作权限也有所不同。数据对象及对象上的操作类型如表 11-1 所示。

表 11-1　数据对象及对象上的操作类型

存取控制的类型	对　　象	操 作 类 型
数据库模式	模式	CREATE SCHEMA
	基本表	CREATE/ALTER TABLE
	视图	CREATE VIEW
	索引	CREATE INDEX

续表

存取控制的类型	对　　象	操 作 类 型
数据	基本表	SELECT、INSERT、UPDATE、DELETE、REFERENCES、ALL PRIVILEGES
	属性列	SELECT、INSERT、UPDATE、DELETE、REFERENCES、ALL PRIVILEGES

存取控制机制的作用有以下两点：

- 授权。在 DDL 中提供相应的授权语句，允许用户自主定义存取权限，并将用户的授权登记在数据字典中。
- 权限检查。当用户发出存取数据库的操作请求后，DBMS 将查找字典，根据用户权限进行检查；如果用户的操作请求超出了定义的权限，则系统将拒绝执行此操作。

1）权限的授予

使用 GRANT 语句来授予权限，语法格式如下：

```
GRANT <授权列表> ON <对象名> TO <用户/角色列表>
```

该语句将<对象名>所标识的对象上的一种或多种存取权限赋予一个或多个用户或角色。其中存取权限由<权限列表>指定，用户或角色由<用户/角色列表>指定。

- <权限列表>可以是 ALL PRIVILEGES（所有权限），也可以是以下权限的列表：

①SELECT：查询。

②DELETE：删除元组。

③INSERT [（<属性列>，…，<属性列>)]：插入。包含（<属性列>，…，<属性列>)时，只能在指定的属性列上为新元组提供值；否则允许插入整个元组。

④UPDATE [（<属性列>，…，<属性列>)]：修改。包含（<属性列>，…，<属性列>)时，只能修改元组在指定的属性列上的值；否则允许修改整个元组。

⑤REFERENCES [（<属性列>，…，<属性列>)]：赋予用户创建关系时定义外码的能力。如果用户在创建的关系中包含参照其他关系的属性的外码，那么用户必须在这些属性上具有 REFERENCES 权限。

- <对象名>可以是基本表或视图名。当对象名为基本表名时，表名前可以使用保留字 TABLE（可以省略）。
- <用户/角色列表>可以是 PUBLIC（所有用户）或指定的用户或角色的列表。

2）权限的收回

使用 REVOKE 语句来收回权限，语法格式如下：

```
REVOKE <授权列表> ON <对象名> FROM <用户/角色列表>
{CASCADE | RESTRICT}
```

该语句将<对象名>所标识的对象上的一种或多种存取权限从一个或多个用户或角色收回。其中存取权限由<权限列表>指定，用户或角色由<用户/角色列表>指定。<权限列表>、<对象名>和<用户/角色列表>与授权语句相同。

CASCADE 和 RESTRICT 分别表示回收是级联或受限的。

3）角色

角色是一个命名的权限的集合。当一组用户必须具有相同的存取权限时，可以使用角色定义存取权限并对用户授权。

使用角色进行授权必须先创建角色，将数据库对象上的存取权限授予角色，才能将角色授予用户，使用户拥有角色所具有的所有存取权限。

（1）创建角色和角色授权。

创建角色使用语句如下：

```
CREATE ROLE <角色名>
```

该语句创建一个角色，用<角色名>命名。

使用 GRANT 语句对角色授权，语法格式如下：

```
GRANT <授权列表> ON <对象名> TO <用户/角色列表>
```

（2）使用角色授权。

将一个或多个角色授予一个或多个用户或其他角色，语句如下：

```
GRANT <角色列表> TO <用户/角色列表>
[WITH ADMIN OPTION]
```

<角色列表>是一个或多个角色名，中间用逗号隔开；<用户/角色列表>是一个或多个用户名或角色名，中间用逗号隔开。获得角色授权的用户或角色具有<角色列表>中角色所具有的存取权限。可选短语 WITH ADMIN OPTION 允许获得角色授权的用户可以传播角色授权；默认时不能传播。

（3）收回授予角色的权限。

使用 REVOKE 语句收回授予角色的权限，语法格式如下：

```
REVOKE <授权列表> ON <对象名> FROM <用户/角色列表>
{CASCADE | RESTRICT}
```

（4）收回角色。

REVOKE 语句还可以从一个或多个用户或角色收回角色，语法格式如下：

```
REVOKE <授权列表> FROM <用户/角色列表>
{CASCADE | RESTRICT}
```

2. 强制存取控制

强制存取控制是系统为保证更高程度的安全性，按照 TCSEC/TDI 安全策略的要求所采取的强制存取检查手段。

强制存取控制即每一个数据对象被强制地标以一定的密集，每一个用户也被强制地授予某一个级别的许可，系统规定只有具有某一许可证级别的用户才能存取某一个密级的数据对象。

☆**注意**☆　*强制存取控制不是用户能直接感知或进行控制的，它适用于对数据有严格而固定密级分类的部门。*

1）主体与客体

在 MAC 中，DBMS 管理的全部实体被分为主体和客体两大类。

（1）主体：活动实体。主体可以是 DBMS 管理的实际用户、代表用户的各进程。

（2）客体：被动实体，受主体操纵。

2）敏感度标记

（1）主体的敏感度标记称为许可证级别。

（2）客体的敏感度标记是密级。

☆**注意**☆　*MAC 机制就是通过对比主体和客体的敏感度标记，确定主体是否能够存取客体。*

3）强制存取控制规则

（1）仅当主体的许可证级别大于或等于客体的密级时，该主体才能读取相应的客体。

（2）仅当主体的许可证级别小于或等于客体的密级时，该主体才能写相应的客体；即用户可以为写入的数据对象赋予高于自己的许可证级别的密级。

4）MAC 与 DAC

在自主存取控制（Discretionary Access Control，DAC）中，同一用户对于不同的数据对象具有不同的存取权限，但是哪些用户对哪些数据对象具有哪些存取权限并没有固定的限制；而在强制存取控制（Mandatory Access Control，MAC）中，每一个数据对象被标以一定的密级，每一个用户也被授予某一许可证级别。只有具有一定许可证级别的用户才能访问具有一定密级的数据对象。

自主存取控制比较灵活，DBMS 提供对它的全部支持；而强制存取控制比较严格，只有那些"安全的" DBMS 才提供对它的支持。

11.1.3　视图机制

视图是为用户提供个性化数据库模型的一种手段，它可以隐藏不想让用户看到的数据信息。视图还可以与授权相结合，限制用户只能访问所需要的数据，实现一定程度的安全保护。

视图的中心思想：通过定义视图，屏蔽一部分需要对某些用户保密的数据；在视图上定义存取权限，将对视图的访问权授予这些用户，但不允许他们直接访问定义视图的关系。

1. 创建视图

语法格式如下：

```
CREAT VIEW VIEW_NAME (COLUNM_NAME1,COLUNM_NAME2,…) AS
SELECT COLUNM_NAME1…
FROM TABLE_NAME
WHERE 条件;
```

组成视图的属性列名要全部定义或全部省略，但当处于以下三种情况时要全部定义：

（1）某个目标列不仅仅是单纯的列表属性名，而是聚集函数或是列表达式。

（2）多表连接时，选出多个同名的列作为视图的列属性。

（3）需要在视图中为某个列选择更合适的新名字。

2. 删除视图

```
DROP VIEW VIEW_NAME CASCADE;//联级删除视图
```

3. 查询视图

方法与查询基本表类似。先看视图是否存在，如果存在，则从数据字典中取出视图的定义，把定义中的子查询与用户的查询结合起来，换成等价的对基本表的查询，再修正执行查询基本表。

4. 更新视图

并不是所有的视图都可以更新，有以下情况时不能更新：

（1）由两个以上基本表导出。

（2）视图字段来自字段表达式或常数，不能执行 UPDATE 和 INSERT，但可以执行 DELETE。

（3）视图字段来自聚集函数。

（4）视图定义中含有 GROUP BY、DISTINCT 或嵌套查询，并且内层查询的 FORM 子句中涉及的表也是导出该视图的基本表。

11.1.4　审计技术

审计技术和其他方式不同，它属于一种监视措施。它能够跟踪数据库中的访问活动，检测可能的不合法行为。审计中有一个专门的审计日志（audit log），自动记录所有用户对数据库的更新、插入、删除和修改。审计日志中记录的信息有如下几点：

（1）操作类型。

（2）操作终端标识和操作者标识。

（3）操作日期和时间。

（4）操作包含的数据，如关系、数组和属性等。

（5）数据操作前的值和操作后的值。

☆**注意**☆　审计日志中的追踪信息，可以重现导致数据库现有状况的一系列时间，找出非法存取数据的用户、时间和内容等；审计还可以对每次成功或失败的数据库连接、成功或失败的授权或回收授权也进行跟踪记录。

11.1.5　数据加密

除了前面介绍的几种对数据库系统的保护措施之外，还可以采用数据加密来保护数据的安全性。

数据加密的核心：按照一定的加密算法，将原始数据（明文）转变成不可以直接识别的格式（密文），从而使不知道解密方法的人不能获取数据信息，达到了保护数据的目的。

加密技术的性质有以下几点：

（1）对授权用户来说，加密数据和解密数据比较简单。

（2）加密模式不能依赖于算法的保密，而是算法参数，即依赖于密钥。

（3）对于非法入侵者来说，确定密钥是非常困难的。

11.2　精选面试、笔试题解析

本章主要介绍了保护数据库安全的几种方法。根据前面介绍的安全机制，本节总结了一些在面试或笔试过程中经常遇到的问题。通过本节的学习，无论是在以后的面试还是笔试中，读者将掌握回答类似问题的方法。

11.2.1　数据库系统的安全性控制方法

试题题面：数据库系统的安全性控制方法有哪些？

题面解析：本题考查数据库的安全机制，应聘者需要知道数据库系统的安全保护措施是否有效是数据库系统主要的性能指标之一。应聘者在回答此问题时需要先概述数据库系统常用的安全控制方法具体有哪些，然后再分开解释。

解析过程：数据库系统常用的安全控制方法包括用户标识和鉴别、存取控制、视图机制、审计技术和数据加密。

（1）用户标识和鉴别。该方法由系统提供一定的方式让用户标识自己的名字或身份。每次用户要求进入系统与数据库进行连接时，系统会核查用户所提供的身份标识是否合法；通过鉴别的合法用户才能进入系统，与数据库建立连接。

（2）存取控制。存取控制是数据库系统最重要的安全措施，其主要是通过授权从而使有资格的用户获取访问数据库的权限，而未被授权的用户不能访问。在数据库管理系统中，存取控制机制可以实现对授权和权限的检查。

存取控制又分为自主存取控制和强制存取控制。

（3）视图机制。为不同的用户定义视图，通过视图机制把要保密的数据对无权存取的用户隐藏起来，从而自动地对数据提供一定程度的安全保护。

（4）审计技术。审计能够跟踪数据库中的访问活动，检测可能的不合法行为。同时建立审计日志，把用户对数据库的所有操作自动记录下来放入审计日志中，DBA 可以利用审计跟踪的信息，重现导致数据库现有状况的一系列事件，找出非法存取数据的人、时间和内容等。

（5）数据加密。对存储和传输的数据进行加密处理，从而使得不知道解密算法的人无法获知数据的内容。

11.2.2 什么是数据库的安全性

试题题面：什么是数据库的安全性？

题面解析：本题主要是针对数据库安全问题基础概念的考查。应聘者应首先了解在计算机中安全的概念包括哪些方面，然后针对安全的概念，讲解什么是数据库安全的知识。

解析过程：

计算机系统的安全性是指为计算机系统建立和采取各种安全保护措施，以保护计算机系统中的硬件、软件及数据，防止偶然或恶意的原因使系统遭到破坏、数据遭到更改或泄露。数据库的安全性是指保护数据库，防止因用户非法使用数据库造成数据泄露、更改或破坏。

从广义上讲，数据库的安全包括许多内容，如防火、防盗、防破坏、防病毒等都属于安全方面的内容；同时，数据安全也和法律法规、伦理道德、安全管理（软件意外故障、场地的意外事故、管理不善导致的计算机设备和数据介质的破坏、丢失等）等密切相关。

数据库系统的安全保护措施是否有效是数据库系统主要的性能指标之一。数据库子系统常用安全性控制方法包括用户标识与鉴别、存取控制、视图、审计和数据加密。

11.2.3 SQL 中提供了哪些自主存取控制语句

试题题面：SQL 中提供了哪些自主存取控制语句？

题面解析：本题主要考查应聘者对 SQL 语句的掌握程度，根据所学知识，应聘者需要进一步说明 SQL 语句中提供了哪些自主控制的语句。

解析过程：

SQL 中的自主存取控制是通过 GRANT 语句和 REVOKE 语句来实现的。例如：

```
GRANTSELECT,INSERTON Student
TO 王平
WITH GRANT OPTION;
```

以上 SQL 语句表明：将 Student 表的 SELECT 和 INSERT 权限授予了用户王平，后面的 "WITH GRANT OPTION" 子句表示用户王平也获得了 "授权" 的权限，从而可以把得到的权限继续授予其他用户。

```
REVOKE INSERTON Student FROM 王平 CASCADE;
```

以上 SQL 语句表明：将 Student 表的 INSERT 权限从用户王平处收回，选项 CASCADE 表示如果用户王平将 Student 的 INSERT 权限又转授给了其他用户，那么这些权限也将从其他用户处收回。

11.2.4 自主存取控制和强制存取控制

试题题面：什么是自主存取控制和强制存取控制，两者之间有什么区别？

题面解析：本题属于对概念类知识的考查，在解题的过程中应聘者需要了解什么是自主存取控制和强制存取控制，然后分别介绍各自的特点，最后再分析自主存取控制和强制存取控制之间的区别。

解析过程：

1. 自主存取控制和强制存取控制

（1）自主存取控制方法：定义各个用户对不同数据对象的存取对象。当用户对数据库访问时首先检查用户的存取权限。防止不合法用户对数据库的存取。

（2）强制存取控制方法：每一个数据对象被（强制地）标以一定的密集，每一个用户也被（强制地）授予某一个级别的许可，系统规定只有具有某一许可证级别的用户才能存取某一个密级的数据对象。

2. 两者区别

（1）自主存取控制机制仅仅通过对数据的存取权限进行安全控制，对数据本身并无安全标记；强制存取控制机制则对数据本身进行密级标记，无论数据如何复制，标记与数据是一个不可分的整体，只有符合密级标记要求的用户才可以操纵数据，从而提供了更高级别的安全性。

（2）强制存取控制的安全性级别更高。

（3）DAC 的数据存取权限由用户控制，系统无法控制；MAC 安全等级由系统控制，不是用户能直接感知或进行控制的。

11.2.5　用户标识与鉴别

试题题面：在数据库系统中，用户的标识与鉴别是怎样实现的？

题面解析：本题在针对数据库安全系统知识讲解的延伸，主要是说明在数据库安全系统中的用户标识和鉴别是怎样进行工作的。这类问题在面试的时候出现的概率很大，应聘者可以结合实际情况进行分析解答。

解析过程：

用户标识与鉴别是系统提供的最外层安全保护措施。其基础方法是系统提供一定的方式让用户标识自己的名字或身份；系统内部记录着所有合法用户的标识；每次用户要求进入系统（与数据库进行连接时），由系统核对用户提供的身份识别；通过鉴别的合法用户才能进入系统，建立数据库连接。

用户标识容易被盗用，因此当用户进入系统时，系统要求用户同时提供用户标识（用户名）和口令。口令一般由字母和数字组成，其长度一般是 5～16 个字符。口令由用户选择，口令的选择既要便于记忆，又要不易被猜出。系统中保留一张表，登记每个用户的口令。

用户输入口令时，为了防止别人看到，系统不会显示口令。只有正确地提供用户名和口令才能通过鉴别，成为合法用户。为了防止非法用户重复猜测合法用户的口令。并考虑到用户可能出现的输入错误问题，用户名和口令的输入可以重复，但重复的次数不能超过规定的次数。

这种用户名加口令的认证方式不需要附加的设备，简单、易行，广泛地用于操作系统、数据库系统和其他软件系统。然而，口令可能被窃取。例如，当口令在网络上传送时，窃听者可能会截取用户的口令。然后冒充合法用户，入侵数据库。

防止窃听者截取用户口令的基本方法是避免在网络上直接传递口令。一种简单的方法是使用一种不可逆的加密方法对口令进行加密，系统登记加密后的用户口令。当用户口令通过网络传送时，用相同的方法进行加密。系统接收到用户指令时，不必解答，而直接与保存在系统中的加密后的口令进行比较，进行用户身份比较。

询问-应答系统提供了另一种避免直接在网络上传递口令的方法：数据库系统向用户发送一个询问字符串，用户使用口令加密该字符串，并返回该数据库系统。数据库系统使用同样的口令进行解密，并与原字符串进行比较，鉴别合法用户。

公钥系统可以用于询问-应答系统的加密。数据库系统使用公钥加密一个字符串，并发送给用户。用户使用私钥解密，并将结果返回数据库系统。数据库系统随后检查这个应答。

随着技术的发展，更多的方法已经用于用户身份认证。这些方法包括以下几种：

（1）使用动态产生新的口令登录数据库管理系统，如短信密码或者动态令牌方式。每次登录数据库管理系统时要求用户通过系统产生的短信验证码或令牌产生的新口令登录，这种认证方式安全性相对高些。

（2）利用只有用户具有的物品鉴别用户：可以使用磁卡、IC 卡作为用户身份的凭证，但必须有相应的读卡设备。

（3）利用用户的个人特征进行鉴别用户：指纹、视网膜、声波等都是用户个人特征。利用这些用户的个人特征进行鉴别用户非常可靠，但需要相应的设备，因而影响了它们的推广和使用。

11.2.6　数据加密技术

试题题面：数据加密技术需要具有哪些性质？

题面解析：本题主要考查数据库基础知识的运用，并对数据库安全的基础知识进行延伸，进一步说明在数据库中数据库加密技术有什么样的功能和特性。

解析过程：

1. 常用数据库加密技术

信息安全主要指三个方面。一是数据安全、二是系统安全、三是电子商务的安全。核心是数据库的安全，将数据库的数据加密就解决了信息安全的核心问题。

对数据库中的数据加密是为增强普通关系数据库管理系统的安全性，提供一个安全适用的数据库加密平台，对数据库存储的内容实施有效保护。

它通过数据库存储加密等安全方法实现了数据库数据存储保密和完整性要求，使得数据库以密文方式存储并在保密状态下工作，确保了数据安全。

2. 数据库加密技术的功能和特性

经过近几年的研究，我国数据库加密技术已经比较成熟。一般而言，一个有效的数据库加密技术主要有以下 5 个方面的功能和特性。

（1）身份认证。用户除提供用户名、口令外，还必须按照系统安全要求提供其他相关安全凭证，如使用终端密钥。

（2）通信加密与完整性保护。有关数据库的访问在网络传输中都被加密，在通信时，加密的意义在于防重放、防篡改。

（3）数据库数据存储加密与完整性保护。数据库系统采用数据项级存储加密，即数据库中不同的记录、每条记录的不同字段都采用不同的密钥加密，辅以校验措施来保证数据库数据存储的保密性和完整性，防止数据的非授权访问和修改。

（4）数据库加密设置。系统中可以选择需要加密的数据库列，以便于用户选择那些敏感信息进行加密而不是全部数据都加密。只对用户的敏感数据加密可以提高数据库访问速度。这样有利于用户在效率与安全之间进行自主选择。

（5）多级密钥管理模式。主密钥和主密钥变量保存在安全区域，二级密钥受主密钥变量加密保护，数据加密的密钥存储或传输时利用二级密钥加密保护，使用时受主密钥保护。

11.2.7　如何创建角色和进行授权

试题题面：如何创建角色和进行授权？

题面解析：本题是在笔试中出现频率较高的一道题，主要考查应聘者是否掌握 SQL 语句的用法，根据前面所学的知识，说明在 SQL 中如何创建角色和进行授权。

解析过程：

要想成功访问 SQL Server 数据库中的数据，需要两个方面的授权：

- 获得准许连接 SQL Server 服务器的权利；
- 获得访问特定数据库中数据的权利（select、update、delete、create table…）。

假设，准备建立一个 dba 数据库账户，用来管理数据库 mydb。

创建登录账户（create login）：

```
create login dba with password='abcd1234@', default_database=mydb
```

登录账户名为"dba"，登录密码"abcd1234@"，默认连接到的数据库"mydb"。这时，dba 账户就可以连接到 SQL Server 服务器上了。但是此时还不能访问数据库中的对象（严格的说，此时 dba 账户默认是 guest 数据库用户身份，可以访问 guest 能够访问的数据库对象）。

要使 dba 账户能够在 mydb 数据库中访问自己需要的对象，需要在数据库 mydb 中建立一个"数据库用户"，赋予这个"数据库用户"某些访问权限，并且把登录账户"dba"和这个"数据库用户"映射起来。习惯上，"数据库用户"的名字和"登录账户"的名字相同，即"dba"。创建"数据库用户"和建立映射关系只需要一步即可完成。

创建数据库用户（create user）：为登录账户创建数据库用户（create user），在 mydb 数据库中的 security 中的 user 下可以找到新创建的 dba。

```
create user dba for login dba with default_schema=dbo
```

指定数据库用户"dba"的默认 schema 是"dbo"。这意味着用户"dba"在执行"select * from t"时，实际上执行的是"select * from dbo.t"。

通过加入数据库角色，赋予数据库用户"db_owner"权限。

```
exec sp_addrolemember 'db_owner', 'dba'
```

此时，dba 就可以全权管理数据库 mydb 中的对象了。

如果想让 SQL Server 登录账户"dba"访问多个数据库，例如 mydb2。可以让 sa 执行下面的语句：

```
use mydb2
go
create user dba for login dba with default_schema=dbo
go
exec sp_addrolemember 'db_owner', 'dba'
go
```

此时，dba 就可以有两个数据库 mydb 和 mydb2 的管理权限了。

创建数据库 mydb 和 mydb2，在 mydb 和 mydb2 中创建测试表，默认是 dbo 这个 schema，完整的代码如下所示：

```
CREATE TABLE DEPT
    (DEPTNO int primary key,
    DNAME VARCHAR(14),
    LOC VARCHAR(13) );
--插入数据
INSERT INTO DEPT VALUES (111, 'ACCOUNTING', 'NEW YORK');
INSERT INTO DEPT VALUES (201, 'RESEARCH', 'DALLAS');
INSERT INTO DEPT VALUES (301, 'SALES', 'CHICAGO');
INSERT INTO DEPT VALUES (401, 'OPERATIONS', 'BOSTON');
--查看数据库 schema, user 的存储过程
select * from sys.database_principals
select * from sys.schemas
select * from sys.server_principals
--创建登录账户（create login）
create login dba with password='abcd1234@', default_database=mydb
--为登录账户创建数据库用户（create user），在 mydb 数据库中的 security 中的 user 下可以找到新创建的 dba
create user dba for login dba with default_schema=dbo
--通过加入数据库角色,赋予数据库用户"db_owner"权限
exec sp_addrolemember 'db_owner', 'dba'
```

```
--让 SQL Server 登录账户 "dba" 访问多个数据库
use mydb2
go
create user dba for login dba with default_schema=dbo
go
exec sp_addrolemember 'db_owner', 'dba'
go
--禁用登录账户
alter login dba disable
--启用登录账户
alter login dba enable
--登录账户改名
alter login dba with name=dba_tom
--登录账户改密码:
alter login dba with password='aabb@ccdd'
--数据库用户改名:
alter user dba with name=dba_tom
--更改数据库用户 defult_schema:
alter user dba with default_schema=sales
--删除数据库用户:
drop user dba
--删除 SQL Server 登录账户:
drop login dba
```

11.2.8 视图的作用

试题题面：什么是视图，如何创建视图，视图的优点和作用是什么？

题面解析：本题在数据库安全的面试题中比较常见，主要就是针对视图的概念进行讲解，首先应聘者要明白视图的概念，然后针对视图的概念，对视图如何创建进行说明，最后根据视图多方面的讲解说明视图的优点和作用。

解析过程：

视图是一种命名的导出表，是从一个或几个基本表（或视图）中导出的表。但与基本表不同，视图的数据并不物理地存储在数据库中（物化视图除外）。查询时，凡是能够出现基本表的地方，都允许出现视图。更新时，只有可更新的视图才允许更新。

视图的创建、视图的优点以及作用如下：

1. 定义视图

使用 **CREATE VIEW** 语句可以创建视图，其语法格式如下：

```
CREATE VIEW <视图名> [(<列名>,…,<列名>)]
AS <查询表达式>
[WITH CHECK OPTION]
```

其中，<视图名>是标识符，对定义的视图命名；<列名>为<查询表达式>结果的列命名。<查询表达式>通常是一个 SELECT 查询，其中不包含 DISTINCT 短语和 ORDER BY 子句。

WITH CHECK OPTION 表示该视图是可以更新的，并且对视图进行更新时要满足<查询表达式>的查询条件。

☆**注意**☆ 组成视图的属性列名要么全部省略要么全部指定。如果省略了视图的各个属性名，则由 SELECT 子句目标列出的各个字段组成。

在下列情况下必须明确指定组成视图的所有属性列名。

（1）SELECT 子句目标列中包含聚集函数或者列表表达。

（2）SELECT 子句的目标列中使用"*"。

（3）多表连接时出现了同名属性列。

（4）需要为视图中某个列定义更合适的名字。

CREATE VIEW 是说明语句，它创建一个试图，并将视图的定义存放在数据字典中，而定义中的<查询表达式>并不立即执行。

2．视图的优点

（1）简单性：视图不仅可以简化用户对数据的理解，也可以简化他们的操作。那些被经常使用的查询可以被定义为视图，从而使得用户不必为以后的操作每次指定全部的条件。

（2）安全性：通过视图用户只能查询和修改他们所能见到的数据。但不能授权到数据库特定行和特定的列上。通过视图，用户可以被限制在数据的不同子集上：使用权限可被限制在另一视图的一个子集上，或是一些视图和基本表合并后的子集上。

（3）逻辑数据独立性：视图可帮助用户屏蔽真实表结构变化带来的影响。

3．视图的作用

（1）视图集中。

视图集中即是使用户只关心他们感兴趣的某些特定数据和他们所负责的特定任务。这样通过只允许用户看到视图中所定义的数据而不是视图引用表中的数据而提高了数据的安全性。

（2）简化操作。

视图大大简化了用户对数据的操作。因为在定义视图时，若视图本身就是一个复杂查询的结果集，这样在每一次执行相同的查询时，不必重新写这些复杂的查询语句，只要一条简单的查询视图语句即可。可见视图向用户隐藏了表与表之间复杂的连接操作。

（3）定制数据。

视图能够实现让不同的用户以不同的方式看到不同或相同的数据集。因此，当有许多不同水平的用户共用同一数据库时，这显得极为重要。

（4）合并分割数据。

在有些情况下，由于表中数据量太大，故在表的设计时常将表进行水平分割或垂直分割，但表结构的变化却对应用程序产生不良的影响。如果使用视图就可以重新保持原有的结构关系，从而使外模式保持不变，原有的应用程序仍可以通过视图来重载数据。

（5）安全性。

视图可以作为一种安全机制。通过视图用户只能查看和修改他们所能看到的数据。其他数据库或表既不可见也不可以访问。如果某一用户想要访问视图的结果集，必须授予其访问权限。视图所引用表的访问权限与视图权限的设置互不影响。

11.2.9　存取控制过程

试题题面：什么是存取控制过程，存取控制包含哪些层次？

题面解析：本题是在数据库的安全性中常见的一道面试或笔试题，主要是对基础概念知识的延伸，应聘者将了解到什么是存取控制过程、存取控制的层次和实现存取的控制。

解析过程：

1．存取控制过程

在数据库中，不是所有的用户都要（能）存取所有的数据。一个用户必须获得对所请求的数据的适当授权才能对其进行相应的操作。用来检查用户对数据的存取权限的过程称为存取控制。存取控制可以在物理层或逻辑层进行，可以以"自主"（即用户可以改变权限的）方式或"强制"（即不能由单个用户改变的系统规则的）方式进行。

2. 存取控制的层次

一般有三个存取控制与保护的层次：内存层、过程层和逻辑层。

（1）内存存取控制。

这一级存取控制不一定是具体控制用户关于数据对象的存取权限，而是控制对象的存储容器，即控制内存单元不被未授权的用户存取。在容器中的对象收到与容器同一级别的控制保护，使在被保护的容器中的内容都是安全的。具体的实现方法可以是物理的，如采用地址界限寄存器、存储钥匙等；也可以使用逻辑的方法，即虚拟空间，如页面/片段控制表。物理方法借助于操作系统的功能即可实现；逻辑的方法则依其存取控制方案不同而异，仅靠操作系统的"保护圈"（protestion ring）已不能满足要求。

（2）过程存取控制。

过程存取控制就是程序存取控制。程序被授权的用户执行，并依其创建者的存取权限来操作数据。过程存取控制就是按照程序的调用、返回和参数传递来监控其执行。

在过程存取控制中，还有过程之间相互调用问题，通过"同心圆机制"（concentric ring mechanism）控制，凡是处于更外层的过程比更内层的过程具有更少的特权。外层的过程要与内层的过程通信，必须通过一个或多个"安全门"（security gate），但内层对外层通信则不需要。安全门就是权限检查。

（3）逻辑存取控制。

逻辑存取控制就是控制存取对象的逻辑结构，如文件、记录、字段等，而不管对象在何处，它是实际的还是虚拟存储结构，它将用户的存取权限和保护措施与逻辑结构相联。为了实现存取控制，安全机构必须维护一个存取控制矩阵。它包含被授权者、权限施加对象及授予的权限三要素。

11.2.10 数据库的安全策略有哪些

试题题面：数据库的安全策略有哪些？

题面解析：本题是在数据库的安全性中常见的一道面试题，主要介绍数据库的安全策略问题，应聘者需要一方面分析数据库的安全策略，另一方面说明数据库的安全实现。

解析过程：

1. 数据库的安全策略

数据库安全策略是涉及信息安全的高级指导方针，这些策略根据用户需要、安装环境、建立规则和法律等方面的限制来制定。

数据库系统的基本安全性策略主要是一些基本性安全的问题，如访问控制、伪装数据的排除、用户的认证、可靠性，这些问题是整个安全性问题的基本问题。数据库的安全策略主要包含以下几个方面：

（1）保证数据库存在安全。

数据库是建立在主机硬件、操作系统和网络上的系统，因此要保证数据库安全，首先应该确保数据库存在安全。预防因主机掉电或其他原因引起死机、操作系统内存泄漏和网络遭受攻击等不安全因素是保证数据库安全不受威胁的基础。

（2）保证数据库使用安全。

数据库使用安全是指数据库的完整性、保密性和可用性。其中，完整性既适用于数据库的个别元素也适用于整个数据库，所以在数据库管理系统的设计中完整性是主要的关注对象。保密性由于攻击的存在而变成数据库的一大问题，用户可以间接访问敏感数据库。最后，因为共享访问的需要是开发数据库的基础，所以可用性是重要的，但是可用性与保密性是相互冲突的。

2. 数据库的安全实现

（1）数据库存在安全的实现。

正确理解系统的硬件配置、操作系统和网络配置及功能对于数据库存在安全十分重要。

（2）数据库完整性的实现。

数据库的完整性包括库的完整性和元素的完整性。

数据库的完整性是 DBMS（数据库管理系统）、操作系统和系统管理者的责任。数据库管理系统必须确保只有经批准的个人才能进行更新，还意味着数据须有访问控制，另外数据库系统还必须防范非人为的外力灾难。

（3）数据库保密性的实现。

数据库的保密性可以通过用户身份鉴定和访问控制来实现。

DBMS 要求严格的用户身份鉴定。一个 DBMS 可能要求用户传递指定的通行字和时间日期检查，这一认证是在操作系统完成的认证之外另加的。DBMS 在操作系统之外作为一个应用程序被运行，这意味着它没有到操作系统的可信赖路径，因此必须怀疑它所收的任何数据，包括用户认证。因此 DBMS 最好有自己的认证机制。

（4）数据库可用性的实现。

数据库的可用性包括数据库的可获性、访问的可接受性和用户认证的时间性三个因素。

- 数据的可获性：要访问的元素可能是不可访问的。
- 访问的可接受性：记录的一个或多个值可能是敏感的而不能被用户访问。
- 用户认证的时间性：为了加强安全性，数据库管理员可能允许用户只在某些时间访问数据库，比如在工作时间。

11.2.11 索引的底层实现原理和优化

试题题面：索引的底层实现原理是什么？如何进行优化？

题面解析：本题考查索引实现的原理，以及是如何进行优化的。

解析过程：

在数据结构中，最为常见的搜索结构就是二叉搜索树和 AVL 树（高度平衡的二叉搜索树，为了提高二叉搜索树的效率，减少树的平均搜索长度）。无论是二叉搜索树还是 AVL 树，当数据量比较大时，都会由于树的深度过大而造成 I/O 读写过于频繁，进而导致查询效率低下，因此对于索引而言，多叉树结构成为不二选择。特别地，B 树的各种操作能使 B 树保持较低的高度，从而保证高效的查找效率。

11.2.12 文件索引和数据库索引为什么使用 B+树

试题题面：文件索引和数据库索引为什么使用 B+树？

题面解析：本题考查 B+树的优点，操作时应聘者为什么选择 B+树而不选择其他的。

解析过程：

文件与数据库都是需要较大的存储空间，也就是说，它们都不可能全部存储在内存中，因此需要存储到磁盘上。而索引，则是为了数据的快速定位与查找，那么索引的结构组织要尽量减少查找过程中磁盘 I/O 的存取次数，因此 B+树相比 B 树更加合适。数据库系统巧妙利用了局部性原理与磁盘预读原理，将一个节点的大小设为等于一个页，这样每个节点只需要一次 I/O 就可以完全载入，而红黑树这种结构，高度明显要深得多，并且由于逻辑上很近的节点（父子）物理上可能很远，无法利用局部性。最重要的是，B+树还有一个最大的好处方便扫库。B 树必须使用中序遍历的方法按序扫库，而 B+树直接从叶子结点挨个扫一遍就完了，B+树支持 range-query 非常方便，而 B 树不支持，这是数据库选用 B+树的最主要原因。

11.2.13 如何避免 SQL 注入

试题题面：如何避免 SQL 注入？

题面解析：本题考查在开发网站过程中，如何避免 SQL 注入，应该从哪些地方着手。

解析过程：

SQL 注入是一种注入攻击，可以执行恶意 SQL 语句。它通过将任意 SQL 代码插入数据库查询，使攻击者能够完全控制 Web 应用程序后面的数据库服务器。攻击者可以使用 SQL 注入漏洞绕过应用程序安全措施；可以绕过网页或 Web 应用程序的身份验证和授权，并检索整个 SQL 数据库的内容；还可以使用 SQL 注入来添加、修改和删除数据库中的记录。

SQL 注入漏洞可能会影响使用 SQL 数据库（例如 MySQL、Oracle、SQL Server 或其他）的任何网站或 Web 应用程序。犯罪分子可能会利用它来未经授权访问用户的敏感数据：客户信息、个人数据、商业机密和知识产权等。SQL 注入攻击是最古老、最流行、最危险的 Web 应用程序漏洞之一。

在防止 SQL 注入方面，应该做如下操作：

- 不要使用动态 SQL。
- 不要将敏感数据保留在纯文本中。
- 限制数据库权限和特权。
- 避免直接向用户显示数据库错误。
- 对访问数据库的 Web 应用程序使用 Web 应用程序防火墙（WAF）。
- 定期测试与数据库交互的 Web 应用程序。
- 将数据库更新为最新的可用修补程序。

11.2.14 一般数据库系统安全涉及几个层次

试题题面：一般数据库系统安全涉及几个层次？

题面解析：本题考查数据库安全涉及层次，应聘者应该从 5 个方面依次作答，解释每个层次的作用。

解析过程：

（1）用户层：侧重用户权限管理及身份认证等，防范非授权用户以各种方式对数据库及数据的非法访问。

（2）物理层：系统最外层最容易受到攻击和破坏，主要侧重保护计算机网络系统、网络链路及其网络节点的实体安全。

（3）网络层：所有网络数据库系统都允许通过网络进行远程访问，网络层安全性和物理层安全性一样极为重要。

（4）操作系统层：操作系统在数据库系统中，与 DBMS 交互并协助控制管理数据库。操作系统安全漏洞和隐患将成为对数据库进行非授权访问的手段。

（5）数据库系统层：数据库存储着重要程度和敏感程度不同的各种数据，并为拥有不同授权的用户所共享，数据库系统必须采取授权限制、访问控制、加密和审计等安全措施。

为了确保数据库安全，必须在所有层次上进行安全性保护措施。若较低层次上安全性存在缺陷，则严格的高层安全性措施也可能被绕过而出现安全问题。

11.2.15　体系结构

试题题面：数据库有哪两种体系结构？

题面解析：本题考查数据库的两种体系结构。

解析过程：

DBMS 体系结构分为两类：TCB 子集 DBMS 体系和可信主体 DBMS 体系。

1. TCB 子集 DBMS 体系结构

执行安全机制的可信计算基（TCB）子集 DBMS 利用位于 DBMS 外部的可信计算基（常为可信操作系统或可信网络），执行对数据库客体的强制访问控制。该体系将多级数据库客体按安全属性分解为单级断片（属性相同的数据库客体属同一断片），分别进行物理隔离存入操作系统客体中。每个操作系统客体的安全属性就是存储于其中的数据库客体的安全属性。之后，TCB 对此隔离的单级客体实施强制存取控制（MAC）。

该体系的最简单方案是将多级数据库分解为单级元素，安全属性相同的元素存在一个单级操作系统客体中。使用时，先初始化一个运行于用户安全级的 DBMS 进程，通过操作系统实施的强制访问控制策略，DBMS 仅访问不超过该级别的客体。之后，DBMS 从同一个关系中将元素连接起来，重构成多级元组，返回给用户，如图 11-1 所示。

2. 可信主体 DBMS 体系结构

该体系结构与上述结构极不相同，自身执行强制访问控制。按逻辑结构分解多级数据库，并存储在几个单级操作系统客体中。而每个单级操作系统客体中可同时存储多种级别的数据库客体（例如数据库、关系、视图、元组或元素），并与其中最高级别数据库客体的敏感性级别相同。该体系结构的一种简单方案如图 11-2 所示，DBMS 软件仍在可信操作系统上运行，所有对数据库的访问都须经由可信 DBMS。

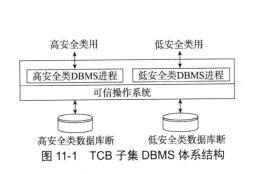

图 11-1　TCB 子集 DBMS 体系结构

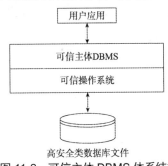

图 11-2　可信主体 DBMS 体系结构

11.3　名企真题解析

接下来，收集了一些各大企业往年的面试及笔试真题，读者可以根据以下题目，看自己是否已经掌握了基本的知识点。

11.3.1　角色的概念

【选自 WR 笔试题】

试题题面：使用角色有什么好处，涉及角色的 SQL 语句有哪些？

题面解析：本题主要是针对角色概念知识的延伸，首先在解答此题的时候要明白角色的概念是什么，使用角色具有什么好处，并且了解涉及角色的 SQL 语句有哪些。

解析过程：

使用角色的好处：

数据库角色是指被命名的一组与数据库操作相关的权限。角色是权限的集合，可以为一组具有相同权限的用户创建一个角色，角色简化了授权操作。使用角色进行授权必须先创建角色，将数据库对象上的存取权限授予角色，才能将角色授予用户，使得用户拥有角色所具有的所有存取权限。对一个角色授予、拒绝或废除的权限也适用于该角色的任何成员。

涉及角色的 SQL 语句有：

1. 角色的创建

```
CREATE ROLE <角色名>
```

2. 给角色授权

```
GRANT<权限>[,<权限>]…
ON <对象类型>对象名
TO<角色>[,<角色>]…
```

3. 将一个角色授予其他的角色或用户

```
GRANT<角色 1>[,<角色 2>]…
TO <角色 3>[,<用户 1>]…
[WITH ADMIN OPTION]
```

4. 角色权限的收回

```
REVOKE<权限>[,<权限>]…
ON<对象类型><对象名>
FROM <角色>[,<角色>]…
```

11.3.2　主体、客体和敏感度标记

【选自 GG 面试题】

试题题面： 在强制存取控制机制（MAC）中，什么是主体、客体和敏感度标记？

题面解析： 本题主要考查基础的概念知识，涉及的问题比较长，首先了解什么是强制存取控制机制，然后根据概念结合强制存取控制机制解释什么是主体、客体和敏感度标记。

解析过程：

在 MAC（强制存取控制机制）中，DBMS 所管理的全部实体被分为主体和客体两大类。

1. 主体

主体是系统中的活动实体，既包括 DBMS 所管理的实际用户，也包括代表用户的各进程。

2. 客体

客体是系统中的被动实体，是受主体操纵的，包括文件、基本表、索引、视图等等。对于主体和客体，DBMS 为它们每个实例（值）指派一个敏感度标记（Label）。

3. 敏感度级别

敏感度标记被分成若干级别，例如绝密（Top Secret）、机密（Secret）、可信（Confidential）、公开（Public）等。主体的敏感度标记称为许可证级别（Clearance Level），客体的敏感度标记称为密级（Classification Level）。MAC 机制就是通过对比主体的 Label 和客体的 Label，最终确定主体是否能够存取客体。

11.3.3　权限的授予和回收应如何实现

【选自 BD 面试题】

试题题面： 如何实现权限的授予和回收？

题面解析： 本题也是在大型企业的面试中最常问的问题之一，主要是在数据库的安全知识中考查权限的授予和收回是如何实现的。

解析过程：

初始状态下，所有的权限都归 DBA。一般来说，一个数据库系统至少有一个用户具有 DBA 特权。DBA 可以创建模式、基本表、视图和索引，并将这些数据对象的访问权授予其他用户。DBA 还可以通过授权，允许其他用户创建模式、基本表、视图和索引。一般来说，数据对象/模式的创建者拥有数据对象/模式的所有权限，并且可以通过授权将数据对象/模式的存取特权授予其他用户。

SQL 的定义语言包括授予和回收权限语句。

1. 授权语句

GRANT 语句用于授权，其语句形式如下所示：

```
GRANT <权限列表> ON <对象名> TO <用户/角色列表>
[WITH GRANT OPTION]
```

该语句将<对象名>所标识的对象上的一种或多种权限赋予一个或多个用户或角色，其中存取权限由<权限列表>指定，用户或角色由<用户/角色列表>指定。包含可选短语 WITH GRANT OPTION 时，获得授权的用户还可以将他获得的权限授予其他用户；默认时，获得权限的用户不能传播权限。授权者必须是 DBA 或执行授权语句的用户。

<权限列表>可以是所有权限，也可以是如下权限的列表：

（1）SELECT：查询。

（2）DELETE：删除。

（3）INSERT[(<属性列>,…<属性列>)]：插入，(<属性列>,…<属性列>)时，只能在指的属性列上为新元组提供值，否则允许插入整个元组。

（4）UPDATE[(<属性列>,…<属性列>)]：修改，(<属性列>,…<属性列>)时，只能修改元组在指定属性列上的值，否则允许修改整个元组。

（5）REFERENCES[[(<属性列>,…<属性列>)]]：赋予用户创建关系时定义外码的能力。如果用户在创建的关系中包含参照其他关系的属性的外码，那么用户必须在这些属性上具有 REFERENCES 权限。

<对象名>可以是基本表或视图名。当对象名为基本表名时，表名前可以使用保留字 TABLE（可以省略）。

例如：

```
GRANT SELECT ON Students TO PUBLIC;
```

下面的语句将对 Students 和 Courses 表的所有权限授予用户 U1 与 U2。

```
GRANT ALL PRIVILIGES ON Students,Courses TO U1,U2;
```

但 U1 与 U2 都不能传播它们获得的权限。如果允许它们传播得到权限，可以使用如下语句：

```
GRANT ALL PRIVILIGES ON Students,Courses TO U1,U2;
WITH GRANT OPTION;
```

把对表 SC 的插入元组权限和修改成绩（Grade）的权限赋予用户 U3，可以使用如下语句：

```
GRANT INSERT,UPDATE（Grade）ON TABLE sc TO U3;
```

2. 收回权限

收回权限使用 REVOKE 语句，其语法的常用形式如下：

```
REVOKE <权限列表> ON <对象名> FROM <用户/角色列表>
{CASCADE|RESTRICT}
```

该语句将<对象名>所标识的对象上的一种或多种存取权限从一个或多个用户或角色收回。其中存取权限由<权限列表>指定，用户或角色由<用户/角色列表>指定，三者的授权语句相同。

短语 CASCADE 或 RESTRICT 分别表示回收是级联或受限的。当数据对象 O 上的权限 P 从用户 U 回收时，级联回收导致其他用户从 U 获得的数据对象 O 上的权限 P 也被回收，受限回收，当其他用户没有用户 U 授予数据对象 O 上的权限 P 时，才能从用户 U 收回数据对象 O 上的权限 P。

例如：

```
REVOKE UPDATE ON Students FROM U2 RESTRICT;
```

以上语句将返回一个错误的信息，而不会收回用户 U2 在 Students 上的 UPDATE 权限，因为用户 U4 和 U5 还持有 U2 授予的 Students 上的 UPDATE。因而，DBA 执行以下语句：

```
REVOKE UPDATE ON Students FROM U2 CASCADE;
```

将用户 U2 在 Students 上的 UPDATE 权限收回，同时级联地收回 U2 授予 U4 和 U5 的 Students 上的 UPDATE 权限。

☆**注意**☆　U1 授予 U4 的 Students 上的 UPDATE 权限并未收回。

用户权限定义和合法权检查机制一起组成了 DBMS 的安全子系统。在授权机制中，授权定义中的数据粒度越细，收取子系统就越灵活，能够提供的安全性就越完善。然而，授权粒度越细，系统检查权限的开销也就越大。